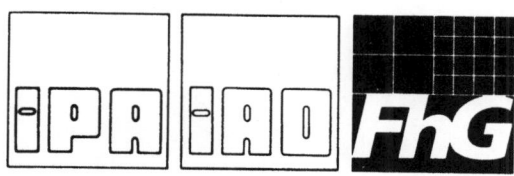

Forschung und Praxis

Band T 38

Berichte aus dem

Fraunhofer-Institut für Produktionstechnik und Automatisierung (IPA),
Stuttgart

Fraunhofer-Institut für Arbeitswirtschaft und Organisation (IAO),
Stuttgart

Institut für Industrielle Fertigung und Fabrikbetrieb (IFF)
der Universität Stuttgart, und

Institut für Arbeitswissenschaft und Technologiemanagement (IAT)
der Universität Stuttgart

Herausgeber: H. J. Warnecke und H.-J. Bullinger

24. IPA-Arbeitstagung
4. und 5. Mai 1993

Industriearbeit Heute
Weg zur Fraktalen Fabrik

Herausgegeben von H. J. Warnecke

**Springer-Verlag
Berlin Heidelberg GmbH 1993**

Dr.-Ing. Dr. h. c. Dr.-Ing. E. h. H. J. Warnecke
o. Professor an der Universität Stuttgart
Fraunhofer-Institut für Produktionstechnik und Automatisierung (IPA), Stuttgart

Dr.-Ing. habil. Dr. h. c. H.-J. Bullinger
o. Professor an der Universität Stuttgart
Fraunhofer-Institut für Arbeitswirtschaft und Organisation (IAO), Stuttgart

ISBN 978-3-540-56830-8   ISBN 978-3-642-52488-2 (eBook)
DOI 10.1007/978-3-642-52488-2

Dieses Werk ist urheberrechtlich geschützt. Die dadurch begründeten Rechte, insbesondere die der Übersetzung, des Nachdrucks, der Entnahme von Abbildungen und Tabellen, der Funksendung, der Mikroverfilmung oder der Vervielfältigung auf anderen Wegen und der Speicherung in Datenverarbeitungsanlagen, bleiben, auch bei nur auszugsweiser Verwertung, vorbehalten. Eine Vervielfältigung dieses Werkes oder von Teilen dieses Werkes ist auch im Einzelfall nur in den Grenzen der gesetzlichen Bestimmungen des Urheberrechtsgesetzes der Bundesrepublik Deutschland vom 9. September 1965 in der Fassung vom 24. Juni 1985 zulässig. Sie ist grundsätzlich vergütungspflichtig. Zuwiderhandlungen unterliegen den Strafbestimmungen des Urheberrechtsgesetzes.

© Springer-Verlag Berlin Heidelberg 1993
Ursprünglich erschienen bei Springer-Verlag Berlin Heidelberg New York 1993

Die Wiedergabe von Gebrauchsnamen, Handelsnamen, Warenbezeichnungen usw. in diesem Werk berechtigt auch ohne besondere Kennzeichnung nicht zu der Annahme, daß solche Namen im Sinne der Warenzeichen- und Markenschutz-Gesetzgebung als frei zu betrachten wären und daher von jedermann benutzt werden dürften.

Sollte in diesem Werk direkt oder indirekt auf Gesetze, Vorschriften oder Richtlinien (z. B. DIN, VDI, VDE) Bezug genommen oder aus ihnen zitiert worden sein, so kann der Verlag keine Gewähr für Richtigkeit, Vollständigkeit oder Aktualität übernehmen. Es empfiehlt sich, gegebenenfalls für die eigenen Arbeiten die vollständigen Vorschriften oder Richtlinien in der jeweils gültigen Fassung hinzuziehen.

Gesamtherstellung: Copydruck GmbH, Heimsheim

2362/3020-543210

Vorwort

Die Arbeitstagung „Die Fraktale Fabrik" zeigt auf, wie industrielle Leistungserstellung künftig in Fabriken erfolgen kann, die aus selbständig agierenden Einheiten bestehen, welche sich selbst optimieren und nach einheitlichen Zielen ausgerichtet sind. Zum Verständnis sind grundlegend neue Gedanken und Denkstrukturen zu entwickeln. Zentrale Bestandteile dieser Gedankenwelt bilden deshalb den Rahmen der IPA-Arbeitstagung. Der Schwerpunkt der Beiträge liegt jedoch auf der Beschreibung und Veranschaulichung von Methoden, die es gestatten, die derzeit praktizierten Strukturen in „Fraktale Fabriken" umzuwandeln. Bei der Gestaltung von Methoden für die „Fraktale Fabrik" ist stets darauf zu achten, daß Leistungsvollzüge im Industriebetrieb ganzheitlich betrachtet werden und in ihrer Gesamtheit erhalten bleiben. Die Tagung wendet sich an Führungskräfte der oberen und mittleren Ebene sowie an alle Mitarbeiter, die dieses neue Denken aktiv umsetzen zur Schaffung innovativer und wettbewerbsfähiger Unternehmen.

Die Erfahrungen zeigen, daß der Wandel von oben her beginnen muß. Es sind zunächst die kulturellen Voraussetzungen zu schaffen, die in anderen Formen der Zusammenarbeit, des Selbstverständnisses und der eigenen Einordung münden. Erst daraus werden Vorgaben für Teamstrukturen und übergreifend einsetzbare Instrumente abgeleitet. Ein immerwährender Planungs- und Verbesserungsprozeß führt eine ganzheitliche Abstimmung herbei. Ziel- und Teilzielvorgaben bilden Maßstäbe für Agilität und Vitalität und gewährleisten einen Entwicklungsprozeß, der die Zukunft Ihres Betriebes sicherstellt und Wachstumschancen ausschöpft.

Stuttgart, Mai 1993   o. Prof. Dr. h. c. mult. Dr.-Ing. H. J. Warnecke

Inhalt

Die „Fraktale Fabrik" – ein neuer Strukturansatz und seine Gestaltungselemente   9
H. J. Warnecke

Leistungsprozeß – Corporate Identity und Unternehmenskultur im globalen Wettbewerb: Überlegungen und Notwendigkeiten   25
J. Tikart

Die „Kleine Fabrik" in der Produktion: Ein Erfahrungsbericht am Beispiel der Sicherheitsgurte- und Airbag-Fertigung   69
P. Bätz

Neustrukturierung eines mittelständischen Unternehmens der Elektrogroßgerätefertigung nach fraktalen Prinzipien   119
H. Heinen

Ablauforientierte Strukturierung zu teilautonomen Montagelinien am Beispiel der Fertigung von Meßgeräten   149
T. Sesselmann

Produkt- und Ablaufstrukturen als Basis für die Fraktalbildung   165
V. Giese

Die „Fraktale Fabrik" – Voraussetzungen und Chancen aus der Sicht eines mittelständischen Unternehmens am Beispiel der Personalpolitik   183
M. Wittenstein

Navigation für die „Fraktale Fabrik" – Neuausrichtung des Controllings   213
P. Horváth

Geschäftsprozeßmanagement für „Fraktale Fabriken"   233
H.-J. Bullinger

Zukunftsorientierte Konzepte steigern die Effizienz der Unternehmen   249
P. Wilfert

Dynamische Organisationsstrukturen in der „Fraktalen Fabrik"   257
H. Kühnle

Gesamtheitliches Produktions- und Logistiksystem nach fraktalen Gesichtspunkten   297
H. Jaberg

**24. IPA-Arbeitstagung
Weg zur Fraktalen Fabrik**

Die „Fraktale Fabrik" – ein neuer Strukturansatz und seine Gestaltungselemente

H. J. Warnecke

1. Herausforderungen im Wandel der Zeiten

1.1 Entwicklungspfade der Produktionstechnik

Erst 20 Jahre ist es her, daß in Deutschland die ersten Industrieroboter eingesetzt wurden, im Sindelfinger Automobilwerk der Daimler-Benz AG. Der Autor erinnert sich an die Aussage eines Produktionsvorstandes, der eine weitgehende Substitution der menschlichen Arbeitskraft ausmalte: "Die Anmeldung eines gesteigerten Bedarfes an Arbeitskraft wird zukünftig nicht mehr an die Personalabteilung gerichtet sein, sondern an ein Betriebsmittellager, welches die benötigte Kapazität in Form von Robotern zur Verfügung stellt." Wie wir heute wissen, hat man sich seinerzeit von technischen Extrapolationen täuschen lassen. War und ist es deshalb aber ein Fehler, an die Möglichkeiten dieser Technologie zu glauben und bis heute und auch zukünftig intensiv daran zu arbeiten? Natürlich nicht. Ohne den Roboter in all seinen inzwischen entwickelten Ausprägungen wäre z.B. eine konkurrenzfähige Automobilproduktion in Deutschland seit langem nicht mehr denkbar.

Weitgehend analog läßt sich im Bereich der flexiblen Fertigung argumentieren: Die Vision großer, hochkomplexer und sehr flexibler automatischer Produktionssysteme hat sich nicht erfüllt. Bearbeitungszentren mit automatisiertem Werkzeug- und Werkstückwechsel hingegen, die in der dritten Schicht ohne Bedienung arbeiten, gehören in der metallverarbeitenden Industrie zum Alltag. Dies äußert sich auch darin, daß die Nachfrage an Beratungsleistungen bei der Einführung solcher Systeme in den vergangen Jahren drastisch zurückgegangen ist: dieses Know-how ist bis weit in mittelständische Betriebe hinein zum Stand der Technik geworden.

Immer wieder zeigt sich, daß es kaum möglich ist vorherzusagen, welchen Pfad innovative Entwicklungen einschlagen und welche Durchdringung sie letztlich erreichen werden. Deshalb aber auf Visionen ganz zu verzichten, wäre töricht und auch eine Verschwendung volkswirtschaftlicher Ressourcen: erst durch die gebündelten Anstrengungen von Industrie und Wissenschaft lassen sich neue Ideen umsetzen. Notwendig aber ist es, den jeweils erreichten Stand und die weitere Zielsetzung kritisch zu hinterfragen.

Im Augenblick befinden wir uns erneut in einer Grundsatzdiskussion zur Gestaltung industrieller Produktion. An deren Notwendigkeit kann angesichts der wirtschaftlichen Lage vieler Unternehmen kein Zweifel bestehen, denn die üblichen Formen der hierarchischen Aufbau- und Ablauforganisation haben die Grenzen ihrer Leistungsfähigkeit erreicht.

1.2 Chancen durch Wertewandel

Die politischen, ökonomischen und technologischen Veränderungen in den letzten zehn Jahren haben auch in der Arbeitswelt ihre Spuren hinterlassen. In der Soziologie spricht man in diesem Zusammenhang von einem Wertewandel. Dies gilt insbesondere für die Einstellung zur Arbeit. Der Trend geht von materiellen (Versorgungs- und Sicherungs-) Werten zu postmateriellen Werten (Sozialstatus, Solidarität und Selbstverwirklichung).

Wenn mehr und mehr Menschen nach Selbstbestimmung streben, wäre es ein Fehler, ihnen dies im Arbeitsleben zu verwehren. Folgerichtig sind Freiräume zu schaffen, um möglichst vielen Mitarbeitern Eigeninitiative zu ermöglichen. Als gestaltender und schöpferischer Prozeß dient die Arbeit nicht zuletzt der Selbstverwirklichung des Ausführenden (Bild 1).

Mit noch so hoher Intelligenz und Wissen kann man die Detailerfahrung eines Mitarbeiters vor Ort nicht ersetzen oder ausgleichen. Also müssen wir diese Erfahrung nutzen, nicht nur in der Fabrik, sondern genauso für den Aufbau einer Partnerschaft zum Lieferanten. Von entscheidender Bedeutung wird sein, die Organisation industrieller Leistungserstellung so zu gestalten, daß die vorhandenen Potentiale im Sinne der Unter-

---

Die Forderung der Mitarbeiter nach einer (sinn-)erfüllten Arbeitszeit birgt Chancen für alle Beteiligten: Mitarbeiter, Führung, das Gesamtunternehmen

Chancen für Mitarbeiter	*Chancen für die Führung*	*Chancen für das Gesamtunternehmen*
- Mehr Freude an der Arbeit - Zugehörigkeitsgefühl - Anerkennung - Überblick	- Entlastung - Vereinfachung der Kommunikation im Unternehmen (Verstehen und Verstandenwerden) - Innovationsklima	- Auf allen Ebenen Mehr Identifikation mit dem Unternehmen - Weniger Fluktuation - Höhere Produktivität - Verbesserung der Gewinnsituation

Quelle: Höhler 1992

Bild 1: Potentiale gesellschaftlichen Wandels

nehmensziele nutzbar werden. Die richtige Kombination der Gestaltungsfelder Mensch, Technik und Organisation ist deshalb das vorrangige Ziel. Wer sich in unseren Betrieben auskennt, kann bestätigen, daß diesbezügliche Defizite nicht zu übersehen sind.

Dieses Problem tritt in jüngster Zeit immer deutlicher zutage, weil der Bedarf für Anpassungsmaßnahmen an veränderte Rahmenbedingungen immer schneller ansteigt. Voraussichtlich wird es nicht zu einer Rückkehr zu "stabilen" Verhältnissen kommen. Sich dieser Problematik anzunehmen, ist deshalb dringend geboten, um auch in der Zukunft bestehen zu können. Warnend vor Augen zu halten haben wir uns den Versuch der ehemaligen DDR, die Komplexität des Weltmarktes an ihren Grenzen aufzuhalten mit dem Ziel, im Innern nach überkommenen Prinzipien "in Ruhe" zu wirtschaften. Die Folgen sind hinlänglich bekannt. Vieles spricht für die Annahme, daß eine Reihe von Unternehmen und Institutionen in unserem Land weiterhin nach ebendiesem Prinzip verfahren und ihre Strukturen den gewandelten Anforderungen nicht anpassen. Ihr Untergang ist damit vorprogrammiert; die gegenwärtige Chance des Druckes schwieriger Zeiten und dadurch geförderter Einsicht wird vertan.

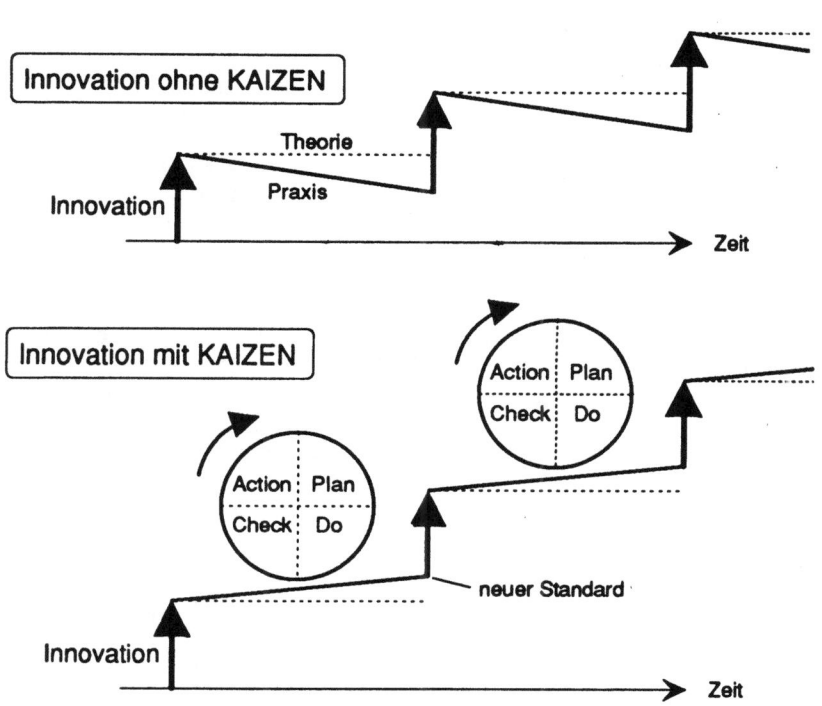

Bild 2: Kontinuierliche Verbesserung - Kaizen

1.3 Organisation - eine Daueraufgabe

Es sind sicher keine Gesetzmäßigkeiten zu finden, aus denen sich für bestimmte Rahmenbedingungen und Einflußgrößen eindeutig ein Produktionskonzept ableiten läßt. Man kann aber doch wesentliche Einflußgrößen wie Menge oder Fertigungsvolumen einerseits und Vielfalt des Leistungsangebotes andererseits identifizieren und daraus Leitlinien ableiten. Es gibt keinen Königsweg für das Finden eines Produktionskonzeptes, sondern die Struktur muß letztlich immer aufgrund der Gegebenheiten eines Betriebes individuell gefunden und angepaßt werden. Zudem kann als sicher gelten, daß wir wegen der Komplexität und der sich schnell verändernden Umwelt nie aus dem Optimierungsprozeß und dem Bekämpfen gerade besonders störender Nachteile herauskommen werden. Hierbei ist insbesondere das ständige Bemühen um Verbesserungen hervorzuheben, die japanische Vokabel "Kaizen" hat dafür schon fast Eingang in unsere Sprache gefunden (Bild 2).

Unter Berücksichtigung vielfältiger Erfahrungen erweist es sich als vorteilhaft, für die Wertschöpfungsprozesse kleine schlagkräftige Einheiten zu bilden. Das Koordinierungsproblem wird damit in vielen Fällen bedeutend entschärft und reduziert sich auf die

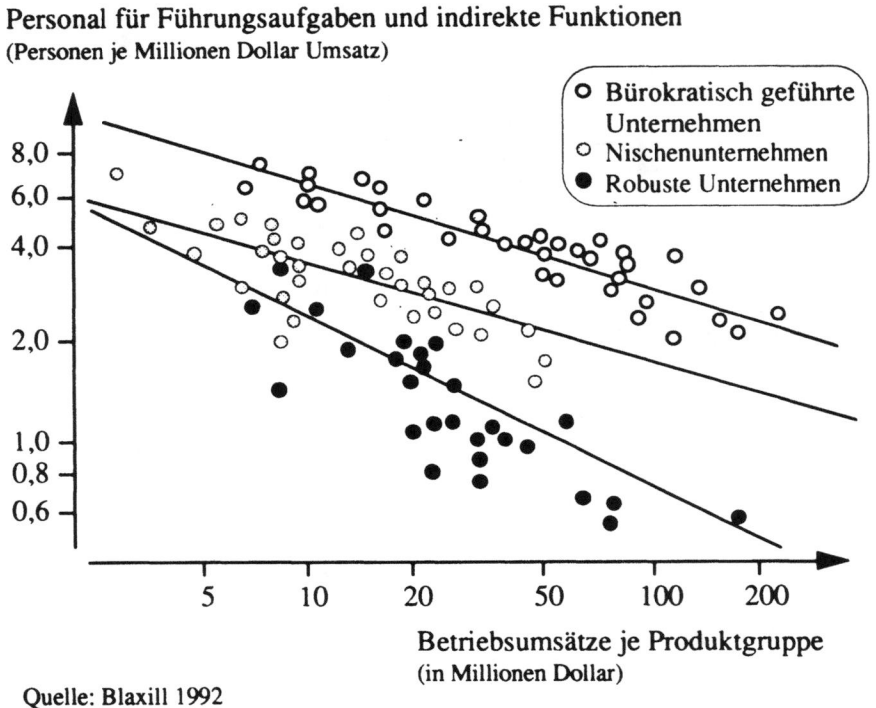

Bild 3: Unterschiedlicher Personalaufwand in Abhängigkeit vom Unternehmenstyp

Schnittstellen zwischen den Einheiten. Bei Planung und Steuerung variantenreicher Fertigungen findet dieses Konzept mehr und mehr Verbreitung. Fallstudien in deutschen Unternehmen bestätigen das Erfolgspotential eines solchen Ansatzes. Die intensivsten Informations- und Kommunikationsbeziehungen dürfen nicht über Bereichsgrenzen hinweg erfolgen. In der Praxis überwiegen aber nach wie vor träge und starre Strukturen (Bilder 3 und 4).

2. Fraktale Fabrik - eine Struktur mit Zukunft

Wenn wir Situation und Entwicklungstendenzen zusammenfassen, entsteht das Bild und Ziel der "Fraktalen Fabrik", angelehnt an die Mathematik der Fraktale zum Beschreiben natürlicher Strukturen. Deren Aufbau bleibt im wesentlichen unverändert, wenn die Auflösung verfeinert wird. Drei Eigenschaften fraktaler Objekte haben für uns besondere Bedeutung: *Selbstorganisation*, *Selbstähnlichkeit* und *Dynamik*. Sie stellen einen Ansatz dar, Produktionsstrukturen im Sinne der beschriebenen Erfordernisse zu gestalten [1].

Eine der wesentlichen Forderungen, die wir an zukunftsträchtige Produktionsstrukturen stellen, ist die Fähigkeit zu unternehmerischem Denken und qualitätsbewußtem Handeln aller Bereiche, bis hin zum einzelnen Mitarbeiter. Wenn das hieraus abgeleitete

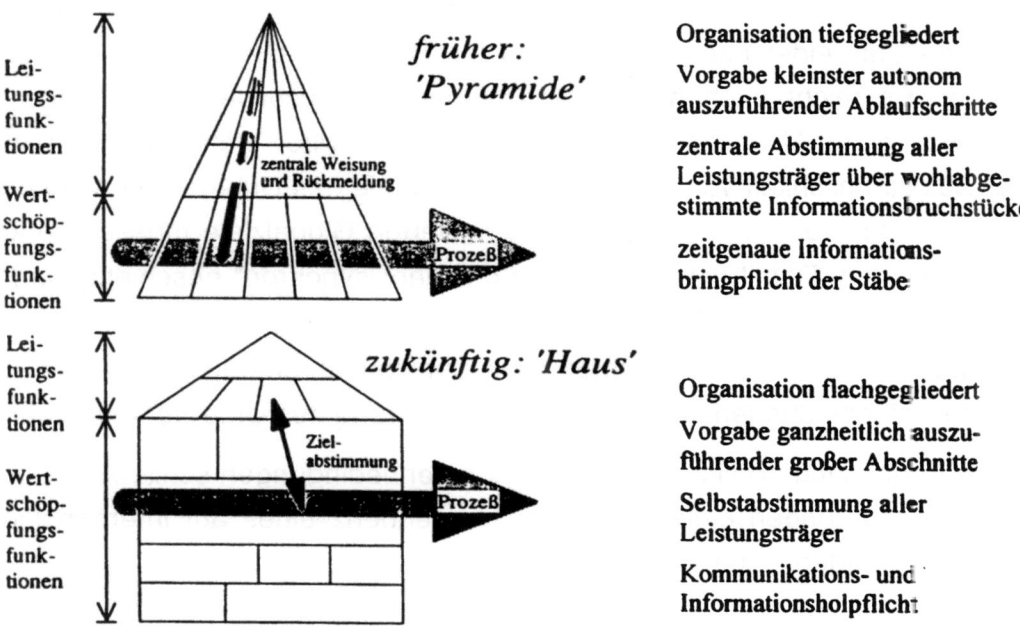

Bild 4: Zusammenspiel von Organisation, Information und Leistungserstellung

Bild von selbständig agierenden Einheiten zutrifft, muß jedes Fraktal seinerseits eine (kleine) Fraktale Fabrik sein.

Aufgrund der Vielfalt denkbarer Lösungen für Einzelprobleme können sich Fraktale mit identischen Zielen sowie Ein- und Ausgangsgrößen intern doch unterschiedlich strukturieren. Auf zentrale Funktionen können wir in der Fraktalen Fabrik selbstverständlich nicht verzichten: zum Beispiel auf eine zentrale Ressourcenplanung oder Planungsunterstützung, die fallweise und temporär tätig wird, sowie auf die Konzentration von Spezialwissen, das in den Fraktalen nicht kontinuierlich vorgehalten werden kann.

Sämtliche die Organisation betreffenden Hilfsmittel sind für alle Fraktale verfügbar. Insbesondere trifft dies auf die Verfügbarkeit von Informationen zu, die nicht mehr monopolisiert werden. Jedes Fraktal, letztlich jeder Arbeitsplatz, ist so zu betrachten wie das gesamte Unternehmen: Eine bestimmte Leistung ist komplett zu erbringen, eine Aufgabe möglichst eigenständig zu lösen. Dazu gehören Qualität, Menge, sparsamer Einsatz von Ressourcen, Zuverlässigkeit und Geschwindigkeit. Falls das Fraktal eigenständig dazu nicht in der Lage ist, wird es Unterstützung - im günstigen Fall nur kurzfristig - von "außen" suchen, also von anderen Fraktalen; diese können z.B. auch eine zentrale Dienstleistungsfunktion darstellen bzw. wahrnehmen. Im ersten Ansatz ist aber immer von ganzheitlicher Abwicklung von Aufgaben mit definierten Eingangs- und Ausgangsgrößen auszugehen.

"Fabriken in der Fabrik" zu schaffen, reicht aber keinesfalls aus, wenn nicht sichergestellt ist, daß sie - bildlich gesprochen - am gleichen Strang ziehen. Zäh verteidigte Einflußsphären sind leider nach wie vor eher die Regel als die Ausnahme in unseren Unternehmen. Es reicht auch nicht aus, Unternehmensleitbilder zu schaffen, wenn deren Umsetzung im Alltagsgeschäft nicht unterstützt wird. Daher wenden wir den Begriff der Selbstähnlichkeit vor allem auch auf die Ziele des Unternehmens und seiner Fraktale an: Die sinnvollerweise allgemein formulierten Globalziele müssen zu konkretem Handeln werden. Damit dieses in allen Fraktalen "synchron" geschieht, wird deren Zielsetzung weit konkreter gefaßt. Gerade bei weitgehender Autonomie ist es sonst beispielsweise für den Maschinenführer nicht unmittelbar erkennbar, welche Auswirkungen seine Entscheidungen auf die Kundenorientierung des Unternehmens haben.

Dynamische Anpassung an sich wandelnde Rahmenbedingungen schließlich wird auch strukturelle Veränderungen einbeziehen als Konsequenz eines auf internen Lieferbeziehungen aufbauenden Unternehmensmodells.

3. Praxiserfahrungen

Praxisrelevante Lösungen - dies zeigt die Erfahrung - gehen von unterschiedlichen Keimzellen aus und erhalten ihr endgültiges Gesicht erst im betrieblichen Alltag. So auch in diesem Fall. Ausgangspunkt der Untersuchungen des IPA war eine Vielzahl von Kontakten zur Industrie, vornehmlich im Rahmen von Projektarbeiten. Dabei zeigte sich einerseits eine deutliche Parallelität in Meinungen und ersten Lösungsansätzen, andererseits der Bedarf an grundsätzlicher Orientierung. Dies spiegelt sich auch in den folgenden Fallbeispielen wider: Sie zeigen, daß auf breiter Front neue Lösungen entstehen, die den formulierten Grundprinzipien entsprechen.

3.1 Arbeitswirtschaft bei teilautonomen Gruppen

Richtig eingesetzt, können mittels Gruppenarbeit erhebliche Leistungssteigerungen erzielt werden [2]. Mit Abkehr von herkömmlichen, verrichtungsorientierten Denkweisen und gezielter Förderung gruppendynamischer Prozesse ergeben sich jedoch Fragen zur Kapazitätsplanung und nicht zuletzt Leistungsbeurteilung. Herkömmliche, auf Vorgabezeiten beruhende Systeme sind hier nicht mehr einsetzbar, ja sie hemmen sogar den erwünschten Prozeß dynamischer Entwicklung.

Ein neu entwickeltes, DV-gestütztes Verfahren benötigt nur im Ausgangszustand die herkömmlichen Leistungsdaten einer Produktionseinheit [3]. Der Fortschreibung dienen

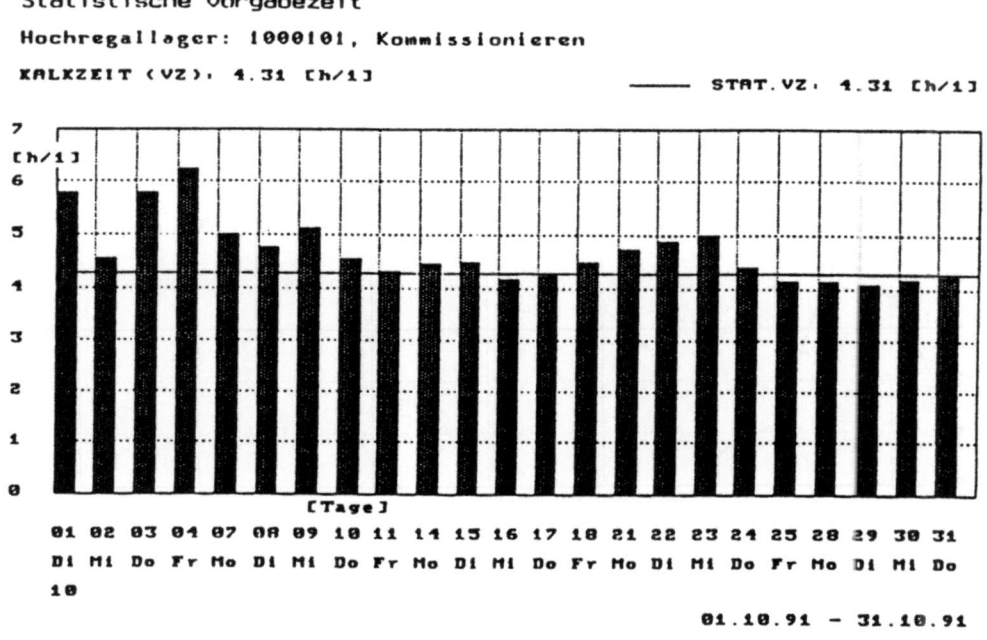

Quelle: Lehn

Bild 5: Statistische Bestimmung der Vorgabezeit

anschließend die kontinuierlich erfaßten Ist-Daten. Grundlegende Meßgröße ist hierbei die Zeit:

Aufwand = verbrauchte Zeit,
Ertrag = erzeugte Menge mal kalkulierte Zeit.

Von wesentlicher Bedeutung ist, daß die Vorgabezeit laufend statistisch neu ermittelt wird aus den aktuellen Leistungsdaten (Bild 5). Gegenüber einer einmaligen Zeiterfassung vermeidet man dabei eine Leistungszurückhaltung der Mitarbeiter, wie sie aus der Akkordentlohnung z.T. bekannt ist. Die Kalkulationsbasis der Zeitwirtschaft wird dann in regelmäßigen Abständen (z.B. monatlich) aktualisiert. Mit diesen Informationen läßt sich die Leistung der Gruppe kontinuierlich erfassen (Bilder 6 und 7). Mittels eines Terminals wird diese Leistung bildlich dargestellt und ist jederzeit von der Gruppe abrufbar. Damit wird der Mitarbeiter zum Mitunternehmer, zumindest hinsichtlich des Faktors Zeit ("Innerer Regelkreis"). Darüber hinaus erhält die Betriebsleitung wertvolle und insbesondere aktuelle Informationen zum betrieblichen Geschehen ("Äußerer Regelkreis"). Das beschriebene System wurde bei Wabco Westinghouse in Hannover eingeführt und ermöglichte Leistungsverbesserungen von 15 bis 25 Prozent.

Wenngleich die alleinige Betrachtung des Faktors 'Zeit' nicht in allen Fällen ausreichen wird: dies ist die beispielhafte Anwendung eines Systems zur betrieblichen Navigation.

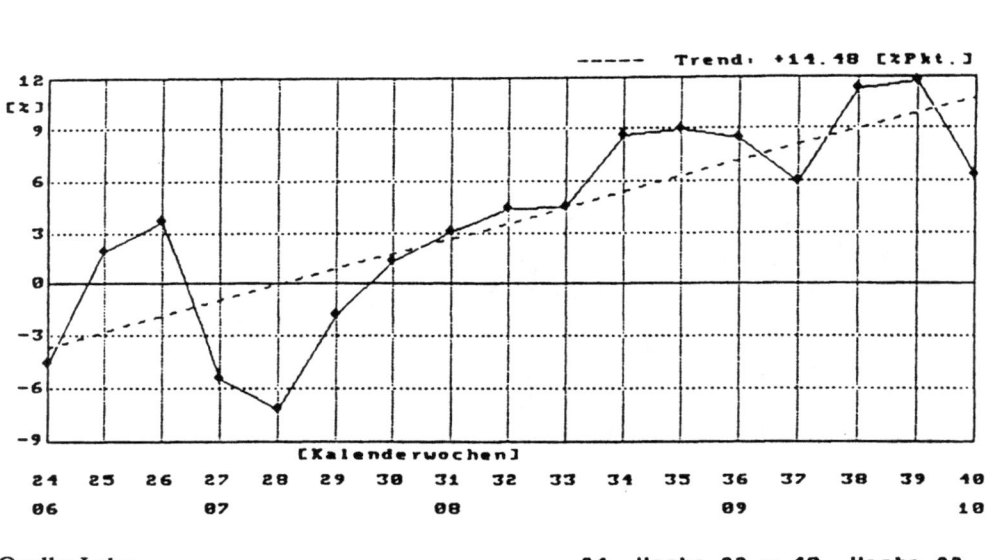

Bild 6: Langzeitstatistik als Informationsquelle

Solcherart entstehende Regelkreise haben vielfältige Auswirkungen, nicht zuletzt auf die Gestaltung des Entlohnungssystems.

3.2 Entlohnungssysteme

Die tarifvertraglich geregelten Entlohnungsgrundsätze der Metall- und Elektroindustrie umfassen die Komponenten Grundentgelt und leistungsbezogener Anteil [4]. Eine Anpassung an die Erfordernisse neuer Arbeitsformen bezieht sich im wesentlichen auf die Ausgestaltung der Leistungskomponente. Wenn man davon ausgeht, daß die Qualifikation des Mitarbeiters bei der Festlegung des Grundentgeltes Berücksichtigung findet (und Überqualifikation indirekt durch höhere Produktionsleistung), verbleibt der leistungsorientierte Anteil als Gestaltungsfeld. Zu unterscheiden ist hier die Gruppenprämie sowie eine eventuell hinzukommende individuelle Leistungszulage.

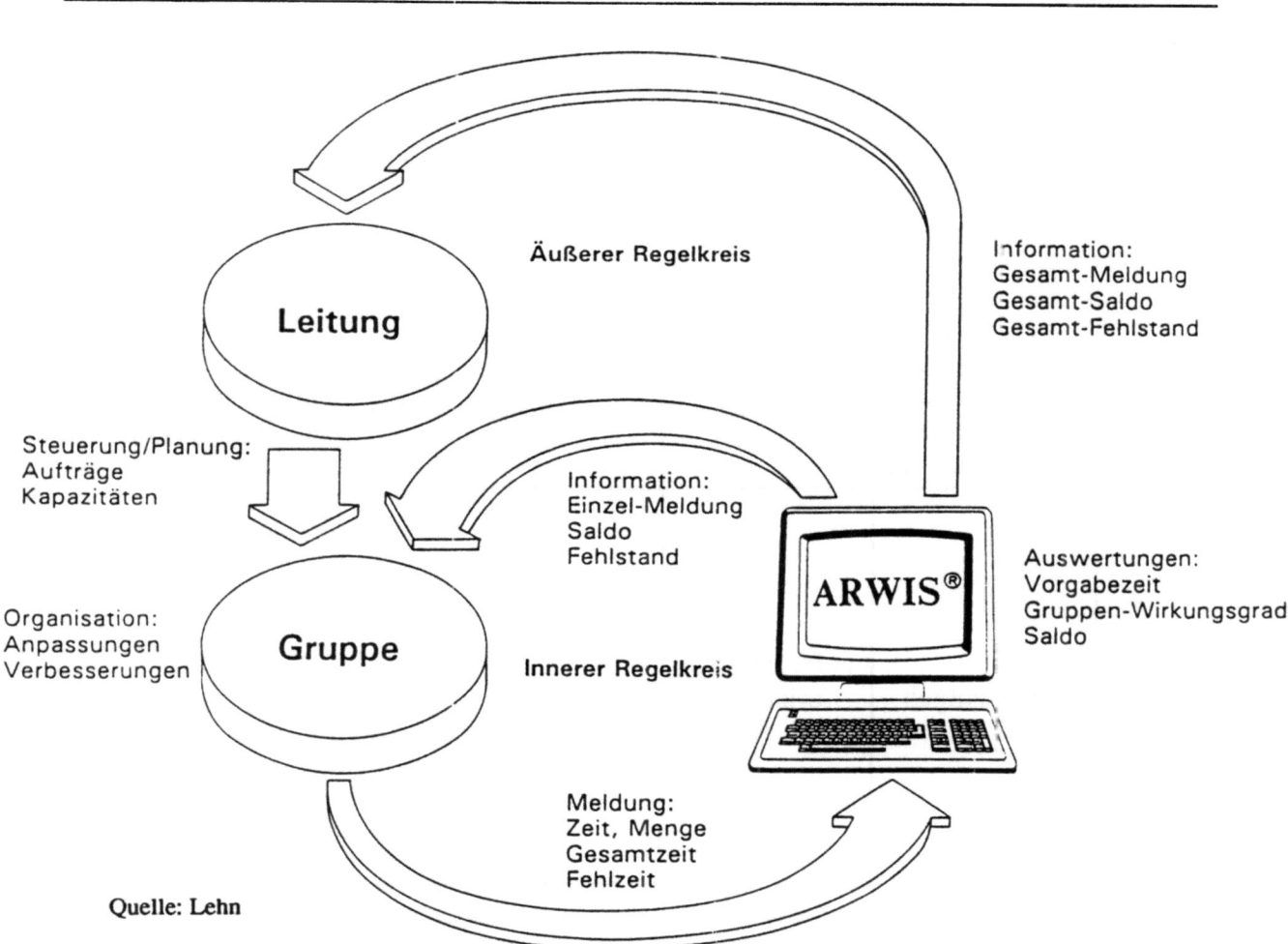

Bild 7: Äußerer und innerer Regelkreis im ARWIS-System

Dem Wesen gemeinsamer Leistungserstellung kommt der Motivationsfaktor Gruppenprämie am weitesten entgegen. Zu beantworten bleibt dann noch die Frage der Verteilung auf die Mitglieder (Bild 8). Letztlich kann eine allgemeingültige Empfehlung hierzu nicht abgegeben werden:

- Absolut gleiche Prämien sind in ihrer individuellen Wirkung abhängig vom Grundentgelt,
- Auch relativ zueinander gleiche Prämien, haben den Nachteil, daß sämtliche Individualleistungen "sozialisiert" werden. Folge können Demotivierung von Leistungsträgern, aber auch Ausgrenzung weniger leistungsfähiger Mitarbeiter sein.

Ein individuell bemessener Leistungsanteil erscheint somit ratsam. Dieser kann u.a. erreicht werden durch eine leistungsbezogene Aufschlüsselung der Gruppenprämie. Dieser Schlüssel kann auch durch die Mitarbeiter selbst erfolgen.

Festzuhalten bleibt, daß die Erfahrungen zur Gruppenentlohnung noch vergleichsweise gering sind, hier jedoch - wegen präjudizierender Wirkungen - besondere Sorgfalt vonnöten ist.

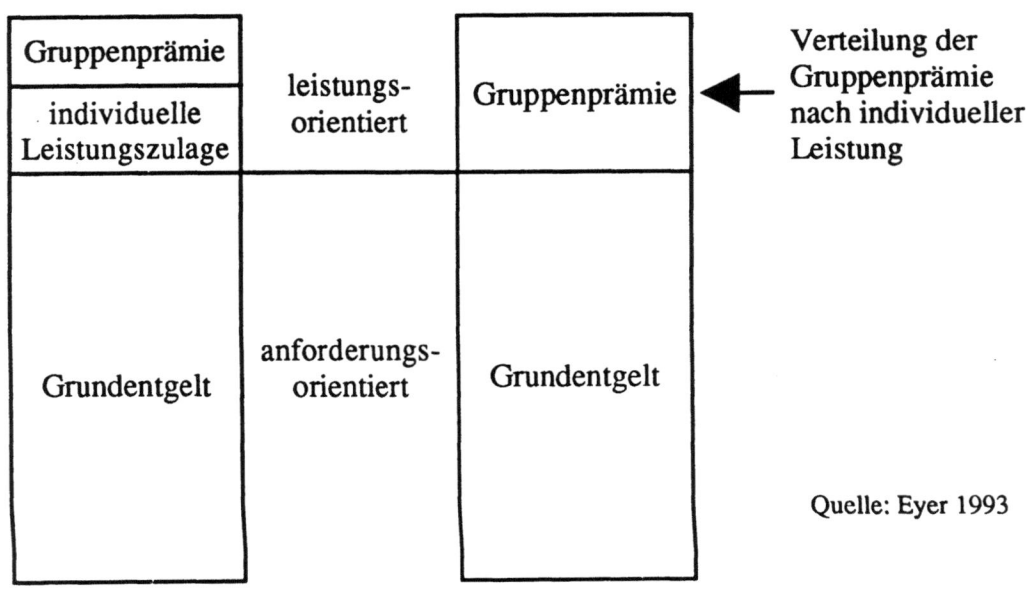

Quelle: Eyer 1993

Bild 8: Leistungsentgelt bei Gruppenarbeit

3.3 Aufbau autonomer Strukturen

Bevor die oben behandelten Fragen zur Leistungsmessung- und beurteilung Bedeutung erlangen, ist die Aufgabe der Strukturgestaltung und -entwicklung zu bewältigen. Im hier betrachteten Beispiel steht ein ostdeutscher Betrieb des Großmaschinenbaus vor der Aufgabe,

- Fertigungskosten drastisch zu senken,
- absolute Termintreue zu gewährleisten (bei Herstellungszeiten von über einem Jahr),
- die geforderte Produktqualität sicherzustellen.

Eine Analyse der Ist-Situation führt auf eine Reihe schwerwiegender Probleme, die z.T. typisch für ehemals planwirtschaftlich organisierte Betriebe, andererseits aber auch vielfach übertragbar sind:

- keine Kostentransparenz,
- hoher Ressourcenverbrauch (Maschinen-, Werkzeug-, Instandhaltungskosten)
- Produktivität nicht bekannt und auch nicht meßbar,
- keine systemgestützte Fertigungssteuerung trotz komplexer Abläufe,
- geringe Motivation der Mitarbeiter bzgl. Kosten, Qualität und Zeit.

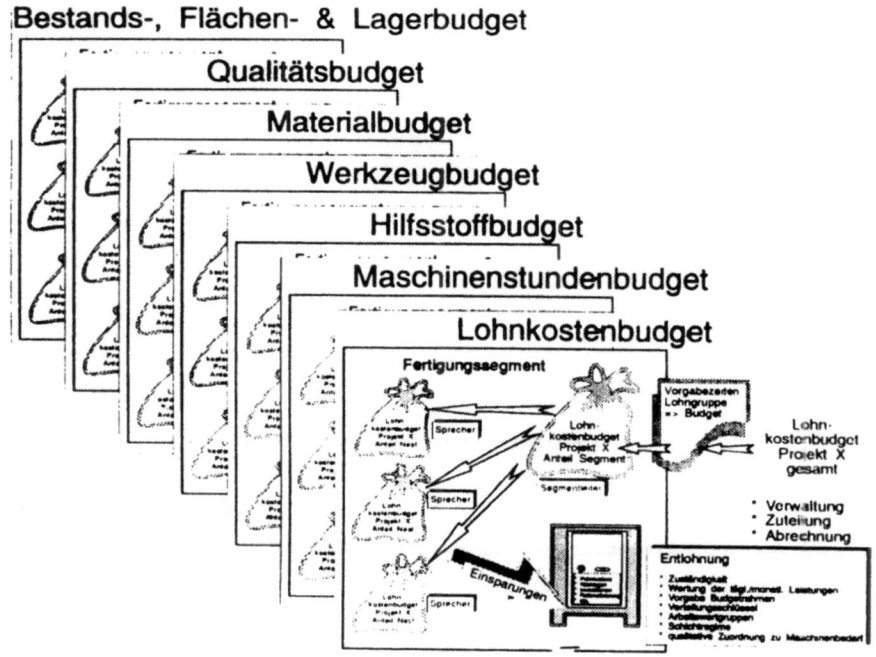

Bild 9: Bildung von Budgetkonten

Als zentrales Bewertungskriterium wurden in diesem Fall Budgets für

- Bestände, Flächen und Lager,
- Qualitätskosten,
- Material,
- Werkzeuge,
- Hilfsstoffe,
- Maschinenkosten und Lohnkosten

eingeführt (Bilder 9 und 10). Das Zielsystem wird also vollständig monetär quantifiziert. Damit vereinfacht sich die Messung der Zielerreichung wesentlich, weil alle Daten unmittelbar verfügbar sind. Unterschreitungen der jeweiligen Budgets werden teilweise an das "Fraktal" ausgeschüttet. Hohe Zielerreichung liegt somit im Eigeninteresse der Mitarbeiter.

Sinnvoll ist ein solches Anreizsystem jedoch nur, wenn hinreichende Freiräume für die eigenverantwortliche Optimierung innerhalb der Fraktale geschaffen werden. Im vorliegenden Fall geschieht dies u.a. durch die Zuordnung indirekter Funktionen. Eine kontinuierliche Verbesserung von Funktionen und Abläufen ist somit strukturell abgesichert.

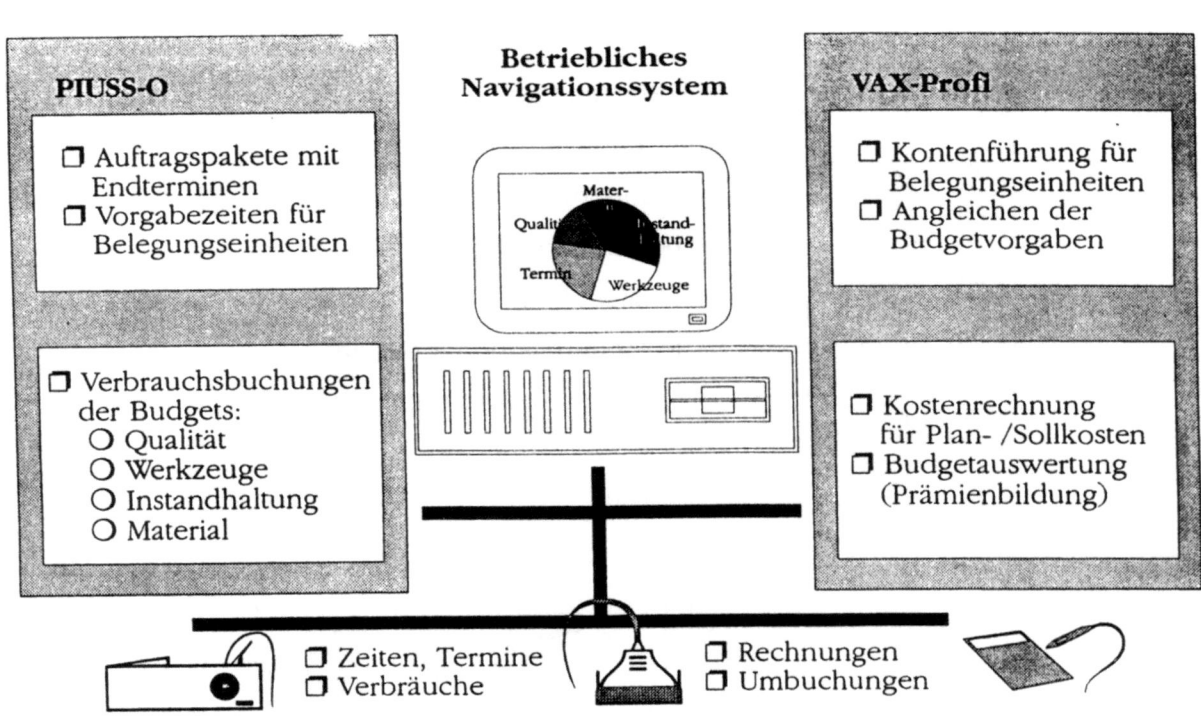

Bild 10: Informationsbeziehungen der Budgetverwaltung

Die optimale Koordinierung der innerbetrieblichen Prozesse wird gewährleistet durch die Definition von Lieferbeziehungen zwischen den beteiligten Betriebsteilen, ausgedrückt durch die Merkmale Kosten, Termin und Qualität. Damit wird ein wesentlicher Beitrag geleistet zur Umsetzung des Konzeptes von "Fabriken in der Fabrik".

Gegenwärtig werden im Rahmen des Projektes folgende Teilaufgaben bearbeitet:

- Strukturbildung, ausgedrückt durch die Parameter Materialflußlayout, Personalzuordnung und eingeräumte Handlungsspielräume,
- Einrichtung einer Kostenstellen- und Fraktalrechnung,
- Aufbau eines Fertigungssteuerungssystems als Säule betrieblicher Navigation.

Im Rahmen von Industrieprojekten wurden in jüngerer Vergangenheit weitere Merkmale Fraktaler Fabriken durch das IPA umgesetzt (Bild 11). Teilweise kommen sie in anderen Beiträgen dieser Tagung zur Sprache.

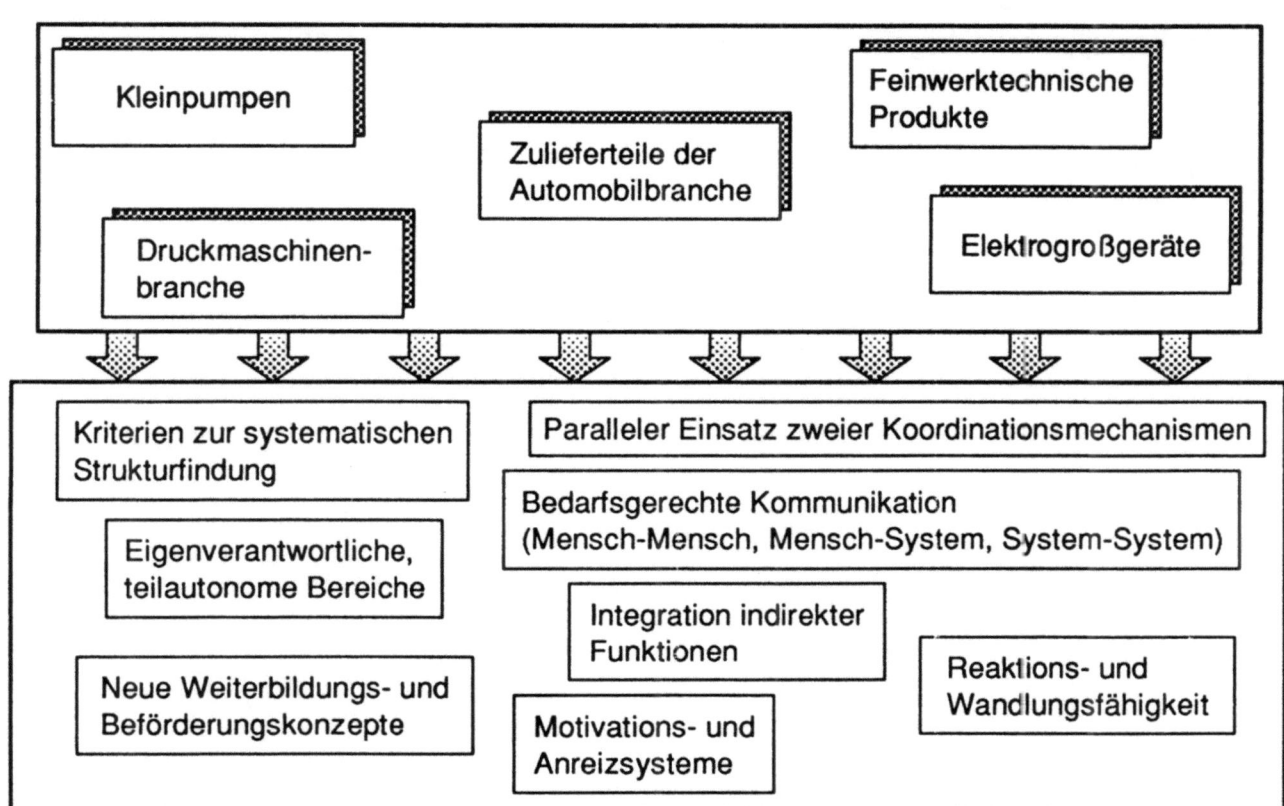

Bild 11: Pilotprojekte zur Fraktalen Fabrik

4. Ausblick

Die beschriebenen Ansätze sind noch nicht bis ins Detail ausgereift und gewiß auch behaftet mit einem gewissen Risiko. Dieses müssen wir - in kalkulierter Form - jedoch eingehen, um zu neuen, zukunftsweisenden Lösungen zukommen. Die Geschichte lehrt: Strukturen und Organisationen, die nur noch auf Machterhaltung bedacht sind und keine neuen Ideen und Lösungen mehr anbieten, verschwinden früher oder später und werden durch neue Formen ersetzt. Das kann man mit Sicherheit prophezeien, ohne diese neuen Formen schon genau zu kennen. Schwierige Zeiten eröffnen Chancen für einen Neubeginn.

Literatur:

[1] *Warnecke, H.J.:* Die Fraktale Fabrik. Berlin u.a.: Springer, 1992

[2] *Lehn, F.:* Die Firma in der Firma. In: Automobil-Produktion 2/93, S. 90-92

[3] *Ulich, E.:* Arbeitsform mit Zukunft: ganzheitlich flexibel statt arbeitsteilig. Bern: Lang, 1989

[4] *Eyer, E.:* Anforderungs- und leistungsgerechte Entlohnung in teilautonomen Arbeitsgruppen. In: Angew. Arbeitswissenschaft 135 (1993), S. 1-22

24. IPA-Arbeitstagung
Weg zur Fraktalen Fabrik

Leistungsprozeß – Corporate Identity und Unternehmenskultur im globalen Wettbewerb: Überlegungen und Notwendigkeiten

J. Tikart

Johann Tikart
Geschäftsführer

Mettler-Toledo (Albstadt) GmbH
Unter dem Malesfelsen 34
D-7470 Albstadt 1-Ebingen

Leistungsprozeß - Corporate Identity und Unternehmenskultur im globalen Wettbewerb:

Überlegungen und Notwendigkeiten

- ❏ Revolution der Unternehmenskultur

- ❏ Neue Denkansätze im Industriebetrieb

- ❏ Veränderte Führungsprinzipien und -strukturen und ihre Wirkung

Im Mai 1993

Die Mettler-Toledo (Albstadt) GmbH

Absatzgesteuerte Produktion, synchrone Produktentwicklung und Total Quality Management stehen nicht im Widerspruch sondern führen in ihrer Synthese zur schlanken Produktion und Organisation. Schlank kann nur werden, der bereit ist Ballast abzuwerfen und durch vorbehaltloses Vertrauen die Eigenverantwortlichkeit der Mitarbeiter reaktiviert. In dieser veränderten Unternehmenskultur erhält auch die Qualitätssicherung eine völlig neue Ausrichtung. Sie verlegt ihre Hauptaufgabe von den selektiven zu den präventiven QS-Massnahmen und verlagert ihren Schwerpunkt vom operativen in den strategischen Bereich. Dieser unternehmerische Wertewandel wurde bei METTLER-TOLEDO in Albstadt in mehreren Schritten verwirklicht.

Das Unternehmen, seit 1971 Teil der Schweizer METTLER-TOLEDO Gruppe, entwickelt und produziert elektronische Waagen und Wägesysteme für den professionellen Anwender in Industrie und Handel. Präzision und anwendergerechte Applikationslösungen kennzeichnen die breite Produktpalette. Der Erfolg auf den europäischen und wichtigsten internationalen Märkten bestätigt in eindrucksvoller Weise die Richtigkeit des eingeschlagenen Weges.

Mettler-Toledo (Albstadt) GmbH beschäftigt 230 Mitarbeiter und erzielt einen internen Umsatz von 100 Mio. DM.

Ich habe nicht die Absicht, eine neue Lehre zu verkünden. Ich möchte Ihnen berichten, was wir im Verlaufe der vergangenen Jahre getan haben, warum wir das getan haben, wie wir das getan haben und mit welchen Ergebnissen wir das getan haben. Wir sind dabei von keiner Philosophie ausgegangen. Vielleicht einem inneren Werteverständnis folgend sind wir einen Weg gegangen, auf dem unsere heutige Unternehmensphilosophie entstand. Wir haben uns immer dem Problem zugewandt, das uns am meisten schmerzte, nicht ahnend, daß dies ein dauernder Prozeß sein wird. Nach und nach haben wir das ganze Unternehmen neu gestaltet, trotzdem finden wir immer wieder neue Möglichkeiten, neue Ansatzpunkte.

Der rote Faden dieser Unternehmensphilosophie führt uns unvermeidlich zum Thema dieser Tagung: "DIE FRAKTALE FABRIK". Die Meilensteine hierbei sind:

1. Die Verwirklichung des Sinnes eines Wirtschaftsunternehmens.

2. Der Markt als der Ort des Geschehens.

3. Der Mensch als der Handelnde.

4. Die Organisation, in deren Mittelpunkt der Mensch steht und die ihm ein Handeln ermöglicht.

1. Der Sinn eines Wirtschaftsunternehmens

Der Sinn eines Wirtschaftsunternehmens ist die Erzielung eines wirtschaftlichen Erfolges für die Gegenwart und die Zukunft. Die Sicherstellung dieses Erfolges ist der primäre Auftrag des Unternehmens und damit der aller Mitarbeiter. Die Erfüllung dieses Sinnes ist ein Maß für die Qualität des Unternehmens. Unser Ziel ist der wirtschaftliche Erfolg. Wir wissen jedoch, daß dieser Erfolg nur erreichbar ist, wenn wir eine entsprechende Leistung bieten.

Deshalb bekennen wir uns dazu: <u>Wir sind leistungsorientiert</u>.

2. Der Markt als der Ort des Geschehens

Auf dem Markt entscheidet es sich, ob unsere Anstrengungen zum Erfolg führen. Das Aufspüren und das Nutzen von Marktchancen sind unsere primäre Aufgabe. Die Veränderung der Märkte, die Dynamik der Märkte, die Differenzierung der Kundenbedürfnisse stellen an das Unternehmen ein hohes Maß an Anpassungsfähigkeit. In dieser Situation kann ein Unternehmen nur dann erfolgreich sein, wenn es die gleiche Beweglichkeit, die gleiche Dynamik wie die Märkte besitzt. Wenn es wie ein Spiegelbild des Marktes erscheint. Organisationsstrukturen und Organisationsabläufe sind darauf hin zu optimieren.

In diesem Sinne sind wir <u>marktorientiert</u>.

3. Der Mensch als der Handelnde

Es sind Menschen, die Leistungen vollbringen, die auf dem Markt zum Erfolg führen. Die Identifikation unserer Mitarbeiter mit unserem Tun, die Bereitschaft, sich zu engagieren, das Einbringen des kreativen Potentials aller unserer Mitarbeiter, die Offenheit und das gegenseitige Vertrauen, eine Organisation, die Eigenverantwortung ermöglicht, die gemeinsame Freude am gemeinsamen Erfolg sind die Quellen unseres Erfolges.

Deshalb sind wir <u>mitarbeiterorientiert</u>.

4. Die Organisation, in deren Mittelpunkt der Mensch steht und die ihm ein Handeln ermöglicht

Es geht darum, das ganze Unternehmen neu zu denken und gegebenenfalls neu zu gestalten. Für die Neugestaltung haben wir uns drei Organisationsprinzipien gegeben:

- das Prinzip der Selbststeuerung,
- das Prinzip der Funktionsintegration und
- das Prinzip der Eigenverantwortlichkeit.

Das Prinzip der Selbststeuerung besagt, daß das Geschehen nicht von einer zentralen Stelle im Hintergrund, sondern am Ort des Geschehens durch die Sachkompetenz vor Ort gesteuert wird.

Das Prinzip der Funktionsintegration besagt, Aufhebung der Arbeitsteilung, Zusammenführen, was zusammen gehört, und Finden einer prozeßorientierten Organisationsform.

Das Prinzip der Eigenverantwortlichkeit besagt, jeder ist für das selbst verantwortlich, was er tut. Im Rahmen seines Handlungsspielraumes wählt er für die Bewältigung seiner Aufgabe den Weg, den er eigenverantwortlich als richtig erkennt. Kollegen und Vorgesetzte helfen dabei.

Wenn die Beweglichkeit und die Kreativität unserer Mitarbeiter die Quellen unseres Erfolges sein sollen, so geht es darum, Organisationsformen und Formen der Zusammenarbeit zu entwickeln, die dem natürlichen Verhalten der Menschen entsprechen.

Wir wollen das Unternehmen nicht so gestalten, daß es nur dann funktioniert, wenn Menschen sich entgegen ihrer Natur verhalten. Unsere Kreativität und Phantasie ist gefordert, das natürliche Verhalten der Menschen so zu lenken, daß es positiv für das Unternehmen wird. Wie das geschehen kann, das finden wir beim Betrachten der Natur, beim Studium der Evolutionslehre reichlich.

Es geht nicht darum, daß wir zunächst bessere Menschen brauchen, wir brauchen nur natürliche Menschen.

Durch unsere Erziehung, durch unsere leidvollen Erfahrungen, durch die Rollen, die wir im Leben spielen müssen, haben wir uns von diesem natürlichen Zustand weit entfernt. Auch diesen Ballast müssen wir abwerfen. Und dies beginnt in unseren eigenen Köpfen. Bei der Neugestaltung und der ständigen Verbesserung des Unternehmens, ist es, dem natürlichen Bedürfnis der Menschen folgend, notwendig, daß unsere Mitarbeiter von Anfang an in diesen Prozeß integriert sind. Da die Weisheit nicht in einem Kopf versammelt ist, brauchen wir alle.

Die drei Organisationsprinzipien: selbststeuernd, Funktionsintegration oder auch prozeßorientierte Organisation und Eigenverantwortlichkeit sind keineswegs die ausschließlichen Organisationsprinzipien. Unserer Erfahrung nach treten die anderen Prinzipien bei Verwirklichung dieser drei Hauptprinzipien von selbst zu Tage. Wir haben zunächst unsere programmgesteuerte Produktion zu einer absatzgesteuerten Produktion gewandelt, dann unsere sequentiell arbeitende Entwicklung zu einer synchronen Produktentwicklung und unsere selektive Qualitätssicherung zu einer präventiven Qualitätssicherung.

Die absatzgesteuerte Produktion (ASP)

1. Die programmgesteuerte Produktion

(siehe Bild 1: Programmgesteuerte Produktion)

Bei sich immer weiter fragmentierten Märkten, sich weiter differenzierten Kundenbedürfnissen und damit Marktchancen und sich damit auch immer weiter differenzierten Produktionsprogrammen, ist es nicht mehr möglich, mittels einer Prognose über den künftigen Absatz ein treffendes Produktionsprogramm zu erstellen. Die Folge ist, daß der Regelkreis der programmgesteuerten Produktion in Folge seiner vielen toten Zeiten das Geschehen der Produktion nicht mehr ausregeln kann.

Die Konsequenzen sind: hohe Lagerbestände, sowohl im Teilelager als auch im Fertigwarenlager, eine schlechte Lieferfähigkeit und permanente Probleme mit Fehlteilen.

2. Die absatzgesteuerte Produktion

(siehe Bild 2: Absatzgesteuerte Produktion mit Fertigwarenlager
und Bild 3: Absatzgesteuerte Produktion ohne Fertigwarenlager)

Marktbedürfnisse stehen in einem Zielkonflikt mit herkömmlichen industriellen Produktionsmethoden.

Herkömmliche industrielle Produktionsmethoden erfordern zu Ihrer Optimierung:

- ☐ hohe Stückzahlen
- ☐ konstanten Produktionsfluss
- ☐ schmales Produktionssortiment
- ☐ keine Änderungen
- ☐ ausreichenden Vorlauf für Umstellungen
- ☐ hohe Kapazitätsauslastung
- ☐ optimale Losgrössen
- ☐ hohes Einkaufsvolumen
- ☐ Ausschöpfung des Beschaffungsmarktes
- ☐ lange Produktlebensdauer

Die ASP löst diesen Zielkonflikt, indem sie den Marktbedürfnissen die Priorität vor den Produktionsbedürfnissen gewährt und indem sie eine Optimierung der Organisation und der organisatorischen Abläufe auf diese Zielsetzung hin bewirkt.

- ☐ Es wird genau das produziert, was <u>heute</u> der Markt fordert.

- Wöchentliche Absatzschwankungen zwischen 50 % und 200 % eines Planwertes führen auch zu einer wöchentlichen Schwankung des Produktionsvolumens zwischen 50 % und 200 % des Planwertes.

- Um Beweglichkeit zu besitzen, erfolgt die Produktion

    - ohne Lagerbestände
    - mit der Losgröße-1-Fähigkeit
    - einstufig
    - mit kürzester Durchlaufzeit
    - mit unverrückbaren Lieferterminen
    - mit flexiblem Personaleinsatz
    - mit flexibler Arbeitszeit
    - mit festen Lieferanten (Technologiefamilien)
    - in ausgewählter Produktions-Technologie

- Die Produktion erfolgt selbststeuernd und eigenverantwortlich.

- Die Logistik arbeitet nach dem "Hol-Prinzip".

- Neue Produkte werden "ASP-tauglich" entwickelt.

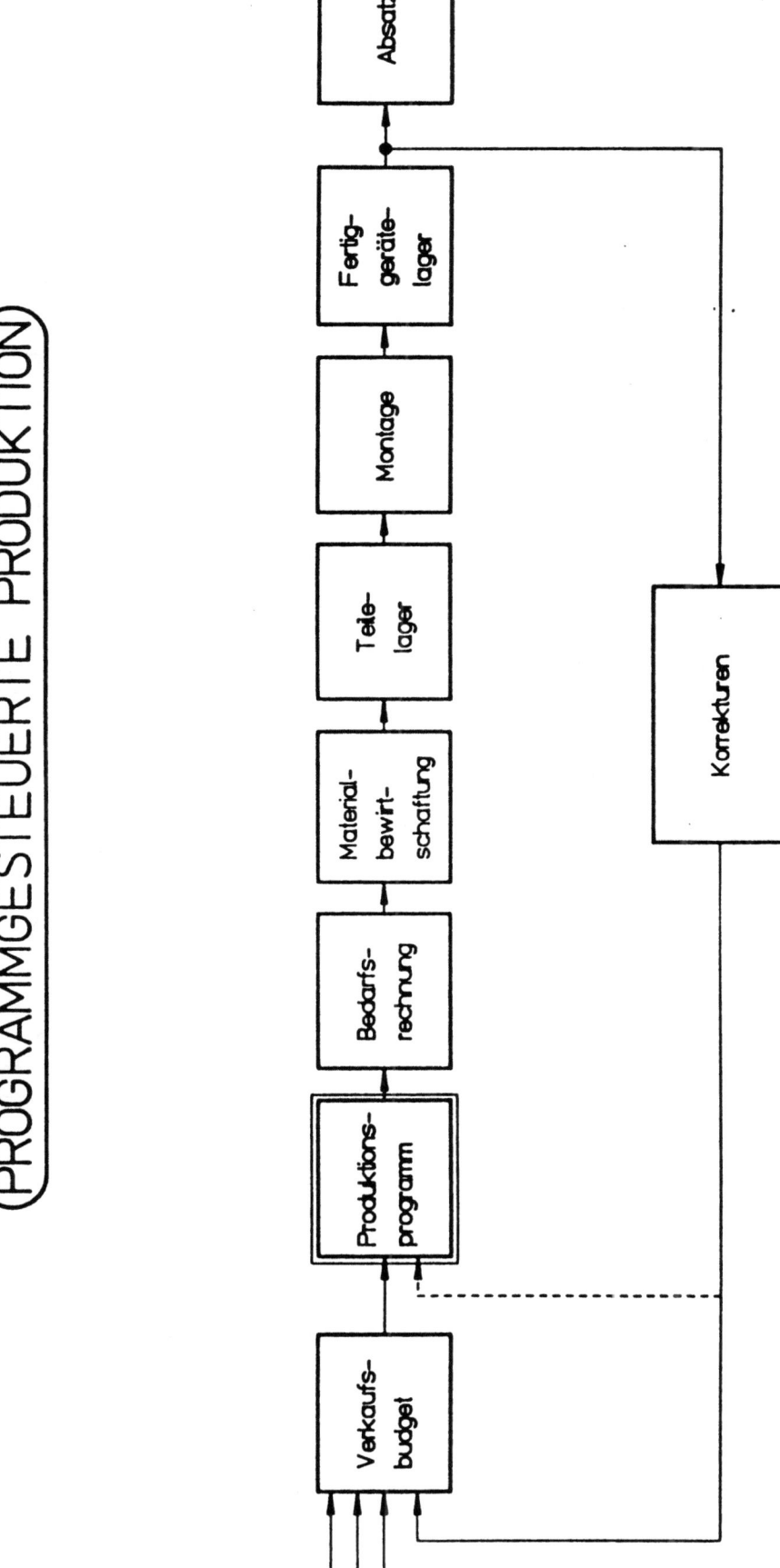

Bild 1: Fertigungsablauf bei programmgesteuerter Produktion

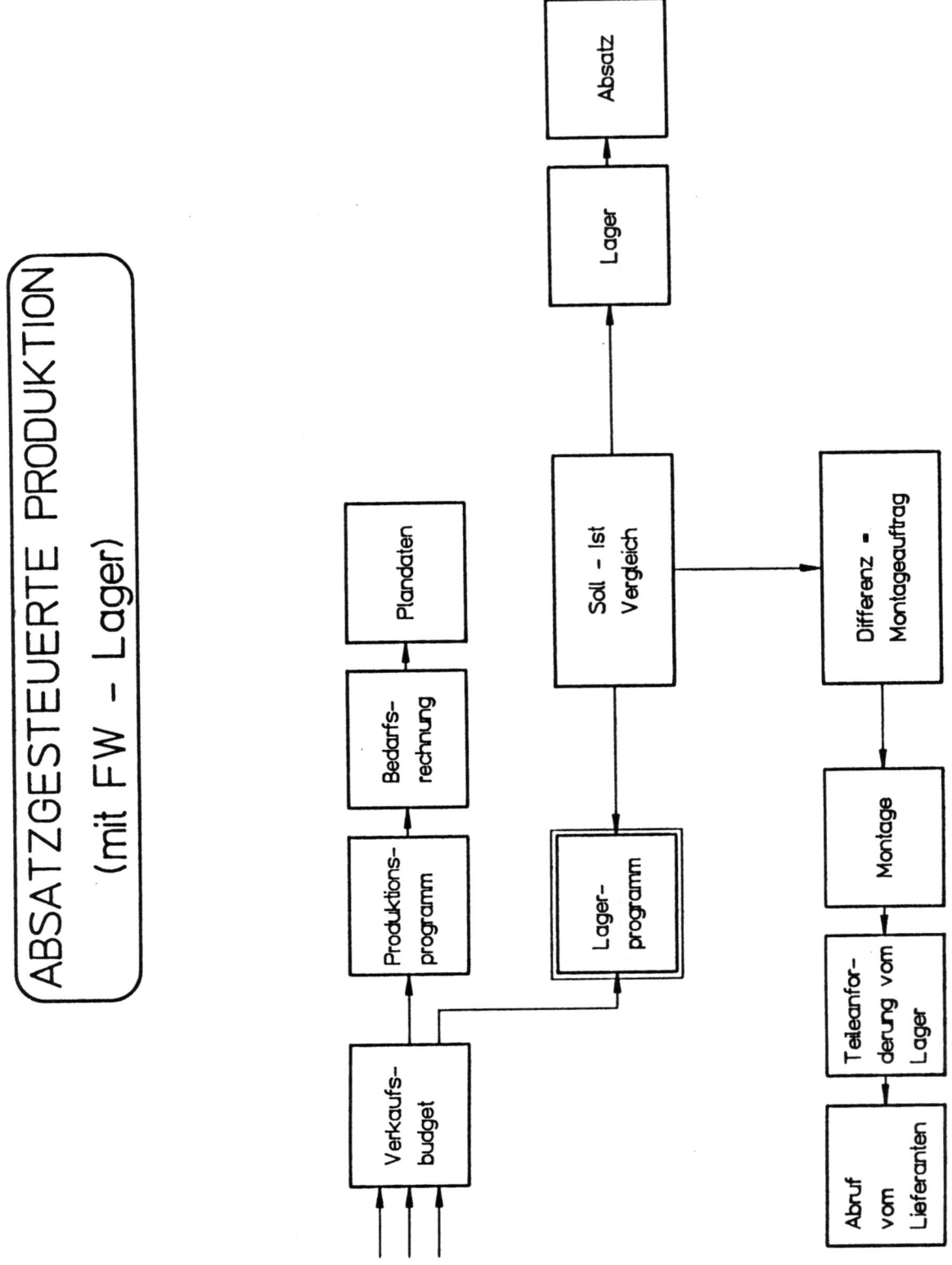

Bild 2: Fertigungsablauf bei absatzgesteuerter Produktion (mit Fertigwaren-Lager)

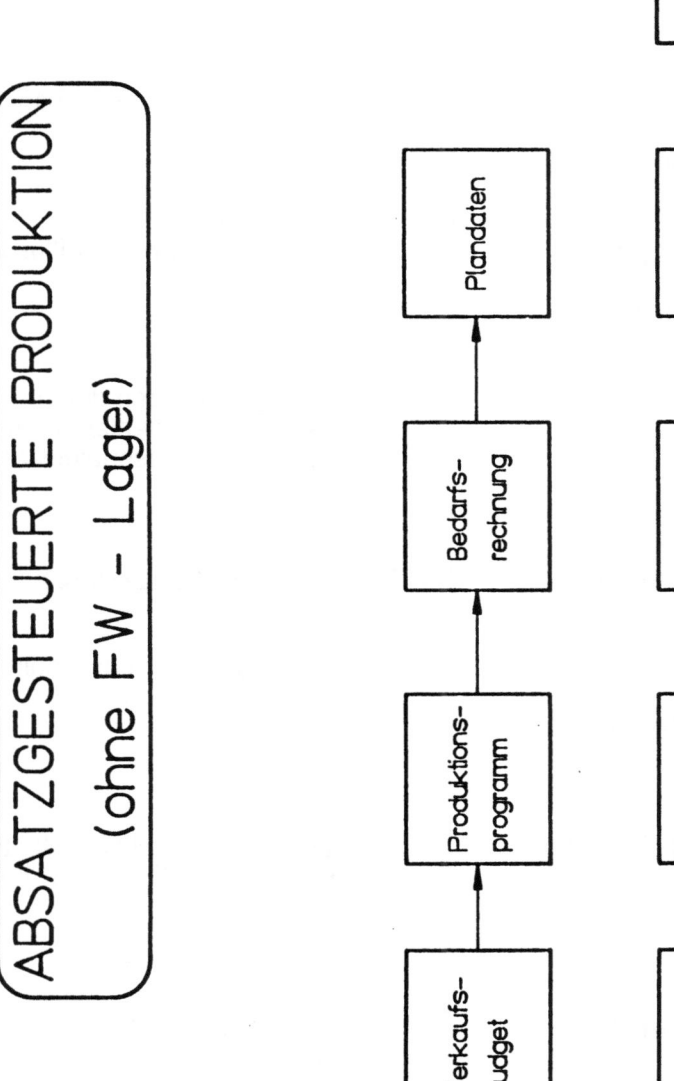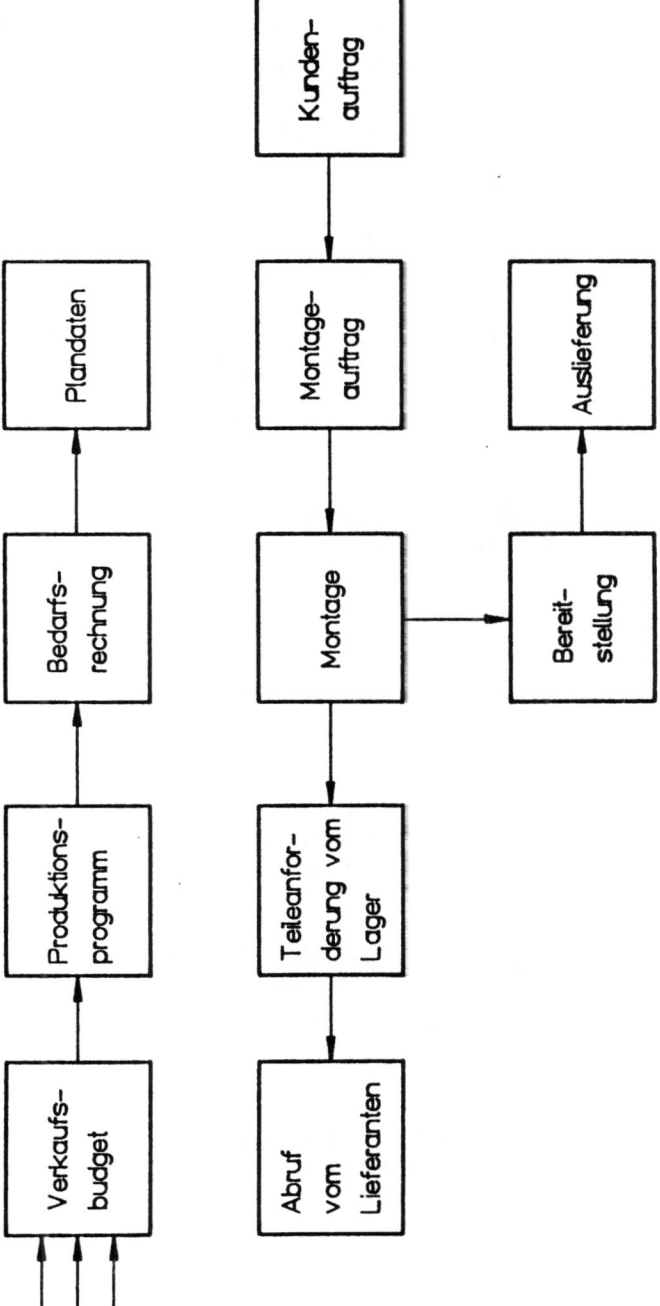

Bild 3: Fertigungsablauf bei absatzgesteuerter Produktion (ohne Fertigwaren-Lager)

Vergleich

Programmgesteuerte Produktion	Absatzgesteuerte Produktion

❑ <u>Absatzschwankungen</u>
 	
spiegeln sich im Lager:
 	
Hoher Absatz
➡ Abbau des Lagers
   u. U. bis zur
   Lieferunfähigkeit
 	
Geringer Absatz
➡ Aufbau des Lagers
   u. U. bis zu
   Liquiditätsengpässen
	❑ <u>Absatzschwankungen</u>
	
	spiegeln sich im Materialfluss:
	
	Hoher Absatz
	➡ starker Materialfluss
	
	Geringer Absatz
	➡ geringer Materialfluss

❑ <u>Liefertermine</u> werden durch Bestände gesichert.	❑ <u>Liefertermine</u> werden durch Überkapazität der Anlagen und durch flexiblen Personaleinsatz gesichert.
❑ Bildung von <u>Umlaufvermögen</u>	❑ Bildung von <u>Anlagevermögen</u>
❑ Hohe <u>Kosten</u> für Lagerhaltung und für Verschrottung aufgrund technischer Veralterung von Lagerbeständen.	❑ Geringe <u>Kosten</u> für Lagerhaltung und für Verschrottung.
❑ <u>Verbesserungen, Modifikationen</u> wirken sich im Feld erst nach Abbau der Lagerbestände aus.	❑ <u>Verbesserungen, Modifikationen</u> wirken sich im Feld unmittelbar aus.
❑ Hoher <u>Steuerungsaufwand</u>, da zentral gesteuert, deshalb unflexibel.	❑ Geringer <u>Steuerungsaufwand</u>, da selbstgesteuert, deshalb flexibel.
❑ Organisatorische Schwächen werden durch hohe Lagerbestände verdeckt.	❑ Organisatorische Schwächen werden aufgedeckt, ihre Beseitigung erzwungen.

(siehe Bild 4: Regelkreise ohne absatzgesteuerte Produktion beim Lieferanten und Bild 5: Regelkreise mit absatzgesteuerter Produktion beim Lieferanten)

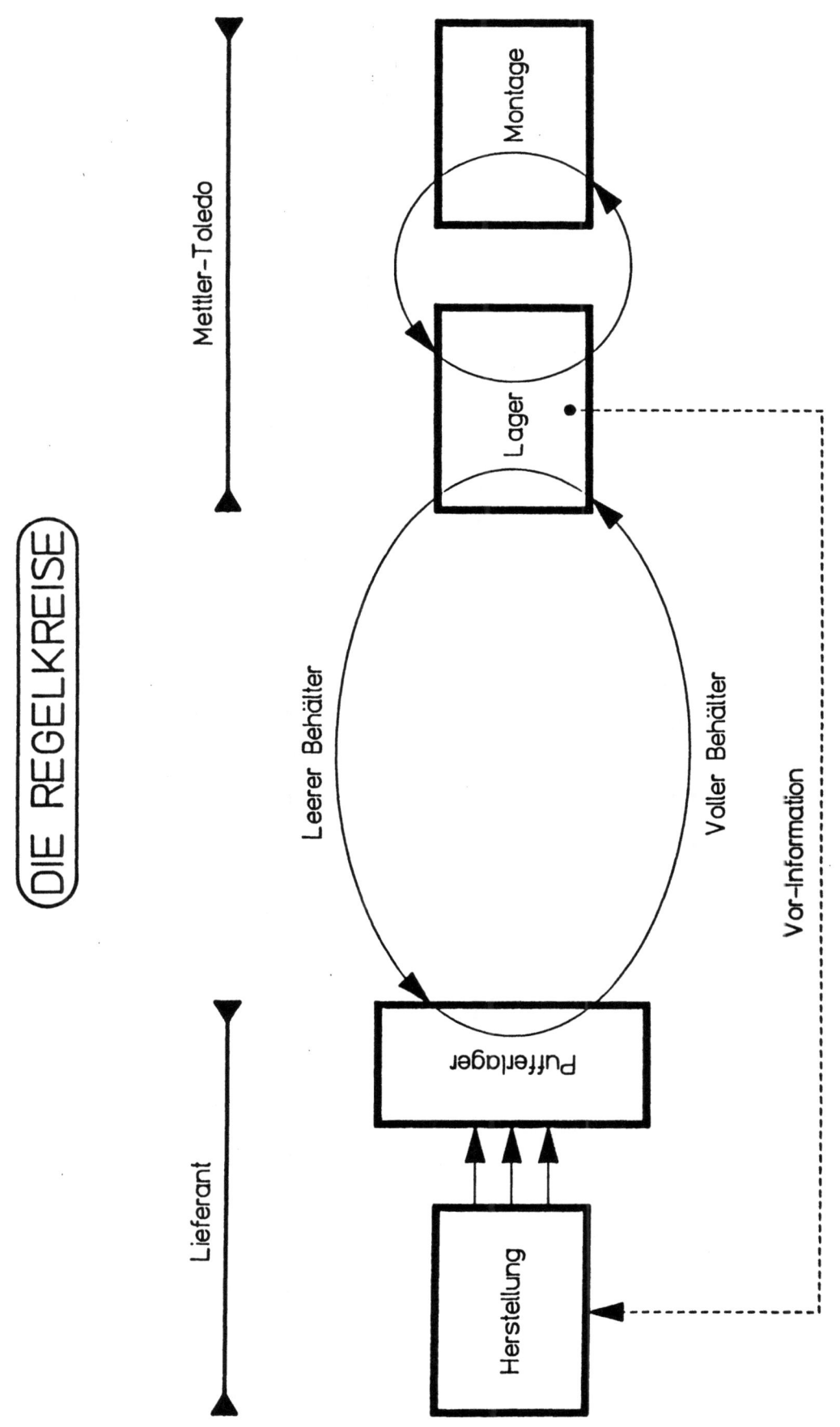

Bild 4: Regelkreise ohne absatzgesteuerte Produktion beim Lieferanten

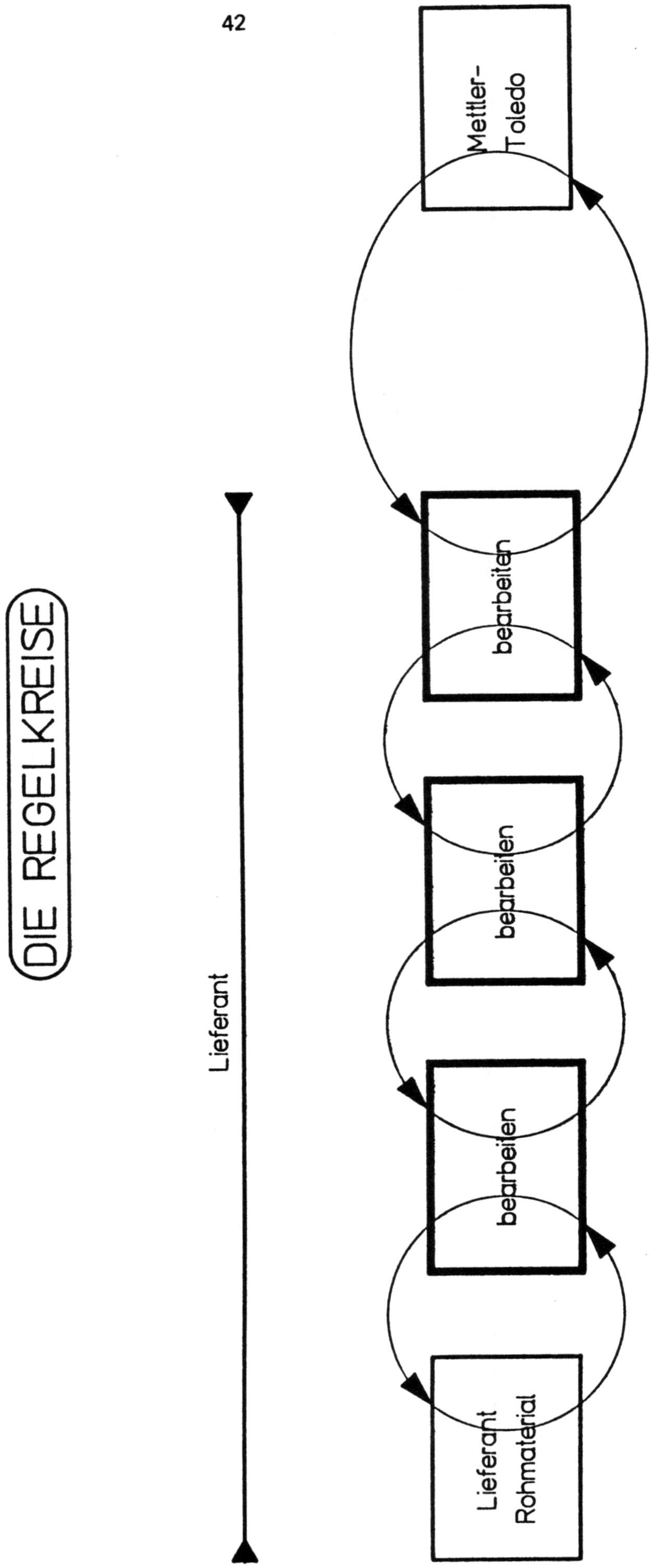

DIE REGELKREISE

Mettler-Toledo

bearbeiten

bearbeiten

bearbeiten

bearbeiten

Lieferant Rohmaterial

Lieferant

Bild 5: Regelkreise mit absatzgesteuerter Produktion beim Lieferanten

Daten zur ASP bei Mettler-Toledo (Albstadt) GmbH

- Einführung: 01.01.86

- Vorbereitungszeit: 6 Monate

- Teilestruktur:

  Absatzgesteuerte Teileversorgung . . . . 80,0 % Einkaufsvolumen
  7,5 % Teile

  Programmgesteuerte Teileversorgung . . . . 14,0 % Einkaufsvolumen
  12,5 % Teile

  Verbrauchsgesteuerte Teileversorgung . . . . 6,0 % Einkaufsvolumen
  80,0 % Teile

- Lagerbestände:

  Reduktion Fertigwarenlager . . . . um 95,0 %
  Reduktion Teilelager . . . . um 65,0 %

- Durchlaufzeit:

  Innerhalb 5 Arbeitstage nach Auftragseingang erfolgt Produktion und Auslieferung.

- Regelbereich:

  zwischen 50 % und 200 % des Produktionsprogrammes.

Die synchrone Produktentwicklung (SPE)

Die Realisierung des Unternehmensziels, Entwicklung der Eigenschaft, im höchsten Maße anpassungsfähig zu sein gegenüber den sich permanent verändernden Bedürfnissen und Chancen des Marktes, ohne dabei die Vorteile einer industriellen Serienproduktion zu verlieren, verlangt nicht nur die Verkürzung der Reaktionszeit, also der Durchlaufzeit für die Belieferung der Märkte mit eingeführten Produkten, sondern auch eine drastische Verkürzung der Realisationszeit für die Belieferung der Märkte mit neu zu schaffenden Produkten.

Dieses Ziel wird mit der synchronen Produktentwicklung erreicht. Mit dem Instrument der synchronen Produktentwicklung verkürzten wir die Entwicklungszeit für neue Produkte von bislang 2 - 3 Jahren auf neu 6 - 9 Monate.

Die synchrone Produktentwicklung basiert auf 3 Pfeilern:

1. Die Trennung der Technologie-Entwicklung von der Produktentwicklung.

2. Die Einzeltätigkeiten sind nicht mehr sequentiell, sondern parallel und synchron.

3. Die Organisationsform des Projektmanagements nicht nur temporär projektbezogen, sondern als permanentes Organisationsprinzip.

1. Trennung der Technologie-Entwicklung von der Produktentwicklung

Bisher:
Innerhalb einer Produktentwicklung wird gleichzeitig eine Technologie-Entwicklung betrieben. Dieses Vorgehen hat Vor- und Nachteile.

Die Vorteile des bisherigen Vorgehens:

- Innovationen sind gleich in einer vermarktungsfähigen Form entwickelt.

- Der Druck, das entwickelte Produkt tatsächlich produzieren und vermarkten zu müssen, zwingt zur Lösung aller Probleme. Bei einer "Schubladen-Entwicklung" ist die Neigung sehr groß, ungelöste Probleme zu ignorieren oder zu verschleiern oder als nebensächlich zu betrachten oder ihre Lösung bis zum Zeitpunkt der Realisierung zu verschieben.
  Soll dann eine "Schubladen-Entwicklung" vermarktet werden, so findet eine Ernüchterung statt, und man erkennt, daß man so gut wie neu beginnen muß und jetzt ein anderer Ansatz sinnvoller wäre.

- Bei "Schubladen-Entwicklungen" wird dem Konstrukteur das Erfolgserlebnis vorenthalten. Seine Motivation bleibt in Grenzen, sein Zeitaufwand dagegen unbegrenzt, ohne das eine wirklich fertige Lösung entsteht.

Die Nachteile des bisherigen Vorgehens:

- Die Entwicklungszeit ist sehr lange. Der angestrebte Marktnutzen wurde verpasst. Die Marketingkonzeption ist nicht mehr schlüssig. Um dies zu korrigieren, werden während der Entwicklungszeit die Vorgaben an die Entwicklung geändert, wodurch die Entwicklungszeit weiter verlängert wird. Zum Schluß wird die Marketing-Konzeption dem entstandenen Produkt angepasst.

Dies gelingt aber nur teilweise, so daß Sortimentsergänzungen, Modifikationen und ein Release X notwendig werden.

- Die Technologie-Entwicklung ist nicht geplant und koordiniert. Die Schwerpunkte sind zufällig je nach der Interessenlage, der Neigung und dem aktuellen Kenntnisstand der eingesetzten Entwickler entstanden.

- Der Entwickler ist der "Schöpfer seiner Produkte". Ein guter Entwickler wird die Produktionsfähigkeit und die Vermarktungsfähigkeit seiner Produkte absichern, indem er die Kompetenz der zuständigen Fachstellen in Anspruch nimmt. Dazu steht ihm das Instrument des Projektmanagements zur Verfügung. Der Nachteil besteht darin, daß die Quelle der Innovation fast ausschließlich der Entwickler selbst ist. Die anderen Fachstellen beurteilen eine Entwicklung danach, "ob es machbar ist" und welche Konsequenzen sie zu ziehen haben.
Das "Wie" wird beraten, das "Was" steht nicht zur Disposition. Die anderen Fachstellen haben keinen gestalterischen Einfluß. (Am auffälligsten ist dies in Bezug auf die Produktion zu erkennen.) Die Innovationskraft in der gesamten Breite des Unternehmens wird nicht genutzt.

SPE:

Die synchrone Produktentwicklung geht von einer Trennung der Produktentwicklung von der Technologie-Entwicklung aus.

Für die Technologie-Entwicklung ist das Instrument des INNOVATIONS-MANAGEMENTS einsetzbar.

Für die Produktentwicklung ist die SPE das vorgeschlagene Instrument.

Die SPE ist ein Instrument, mit dem - auf der Grundlage vorbereiteter Technologien - eine schnelle Marktnutzung erreicht wird.

2. Die Einzeltätigkeiten sind nicht mehr sequentiell, sondern parallel und synchron

Alle Unternehmensfunktionen beginnen gleichzeitig und gemeinsam mit der Projektarbeit. Zu jedem Zeitpunkt ist der Arbeitsstand an allen Stellen gleich. Deshalb ist das Projekt überall zur gleichen Zeit abgeschlossen. Es gibt keine sequentiellen Abläufe.

Die Tätigkeiten, Abläufe, Methoden und Instrumentarien sind dieser Zielsetzung entsprechend zu entwickeln. Oberste Priorität hat die kürzeste Durchlaufzeit. Im Vordergrund steht nicht die Effektivität der Aufgabenbewältigung der Fachabteilungen sondern die kürzeste Realisierungszeit zur Nutzung einer Marktchance.

Neue Produkte sollten nach einer Projektdauer von wenigen Monaten auf dem Markt verfügbar sein.

Synchronitäts-Regeln

1. Regel: Es ist zu prüfen, ob von zwei zu synchronisierenden Vorgängen nicht einer oder beide Vorgänge entfallen können.

2. Regel: Aus den verschiedenen Ablaufmöglichkeiten eines Vorgangs wird der Ablauf gewählt, welcher die kürzeste Durchlaufzeit hat.

3. Regel: Bei Vorgängen, die in körperlicher Abhängigkeit zueinander stehen, wird keine Arbeitsteilung vorgesehen.

4. Regel: Bei Vorgängen, die in informeller Abhängigkeit zueinander stehen, wird der abhängige Vorgang trotz unzulänglichem Informationsstand begonnen.

5. Regel: Die Synchronisation verfolgt das Ziel, Vorgänge gleichzeitig zu beenden. Sie verfolgt nicht das Ziel, Vorgänge zum "richtigen" Zeitpunkt zu beginnen.

6. Regel: Es wird auf Vorhandenes zurück gegriffen. Für später muß "Vorhandenes" geschaffen werden.

7. Regel: Entscheidungsprozeduren, Genehmigungsverfahren, Prüfverfahren, usw. dürfen nur als Parallelvorgänge behandelt werden.

8. Regel: Die Projektarbeit geschieht in hoher Kommunikationsdichte. Deshalb darf Information nur als Parallelvorgang behandelt werden.

9. Regel: Ist auf Anhieb Synchronität nicht erreichbar, so wird das Umfeld so verändert, daß eine Synchronisierung möglich wird.

10. Regel: Da eine permanente Synchronität nicht erreichbar ist, werden in möglichst kurzen Abständen Synchronisationspunkte gesetzt.

Synchronität - Erklärungen zu den Regeln

Zur Regel 1:

Immer ist zunächst die Frage zu stellen, ob der Vorgang zur Zielerreichung überhaupt notwendig ist oder ob es sich nur um eine Gewohnheit oder um eine überkommene, veraltete Regel oder um ein veraltetes Verfahren oder um eine Absicherung gegen spätere Vorwürfe handelt.

Grundsätzlich ist hier unsere Phantasie, unsere Bereitschaft, Denkgewohnheiten zu verlassen und unser unternehmerisches Selbstverständnis gefordert.

Zur Regel 2:

Üblicherweise sind wir alle bemüht, in unserem Aufgabenbereich die anstehenden Arbeiten effektiv zu erledigen. Wir optimieren die Bearbeitung so, daß das Verhältnis Leistung zu Aufwand möglichst günstig wird. Dies erreichen wir dadurch, daß wir für die Tätigkeit den erforderlichen Zeitaufwand abschätzen, den Beginn und das Ende terminlich einplanen, den richtigen Mitarbeiter dafür einsetzen, die erforderlichen Instrumentarien bestimmen und reservieren und daß wir vor allem dafür sorgen, daß alle Informationen vorliegen, um die Tätigkeit sinnvoll beginnen zu können und daß keine Störungen den planmäßigen Abschluß gefährden können.

Mit diesem Vorgehen können wir jedoch nur eine Teiloptimierung erreichen. Die Summe der teiloptimierten Vorgänge ergibt noch keine Gesamtoptimierung. Ganz besonders trifft dies zu, wenn wir als oberste Priorität die Gesamtdauer eines Projektes sehen wollen.
Soll die Gesamtdauer eines Projektes optimiert werden, so dürfen die Einzelvorgänge nicht nach Effizienz optimiert werden. Wir müssen bereit sein, weil wir mit unzulänglichem Kenntnisstand begonnen haben, unsere Arbeit nochmals neu zu beginnen.

Zur Regel 3:

Die Synchronisation von Vorgängen (Tätigkeiten), welche nicht abhängig voneinander sind, kann nur durch organisatorische Hindernisse erschwert sein.
Die Synchronisation von abhängigen Vorgängen hat darüber hinaus sachliche Probleme zu lösen. Wir unterscheiden zwei Formen der Abhängigkeit: die körperliche und die informelle Abhängigkeit.

Eine körperliche Abhängigkeit besteht, wenn die zweite Tätigkeit am selben "Körper" wie die erste Tätigkeit erfolgen muß.

Eine informelle Abhängigkeit besteht, wenn zur Verrichtung der zweiten Tätigkeit lediglich Informationen aus der ersten Tätigkeit notwendig sind.

Die Synchronisation von körperlich abhängigen Tätigkeiten kann nur in der Form erfolgen, daß die Arbeitsteilung in eine erste und eine zweite Tätigkeit aufgehoben wird und beide Tätigkeiten zu einer Tätigkeit in einer Stelle integriert werden.

Die Regel 3 verlangt also die Aufhebung des Prinzips der Arbeitsteilung, bei der für jede Tätigkeit Spezialisten eingesetzt werden, zugunsten einer integrierten Bearbeitung mit "Generalisten".

Die Aufhebung der Arbeitsteilung kann durch eine Änderung der Organisationsstruktur grundsätzlich oder durch eine Projektarbeit nach den SPE-Regeln temporär geschehen.

Zur Regel 4:

Stehen die Tätigkeiten in informeller und nicht in körperlicher Abhängigkeit zueinander, so ist einerseits eine hohe Kommunikationsdichte und andererseits eine hohe Akzeptanz zum permanenten Anpassungsdruck notwendig.

Änderungs-"feindliche" Verfahren, Methoden und Technologien sind störend.

Zur Regel 5:

Ein Projektablaufplan wird üblicherweise so aufgebaut, daß die Einzeltätigkeiten, in Abhängigkeit vom möglichen Starttermin und von der Bearbeitungszeit, eine Kette sequentieller, in der Regel auch verzweigter, Vorgänge ergibt.

Die gesamte Projektzeit ergibt sich als Addition der Einzelzeiten:

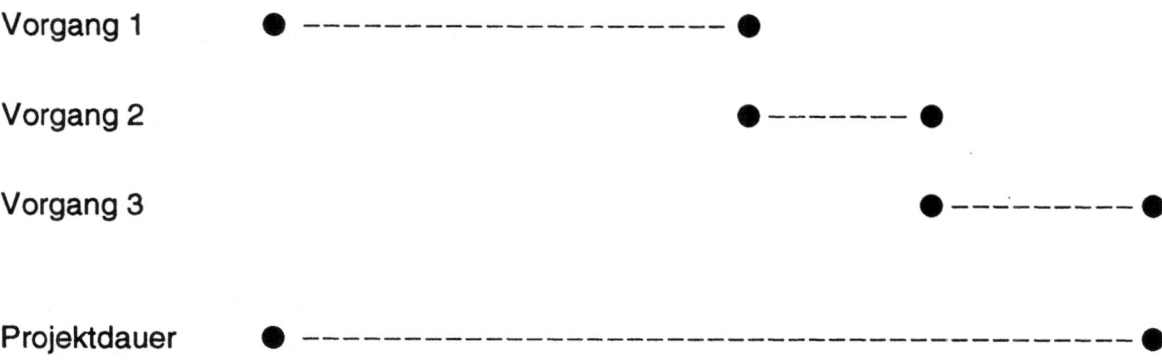

Der Projektablaufplan einer SPE geht von einem parallelen Ablauf der Einzelvorgänge und von ihrem gemeinsamen Abschluß aus.

Die gesamte Projektdauer wird von der längsten Einzelzeit bestimmt:

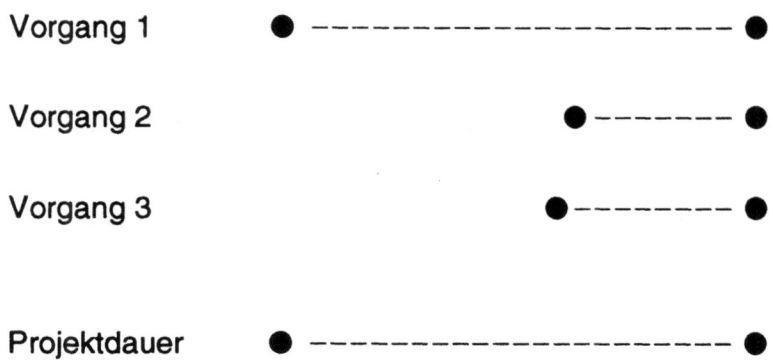

Die Synchronisierungsregeln zeigen, mit welchen Mitteln ein Parallelablauf erreicht werden kann.

Zur Regel 6:

Jede Produktentwicklung steht in dem Spannungsfeld der Pole:

Übernahme des Bewährten <----------> kreative Innovation.

Eine Ausrichtung eines Unternehmens nur nach einem der beiden Pole wäre tödlich. Zwischen den Polen gibt es viele Positionierungsmöglichkeiten.

Die Regel 6 ist keine Aufhebung dieser Leitlinie, obwohl sie fordert, "Vorhandenes" zu übernehmen. Im Gegenteil, sie bringt diese verstärkt zur Geltung, weil sie zur Unterscheidung zwingt, wann etwas erarbeitet wird und wann etwas genutzt wird.

Die SPE ist ein Instrument zur raschesten Umsetzung unserer entwickelten Fähigkeiten zu einem konkreten Marktnutzen.
Die Regel 6 fordert, daß während der Umsetzung keine Innovationsprozesse stattfinden. Der Innovationsanstoß soll nicht aus einem konkreten Marktbedürfnis sondern aus den technologischen Möglichkeiten heraus geschehen. Wir sehen, daß die F+E-Aufgaben geteilt werden sollten:

- in eine Entwicklungsaufgabe und
- in eine Konstruktionsaufgabe.

Die Entwicklungsaufgabe ist das Erkennen von technologischen Chancen, das Entwickeln des erforderlichen Know-How und der Aufbau eines Fähigkeitenpotentials des Unternehmens.
Die Konstruktionsaufgabe ist das rasche Umsetzen unserer Fähigkeiten zur Ausschöpfung der Marktchancen.

Das Instrument zur Bewältigung der Entwicklungsaufgabe ist das

Innovationsmanagement.

Das Instrument zur raschesten Umsetzung in vermarktbare Produkte ist die

Synchrone Produktentwicklung.

Zur Regel 7:

Üblicherweise werden Entscheidungsprozessuren, Genehmlassungsverfahren, Prüfverfahren, usw. als Besinnungsphasen genutzt. Bei einem mehrjährigen Projektablauf ist dies unbedingt notwendig.
Bei einer kurzen Projektzeit ist dies unnötig, da sich die Umstände noch nicht so stark verändert haben. Das Projekt wird in einem Zuge durchgezogen. Nach Projektabschluß wird über eine Markteinführung entschieden.

Die Regel 7 fordert, daß der Projektfortgang nicht von den Ergebnissen der Entscheidungsprozessuren und der Prüfverfahren abhängig sein darf. Soweit sie überhaupt notwendig sind, dienen sie lediglich zur Bestätigung. Bei einem negativen Ausgang ist das Projekt gescheitert.

Zur Regel 8:

Große Projektteams und lange Projektzeiten führen dazu, daß viele Besprechungen stattfinden, die nur dem Ziele dienen, alle Beteiligte und alle Entscheidungsträger auf dem gleichen Informationsstand zu halten.
Der Störfaktor solcher Besprechungen ist nicht nur im Zeitaufwand der Besprechung zu sehen, sondern besonders in dem Aufwand zur Vorbereitung der Besprechung, dem Aufwand zur Erarbeitung der Präsentationsunterlagen, dem Stagnieren der Projektarbeit in Erwartung neuer Erkenntnisse aus bevorstehenden Besprechungen, der Aufarbeitung nach einer Besprechung, der Beseitigung aufgetretener Mißverständnisse und der Beantwortung von Rückfragen.
Die SPE gestattet solche Sitzungen nicht.
Sollte trotzdem eine Informationssitzung unvermeidlich sein, so muß sich das SPE-Team dieser Umstände bewußt sein und die Störung so klein wie möglich halten.

Zur Regel 9:

Dort wo eine Synchronisierung aus den Umständen heraus nicht erreichbar ist, leiten sich Notwendigkeiten zur Veränderung dieser Umstände ab.
Dieser Situation geht die Erkenntnis voraus:

"Eine Synchronisierung wäre möglich, wenn ...".

Beispiele:

..., wenn
- wir eine Investition tätigen würden.
- wir eine Organisationsänderung durchführen würden.
- wir ein spezielles Know-How hätten.
- wir diesen Engpass nicht hätten.
- wir nicht emotionale Hindernisse vorfinden würden.
- wir eine andere Technologie besitzen würden;
- wir ...

Zur Regel 10:

Parallele Vorgänge sind nicht permanent synchron.
Wichtig ist, daß zu bestimmten Zeitpunkten alle Tätigkeiten den gleichen Stand haben, also synchron sind.

3. Die Organisationsform des Projektmanagements nicht nur temporär projektbezogen, sondern als permanentes Organisationsprinzip

Organisationsform:

- ☐ Branchenorientierte SPE-Teams mit unternehmerischer Ergebnisverantwortung mit in der Regel jeweils 7 Mitarbeitern.

- ☐ Jedes Team besteht aus Ingenieuren für Mechanische Konstruktion, Elektronik, Software, aus Produktionstechnikern, Marketing- und QS-Experten.

- ☐ Die Aufgabe des SPE-Teams besteht darin, Marktchancen aufzuspüren und zu realisieren. Alle dazu erforderlichen Aktivitäten bewältigt das SPE-Team eigenverantwortlich und vollständig.

Vorteile der synchronen Produktentwicklung:

SPE führt nicht nur zu einer drastischen Reduktion der Projektdauer.

Gleichwertige Vorteile entstehen,

- weil eine Projektdauer von wenigen Monaten weniger Projektkosten als eine von mehreren Jahren verursacht,

- weil die Marketing-Konzeption bei Verfügbarkeit des Produktes noch gültig sein kann,

- weil getroffene Entscheidungen innerhalb einer Gesamtdauer von wenigen Monaten beständiger sind,

- weil bei der Kürze der zur Verfügung stehenden Zeit notwendige Entscheidungen nicht verschoben werden können,

- weil eingefahrene Wege neu überdacht werden müssen,

- weil unnötiger Ballast - in Form von Sitzungen und in Form von Papieren - abgeworfen wird,

- weil die Motivation durchgehalten werden kann,

- weil die Hemmschwelle, ein mißglücktes Projekt aufzugeben, niedriger ist.

Als ein besonderer Vorteil dieser Organisationsform ist zu sehen, daß die Ärgernisse der Schnittstellen Marketing - Entwicklung, Entwicklung - Produktion dadurch beseitigt wurden, indem die Schnittstellen beseitigt wurden.

Die SPE bei der Mettler-Toledo (Albstadt) GmbH:

- Einführung: 01.01.1989

- Erreichte Realisierungs-
  zeit für neue Projekte: 6 ... 9 Monate
  (gegenüber früher 2 ... 3 Jahre)

Qualitätssicherung

1. Von der selektiven Qualitätssicherung zur präventiven Qualitätssicherung

☐ Eine Produktion ohne Lagerbestände mit kürzesten Lieferzeiten und

☐ eine Produktentwicklung mit kürzester Realisierungszeit

stellen außerordentlich hohe Anforderungen an das QS-System.

Diesem kann nur entsprochen werden, wenn ein QS-System realisiert wird, das konsequent den Wechsel von einer selektiven zu einer präventiven QS vollzieht.

Die Aufgaben der Institution QS verlagern sich dabei aus dem operationellen Bereich in den strategischen Bereich.

Ablösung der dominant selektiven QS durch eine dominant präventive QS bei konstantem Q-Niveau:

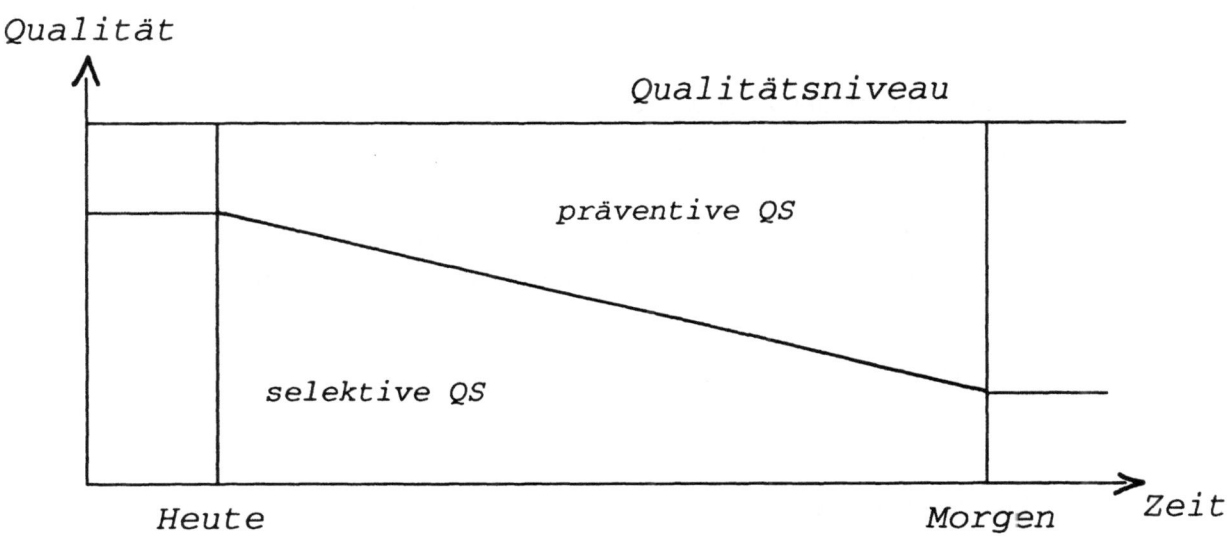

Dies bedeutet für die Entwicklungsqualität:

- So wenig wie in der Produktion Qualität durch Prüfen erzeugt werden kann, so wenig kann in der Entwicklung Qualität durch "Verfeinerung" der Konstruktion, durch Einsetzen von Fertigungstoleranzen oder durch die Vorgabe von Q-Vorschriften erzeugt werden.

- Bei der Entwicklung eines neuen Produktes dürfen nur voll beherrschte Prozesse vorgesehen werden.

- Die Erarbeitung der Prozessbeherrschung muß geschehen bevor die Entwicklung dieser Prozesse einsetzt.

- Der Entwickler muß selbst das Know-How über QS-Methoden besitzen und anwenden.

- Die Aufgabe der Institution QS ist vergleichbar mit der des Coaches einer Mannschaft.

Für die Produktionsqualität:

- Produktionsprozesse müssen sicher beherrscht sein.

- Jeder am Produktionsprozess Beteiligte trägt die volle Verantwortung für die Qualität seiner Arbeit.

- QS-Maßnahmen sind folglich keine eigenständigen Schritte im Arbeitsprozess. Sie müssen im gesamten Geschehen integriert sein.

- Die Wareneingangsprüfung wird ersetzt durch eine Prozessbeherrschung der Lieferanten.

- Zwischenprüfungen durch die QS entfallen.

☐ Die Endprüfungen erfolgen durch die Montage selbst unter Einsatz von computergesteuerten Prüfmaschinen.

☐ Alle qualitätsrelevanten Daten werden mittels eines Computersystems erfasst und ausgewertet.

☐ Aufgabe der Institution QS ist es, ein solches QS-System aufzubauen und zu unterhalten.

2. Von der Produktqualität zur Unternehmensqualität

Wir gehen davon aus, daß jeder Mensch ein natürliches Streben nach Anerkennung hat, daß jeder weiß, daß er Anerkennung nur mit einer guten Leistung finden kann.
Daß damit die Qualität einer Leistung aus einem natürlichen Streben des Menschen entsteht.

Qualität ist nicht etwas, das erzwungen werden muß.
Qualität entsteht von selbst, wenn "unnatürliche" und damit qualitätsverhindernde Zustände beseitigt werden. Solche Zustände sind Hindernisse für das natürliche Streben nach Qualität.

Das Erkennen und Beseitigen dieser Hindernisse ist die wichtigste Aufgabe der QS.

Wir fördern das

WOLLEN.

Ein Grundpfeiler unseres wirtschaftlichen Erfolges ist die Qualität. Diese erreichen wir durch das natürliche Bestreben der Menschen nach freier Entfaltung und persönlicher Anerkennung.

Wir fördern diese Grundhaltung, indem das Unternehmen die Mitarbeiter in die Lage versetzt, die angestrebte Qualität zu erreichen und somit erfolgreich zu sein.

Voraussetzung für die persönliche Anerkennung in unserem Unternehmen ist Leistung in Verbindung mit Qualität.

Wir vermitteln das erforderliche

WISSEN.

Gezielte Wissensvermittlung durch Aus- und Weiterbildung sowie der Austausch von Erfahrung und Markt-Feedback vermitteln den Mitarbeitern das nötige Wissen und die erforderlichen Fertigkeiten.

Wir ebnen den Weg zum

KÖNNEN.

Wir gestalten alle Abläufe, Prozesse, Arbeitsmittel und das Umfeld so, daß diese die Mitarbeiter beim Streben nach Qualität unterstützen.

Wir sichern das

DÜRFEN.

Traditionen, die dem Qualitätsdenken entgegen wirken, bauen wir ab. Vorgesetzte fördern sinnvolle Initiativen ihrer Mitarbeiter.

Wir übertragen

VERANTWORTUNG.

Den Mitarbeiter versetzen wir in ein qualitätsförderndes Umfeld, indem wir ihm nicht nur das erforderliche Wissen vermitteln, sondern auch die erforderliche Verantwortung übertragen. Damit erreichen wir eine hohe Identifikation mit dem Unternehmen und geben ihm das Gefühl am Unternehmenserfolg aktiv teilzunehmen. Er wird sich deshalb mit der Arbeit identifizieren; sein Tun wird äußerst innovativ und von hoher Qualität sein.

Nach unserem Verständnis ist das Erkennen und Beseitigen von qualitätshemmenden Hindernissen die wichtigste Aufgabe der QS.

Diese Aufgabe umfasst die Qualität des gesamten Unternehmens.

Strategie zum Aufspüren von Hindernissen:

Die QS findet solche Hindernisse, indem sie sich in die Rolle eines bedrängten Mitarbeiters versetzt und seine möglichen Entschuldigungen vorempfindet.

Antworten des Mitarbeiters:

1. "Es war mir nicht bekannt, daß Qualität für uns eine so große Bedeutung hat ... usw. ..."

2. "Ich will ja Qualität bieten, wenn ich nur jeweils wüßte, wie ich das zu tun hätte, bzw. was qualitätsfördernd ist und was qualitätsschädlich ist oder wie ich die voraussichtliche Qualität erkennen kann ... usw. ..."

3. "Ich will Qualität bieten, ich weiß auch wie, aber es müßten vorher bestimmte Voraussetzungen geschaffen werden ... usw. ..."

4. "Ich will Qualität bieten, ich weiß auch wie, und wir könnten es auch tun, wenn ich das nur machen dürfte, wie ich es als richtig erkannt habe ... usw. ..."

Wir können folgende Gruppen von Hindernissen unterscheiden:

1. Hindernisse, die im fehlenden Wollen begründet sind.

2. Hindernisse, die in mangelnden Fähigkeiten oder mangelndem Wissen begründet sind.

3. Hindernisse, die in äußeren Umständen begründet sind.

4. Hindernisse, die normativer Natur sind.

Strategien zur Beseitigung von Hindernissen:

Hindernisgruppen	Maßnahmen
"Wollen"	☐ öffentliches Bekunden und Vertreten des Qualitätsanspruches durch die Unternehmensleitung und alle Vorgesetzten.
"Wissen"	☐ Schulungen in Qualitätstechniken ☐ Feedback über Qualitätsauswirkungen ☐ Bereitstellung beherrschter Prozesse ☐ Beratung bei speziellen Problemen
"Umstände"	☐ konkrete Erfassung der relevanten Umstände ☐ Gezielte Maßnahme zu jedem Einzelumstand
"Dürfen"	☐ Wer verbietet?

Anmerkung zum Hindernis "Umstände":

Dies ist die weitaus größte Gruppe.
Es empfiehlt sich, diese Gruppe weiter zu strukturieren:

z. B.:
- persönliche Umstände
- soziale Umstände
- organisatorische Umstände
- Arbeitsmittel
- Arbeitsweise
- Informationen
- Motivation
- usw.

Aus der Summe all' der Erfahrungen, die wir gesammelt haben, ist es uns zur Gewißheit geworden, daß wenn wir etwas gestalten wollen, den Mut haben müssen, das zu tun, das wir als richtig erkannt haben, auch wenn wir uns auf nicht abgesicherten Wegen bewegen. Daß wir unsere Kraft und unsere Energie nicht erschöpfen dürfen in endlosen "Ja-aber"-Diskussionen, sondern unser unternehmerisches Wollen bestimmen müssen. Daß wir begreifen müssen, daß ein Unternehmen keine Maschine ist, in dem ein Rädchen in das andere greift, sondern ein lebendiger Organismus ist. Daß wir aus der Natur lernen können, wie solche Organisationen funktionieren. Daß wir unsere Ängste abbauen und den Menschen vertrauen müssen.

Und wenn wir im Zweifel sind, dann gilt:

Wenn Kopf und Herz übereinstimmen, dann ist die Entscheidung gut, selbst wenn sie sich später als falsch erweisen sollte.

24. IPA-Arbeitstagung
Weg zur Fraktalen Fabrik

Die „Kleine Fabrik" in der Produktion:
Ein Erfahrungsbericht am Beispiel der Sicherheitsgurte- und Airbag-Fertigung

P. Bätz

TRW Repa

1.) Ziel des Erfahrungsberichtes

2.) Wer ist TRW Repa ?

3.) Warum Wandel ?

4.) Die Marschroute

5.) Das Coaching

6.) Die Ist-Analyse

7.) Die Neuorganisation

8.) Wo stehen wir heute ?

TRW Repa

1. Ziel des Erfahrungsberichtes

Dieser Erfahrungsbericht soll und kann <u>nicht</u> sein

- ein Vortrag über ein Fachgebiet
- eine Vorlesung eines Experten
- ein Rezept - "Man nehme"

<u>sondern mein ganz persönlicher Bericht über</u>

- Beweggründe
- Vorstellungen
- Vorgehensweise
- Maßnahmen
- Erfolge / Mißerfolge
- Erkenntnisse

des Automobilzulieferers TRW Repa beim Versuch das Unternehmen zum Besseren zu wandeln, wobei ich mich hier auf den Bereich Produktion konzentriere.

TRW Repa

Ziel ist, Ihnen anhand dieses Beispiels aus der Praxis Möglichkeiten aufzuzeigen, wie man den Weg in Richtung Lean Production einschlagen kann. Mein Ziel ist auch, Ihnen zu vermitteln, daß jeder je nach Struktur seinen Weg "finden" muß der jedoch zuerst im Kopf als Überzeugung vorgezeichnet sein muß.

Last not least möchte ich Sie ermuntern mit einem Wandel zum Besseren, sofern Ihr Unternehmen ihn braucht, sofort anzufangen.

TRW Repa

2. Wer ist TRW Repa ?

2.1 TRW Repa Europa

- Europäischer Marktführer als Entwickler und Hersteller von Rückhaltesystemen im Kraftfahrzeug, d.h. Sicherheitsgurte und Airbags

- Tochter von TRW Inc., Cleveland; OH. USA

- ca. 2.900 Mitarbeiter in 7 europ. Werken

    - Deutschland (Hauptsitz)
    - Österreich
    - Italien
    - Spanien
    - Frankreich
    - England
    - Polen

- Umsatz   680 Mio. DM

- Tagesproduktion   90.000 Sicherheitsgurte
                        800 Airbags

TRW Repa

2.2 TRW Repa Deutschland (Alfdorf / Schwäb. Gmünd)

- ca. 1.700 Mitarbeiter

- Funktionen

    - Verkauf / Marketing (zentral)
    - Finanz / Controlling (zentral)
    - F + E (zentral)
    - Fertigungsplanung (zentral)
    - Einkauf / Materialwirtschaft (teilweise zentral)
    - Qualität (teilweise zentral)
    - Logistik (teileweise zentral)
    - Personal
    - Produktion

- Fertigungsverfahren

    - Stanzerei
    - Wärmebehandlung
    - Galvanik
    - Kunststoffspritzen
    - Montage

TRW Repa

3. Warum Wandel ?

Ausgangspunkt war Ende 1988 die Erkenntnis daß "sich etwas ändern muß", weil z.B.

- die Hektik in der Produktion und anderen Bereichen immer größer wurde
- Neuanläufe immer "holpriger" abliefen
- der Reifegrad neuer Produkte langsam nachließ
- Lagerbestände unkontrolliert stiegen

und deshalb dann auch

- das bis dahin gute Betriebsklima litt
- gute Führung und Motivation mehr und mehr zum Problem wurden

Obwohl es bezüglich der wirtschaftlichen Situation noch keine Alarmzeichen gab, stand fest:

"Der Wandel muß her, und wir müssen damit sofort anfangen!"

TRW Repa

Er mußte schon deshalb her, weil die oben genannten Punkte nicht nur für den Unternehmenserfolg und die Zufriedenheit der Kunden kritisch werden könnten, sondern auch Mitarbeiter mit den Abläufen und Ihrem Erfolg bereits unzufrieden waren.

TRW Repa

4. Die Marschroute

Wesentlichste Punkte und Überlegungen waren

- daß Wandel nicht zu befehlen ist, den Mitarbeitern nicht innerhalb kurzer Zeit von "Externen" anzuweisen ist, was alles anders werden muß und dem TOP-Management mitgeteilt wird, wieviele Mitarbeiter dann "frei" werden.

- daß der Wille zum Wandel zuallererst im Kopf vom "obersten Chef" reifen und vorhanden sein muß und durch sein Verhalten eine so überzeugende Motivation auf seine Mannschaft übergeht, daß diese "TOP-DOWN" den Wandel nicht nur mitmacht, sondern will.

TRW Repa

Daraus entwickelte sich dann diese <u>geplante</u> Vorgehensweise

1. Einschalten eines Beraters als Coach, und nicht eines am Erfolg eines "Streichkonzert"-Beteiligten, sondern eben als Coach, der eine Mannschaft reif macht, um Siegeswillen zu entwickeln.

2. Durchführung eines Managment-Coaching, in dem die Führungsmannschaft sukzessive darauf trainiert wurde, den Grundsatz "Der Mensch steht im Mittelpunkt" nicht nur zu verstehen, sondern auch danach zu handeln. Weiteres Arbeitsthema war die Verbesserung von Führungs- und Sozialkompetenz.

3. Bildung von 2 Organisationsteams, die sich jeweils aus einem externen Berater und einem TRW Repa-Mitarbeiter zusammensetzten, die für die gesamte Zeit des Projektes ausschließlich hierzu abgestellt waren.

4. Durchführung von Arbeitsplatz- und Arbeitsablaufanalysen durch <u>eigene Mitarbeiter</u> unter <u>Anleitung und Moderation</u> durch externe Berater.

5. "Erarbeiten" von neuen Soll-Abläufen und falls notwendig Durchführung von organisatorischen Änderungen mit dem Ziel, hierbei den Gedanken der Teamarbeit in den Mittelpunkt zu stellen.

TRW Repa

Das waren beim Start Ende 1988 die wesentlichsten geplanten Meilensteine. Im Laufe der nächsten Monate und Jahre änderten wir zwar die Richtung nicht, fügten jedoch aus neuen Erkenntnissen heraus andere hinzu. Ich werde später darauf zurückkommen.

TRW Repa

5. Das Coaching

Ganz oben stand, wie schon erwähnt, daß die Geschäftsleitung, oder besser die hierfür verantwortlichen Menschen mit dem Coach die Grundidee, die Philosophie im Kopf hatten und jetzt daran gegangen wurde die ganze Mannschaft einzubeziehen, das Vorgehen gemeinsam weiter zu entwickeln und zu trainieren.

Begonnen wurde mit einem Führungskern von 20 Managern, die sich alle 6 Wochen für 2 Tage außerhalb der Firma zum "Coaching" trafen. Bereits hier wurde in Gruppen gearbeitet, z.B. am Umgang mit Kollegen, Mitarbeitern und auch am Umgang mit sich selbst. In dieser Zeit entwickelten sich weitere Grundsätze, die später eine wichtige Rolle spielen sollten, z.B. der, daß es auch innerhalb des Unternehmens viele "Kunden- /Lieferantenverhältnisse" gibt, die es zu erkennen und zu verbessern gilt.

Sozusagen als Kettenreaktion zum Stichwort **"Verbessern"** entstand die Einsicht, daß es gilt

- sich selbst zu verbessern
- und alle Prozesse (nicht nur technische) zu verbessern.

In dieser gemeinsamen Arbeit wurden wir nicht nur geführt, sondern führten uns selbst zu neuen Zielsetzungen, nämlich

- **Ständige Verbesserungen**
- **Unternehmensweite Qualität**

TRW Repa

Zu Beginn eines jeden neuen Coachings stand die kurze Berichterstattung der Teilnehmer über Anwendung und Erfahrung in der Praxis

Nach einem Jahr wurde der Kreis um weitere 20 Führungskräfte erweitert, so daß im 2. Coachingjahr jeder der 40 Manager 16 Tage in der Gruppe an der Verbesserung seiner Führungs- und Sozialkompetenz gearbeitet hatte.

Während dieser Zeit gab es jedoch im Coaching nicht nur volle Zustimmung, sondern auch heiße Diskussionen z.B. darüber, wie weit denn der neue Freiraum des Mitarbeiters gehen solle oder über teilweise zu theoretische Ansätze, für die mancher im täglichen "Dschungel" keine Chance sah.

Aber, wir alle hatten auch gelernt mit solchen Meinungsverschiedenheiten und Problemen besser umzugehen. Kritiker waren immer mehr gefragt; Passive und Ja-Sager wurden weniger, wenn sie auch nicht völlig verschwanden.

Auch aus dieser Sicht war es sicher richtig zunächst mit einer relativ kleinen Gruppe anzufangen, in der "passive Ausruher", die am Ende alles mitmachen - bzw. mit sich machen lassen - eher auffallen. Diese wurden vom Coach natürlich als solche erkannt und von Zeit zu Zeit aktiv gefordert.

TRW Repa

Ich persönlich finde heute allerdings, daß der zeitliche Abstand bis zur weiteren Einbindung weiterer 20 und später nochmals weiterer 40 Manager zu groß war.

Dies um so mehr als das Coaching gleichzeitig ein Mittel darstellte, mehr Verständnis der Abteilungen untereinander zu wecken.

Beispielweise stellten sich an einem Coachingnachmittag alle Funktionen ("Hauptabteilungen") vor und schilderten dabei alle ihre Probleme.
Auch hier wurden Schnittstellen, Lücken, Überschneidungen sichtbar.

Gleichzeitig half das Coaching Konflikte, Spannungen und Verständnisprobleme zwischen Vorgesetzten oder Kollegen und Mitarbeitern abzubauen.

Es half aber jedem einzelnen auch einmal zu erfahren, wie andere ihn als Persönlichkeit sehen, z.B. in Bezug auf allgemeines Verhalten, Fachwissen, Engagement, Führungseigenschaften, usw. .

TRW Repa

In das Coaching eingebunden war im Rahmen der erarbeiteten Zielsetzung

"Unternehmenweite Qualität"

und

"Continous Improvement"

auch ein Vortrag von Prof. Dr. Masing, in dem er praxisbezogen und anschaulich darstellte, wie wichtig es ist, daß Qualität und das Streben nach ständiger Verbesserung immer mehr an Bedeutung gewinnt und diese Idee endlich auch in <u>allen</u> Bereichen eines Unternehmens, nicht nur in der Fertigung, und vor allem im Top-Management verfolgt und praktiziert wird.

TRW Repa

A propos "Top-Management".
Prof. Masing hatte dazu diese Anektode parat:

"Da kommt ein Besucher, ein Kunde, und will sich informieren, wie es bei diesem Lieferanten mit der Qualität steht. Der Chef begrüßt ihn persönlich. Ein roter Teppich ist ausgerollt. Der Kaffee und Cognac serviert. Der Kunde fragt nun nach der Art, wie hier Qualität gesichert wird. Da sagt der Chef: <Qualität ist unsere absolut erste Priorität. Ohne Qualität läuft nichts bei uns.> Dann drückt er auf den Knopf und die Sekretärin erscheint. <Sagen Sie, Frau Schneider, wie heißt doch der Mann, der bei uns die Qualität macht? Ach ja, Sommer. Danke. Rufen Sie doch den mal her. Wir haben doch auch ein Qualitätshandbuch? Das soll er mitbringen und dem Kunden hier erklären.>
Das ist die unterste Stufe des Engagements der Geschäftsleitung.

Auf der zweiten Stufe wird der Kunde gerade so begrüßt. Aber der Chef kennt den Namen des Qualitätsleiters auswendig und ruft ihn persönlich an, da er seine Telefonnummer weiß.
Das ist schon ein großer Schritt in die richtige Richtung.

Die dritte Stufe ist, daß der Chef auf die Frage der Qualität sagt: <Da gebe ich doch selbst Auskunft.> Das Qualitätshandbuch steht griffbereit und er erläutert dem Kunden, wie die Qualität gesichert wird. Er sagt:
<Das ist meine Aufgabe.> "

TRW Repa

Was waren also für uns zusammenfassend die wichtigsten Kernpunkte des Coachings ?

- Von Notwendigkeit für Änderungen und Wandel überzeugt sein.

- Den Wandel wollen und unterstützen.

- Verstehen und Leben des "Internen Kunden-/ Lieferantenverhältnisses".

- Ständiges Bemühen um Verbesserung von Produkten, Abläufen und persönlicher Qualität.

Daß der Erfolg nicht 100 % war, lag wohl u.a. an der Tatsache, daß dort wo Menschen am Prozeß beteiligt sind eine Toleranz von +/- 0 unrealistisch wäre.

Daß die "Trefferquote" jedoch relativ hoch war, lag nicht zuletzt daran, daß der "Chef", der Vorsitzende der Geschäftsleitung, Herr Klink, nicht nur an jedem Coaching teilnahm sondern auch aktiv mitarbeitete.

TRW Repa

6. Die IST-Analyse

Ziel der vorzunehmenden IST-Analyse war natürlich, möglichst viele Schwachstellen im Unternehmen aufzudecken. Dies ist ein absolutes Muß, denn nur wenn ich weiß, was wo und warum nicht funktioniert kann ich darangehen Abstellmaßnahmen zu ergreifen.

Dieses Projekt, das als Endziel die Schaffung einer neuen reibungslosen und effizienteren Organisation hatte, lief etwa nach dem 1. Coachingsjahr an und konzentrierte sich zunächst auf diese beiden Kernbereiche:

        A   Entwicklung

        B   Produktion

Im begleitenden Management-Coaching wurden Fortschritte und Problematik der Projekte diskutiert und in Gruppen an Problemlösungen gearbeitet.

Diese IST-Analyse wurde unter <u>Anleitung</u> durch externe Berater von den betroffenen Mitarbeitern selbst durchgeführt, nachdem diese von ihren Chefs selbst vom Sinn und der Notwendigkeit überzeugt worden waren.

TRW Repa

Also keine Crashaktion eines Unternehmensberaters der "den Laden auf Vordermann bringt", indem er nach kurzer Zeit beispielsweise 10 % der Mitarbeiter zur Entlassung vorschlägt, sich verabschiedet und frustrierten Chefs und Mitarbeitern die Umsetzung überläßt oder dies für Millionenbeträge selbst tut.

Nein, unser Weg war gekennzeichnet von der Idee, daß niemand besser die Abläufe und die Probleme kennt als der Mitarbeiter selbst.

Nun war wieder der Geschäftsführer, der "Chef", gefragt. Er gab auf einer Großveranstaltung, in deren Rahmen das Gesamtprojekt allen Mitarbeitern detailliert vorgestellt wurde, das Versprechen, daß niemand aufgrund dieses Projektes entlassen werde.

Erst jetzt waren weitgehend die Ängste genommen und alle indirekten Mitarbeiter gingen nach einer Schulung daran, die <u>Arbeitsplatzanalyse</u> durchzuführen. Zuvor hatte jede Abteilung eine Vertrauensperson gewählt, die danach mit den Projektteams, bestehend aus 2 TRW Repa-Mitarbeitern und 4 Externen die <u>Arbeitsablaufanalyse</u> durchführten.

TRW Repa

Hier einige Zahlen:

Rund 800 Mitarbeiter

wählten	86	Vertrauensleute
erstellten	15.000	Tagesaufschriebe
erarbeiteten in	80	Moderationen
	1.300	Vorschläge für Verbesserungen / Änderungen

Im Juni 1990 zeichnete sich ab, daß uns doch sehr viel mehr problematische Schnittstellen das Leben schwer machten als vorher angenommen.

Diese Erkenntnisse waren wiederum ständig auch Thema im Management-Coaching.

Und es wurde uns wieder klar, daß die Organisation unbedingt umgebaut werden mußte, wollten wir Verbesserungen im Ablauf und in der Effizienz erreichen.

MITARBEITER

" Wer macht denn meine bisherige Arbeit ? "

" Mit denen hatte ich doch bisher immer Streit — und nun soll ich mit denen zusammenarbeiten ? "

" Der Umgangston in der Fertigung ist rau ! Das ist nichts für mich ! "

" Ich mag meinen bisherigen Chef. Was bringt der Neue ? "

" Ich arbeite zur Zeit in schönen, gut ausgestatteten Räumen. Ich will hier nicht heraus ! "

" Ich will nicht aus einer Runde netter Kollegen herausgerissen werden ! "

CHEFS

> " Werde ich an meinem neuen Arbeitsplatz auch geachtet ? "

> " Welche Aufgaben kommen auf mich überhaupt zu — Ich weiß garnichts ! "

> " Zum Vertrieb zu gehören ist etwas Besonderes !
> Die Fertigung ist etwas Gewöhnliches ! "

> " Was wird aus meinem sozialen und materiellen Besitzstand (Gehalt, Dienstwagen, Titel) ? "

> " Ich will nicht an Macht und Einfluß in der Firma verlieren ! "

> " Was habe ich denn falsch gemacht ? Es lief doch alles recht gut ! "

TRW Repa

7. Neuorganisation

Die Vorgehensweise und ganz spezifisch das Timing der Neuorganisation stellte aus meiner Sicht einen besonderen "Knackpunkt" dar.

Obwohl einige ablauforganisatorische Mängel ganz offensichtlich waren, so daß sofortiges Handeln angebracht schien, meine ich heute, daß wir etwas früher mit der Erarbeitung von grundsätzlichen Soll-Abläufen hätten anfangen sollen. Andererseits standen viele Chefs und Mitarbeiter schon in den Startlöchern, um "endlich etwas in neue Bahnen zu lenken".

Ein weiteres Argument dieses Kreises war, daß die Mitarbeiter in neuen Strukturen dann an ihren Abläufen selbst arbeiten wollten.

Also begannen wir mehr oder weniger parallel mit Erarbeitung von Soll-Abläufen und Organisationsänderungen.

Zumal uns nun verstärkt der Wind ins Gesicht blies, weil sowohl der Druck bezüglich Preise als auch anderer Kriterien wie Produkt- und Lieferqualität sowie Terminzuverlässigkeit ständig größer wurde.

TRW Repa

Nicht nur aktuelle wirtschaftliche Aspekte, sondern auch in Erwartung von durch organisatorische Änderungen freiwerdende Kapazität hatten wir einen absoluten Einstellstop beschlossen.
Nicht einfach, bedenkt man Wachstum und die Tatsache, daß nicht selten "die Falschen von alleine gehen".

Eine der G R U N D I D E E N der Neuorganisation war

" Die ganze Firma ist ein Prozeß, an dessen Ende

    der Kunde steht ! "

Erinnern wir uns an die Kernprozesse

       A   Entwicklung

       B   Produktion

TRW Repa

In beiden Prozessen entsteht Mehrwert:

in "A-Entwicklung" sind Funktionen, die immaterielle
    Mehrwerte wie Technologie, Know How,
    Erfindungen etc. schaffen.

In "B-Produktion" wird materieller Mehrwert oder Wert-
    schöpfung durch Verbindung von Lohn
    und Material geschaffen.

Der "A-Bereich" sollte auf der Basis von "Simultaneous
Engineering" und Teamarbeit neuorganisiert werden, der
"B-Bereich" dagegen künftig in "kleinen Fabriken"
operieren.

Alle folgenden Betrachtungen beziehen sich auf die
Gestaltung dieser "**Kleinen Fabriken**"

Übrigens: Erster Arbeitstitel war POP (Point of Production)
    Zweiter Arbeitstitel war "kleine Fabrik"

Endgültige Bezeichnung in der neuen Organisation:

PRODUKTIONSTEAM

TRW Repa

Die wohl herausragendsten Erkenntnisse bei Arbeitsablauf- und Arbeitsplatzanalyse waren

- daß doch eine große Anzahl der Schnittstellen bestand

- daß sich teilweise Aufgaben und Kompetenzen überschneiden

- daß so manche Abteilung zu stark sein Eigenleben führte

Aus der Erkenntnis dieser Mißstände heraus entwickelte bzw. festigte sich vor allem auch in den Köpfen der Mitarbeiter, daß das Konzept der "Kleinen Fabrik" - das natürlich keine Erfindung von uns ist - genau richtig für uns sein mußte.

Dieses Konzept bedeutete für unsere Produktion die Integration bestimmter indirekter Funktionen in die Fertigung.

TRW Repa

Beispiel:

Reklamation beim Kunden

Der Mitarbeiter der Q-Sicherung besucht den Kunden, wird dort je nach Stil des Hauses entsprechend "verarztet", verspricht Besserung und berichtet dann im eigenen Werk über das Geschehene.
Allzuoft hatte er zu kämpfen, daß die Produktion sich schnell um Abstellmaßnahmen kümmerte, die ihrerseits häufig die Fertigungsplanung bemühen muß.

Das sind als Beispiel die Schnittstellen, die wir beseitigen wollten.

Im Mittelpunkt der Organisation der "Kleinen Fabrik" stand deshalb

AUFGABE - KOMPETENZ - VERANTWORTUNG

deckungsgleich zu bringen.

TRW Repa

Hier das Ergebnis:

PRODUKTIONSTEAM 1   Fertigung Stahl

PRODUKTIONSTEAM 2   Fertigung Kunststoff

PRODUKTIONSTEAM 3   Montage Gurtsysteme

PRODUKTIONSTEAM 4   Montage Airbag

Aufbau und Inhalte der Produktionsteams verdeutlichen die folgenden Charts.

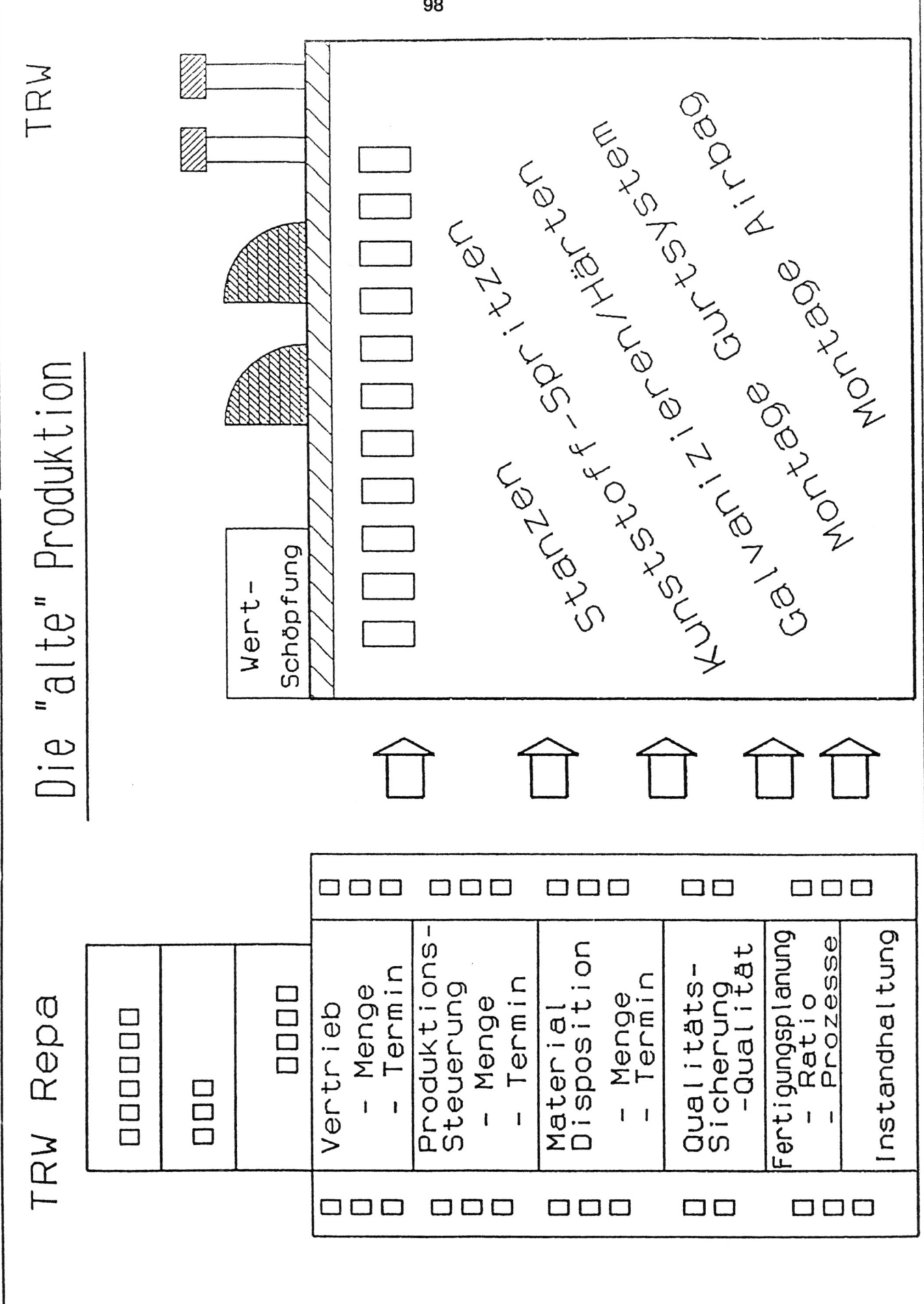

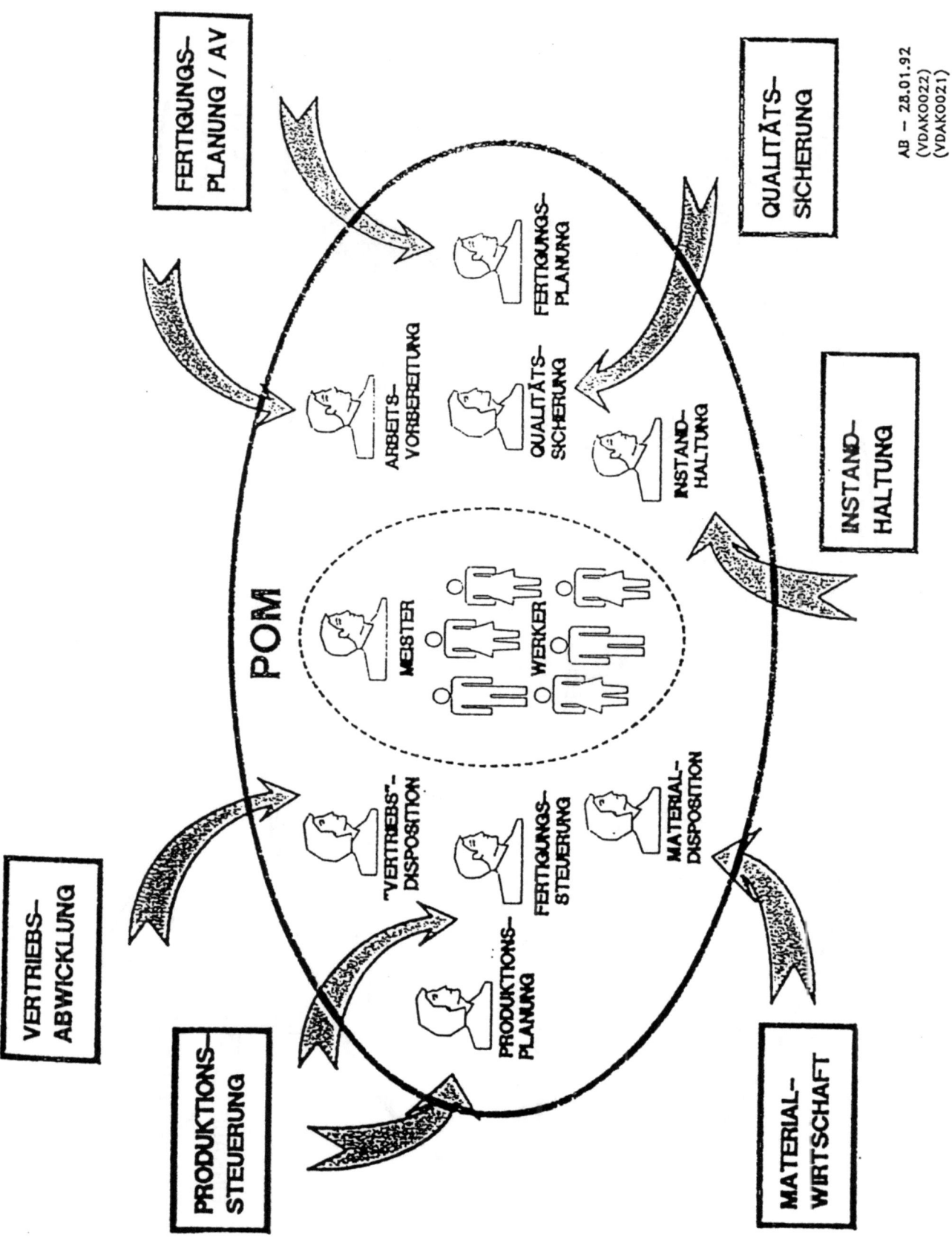

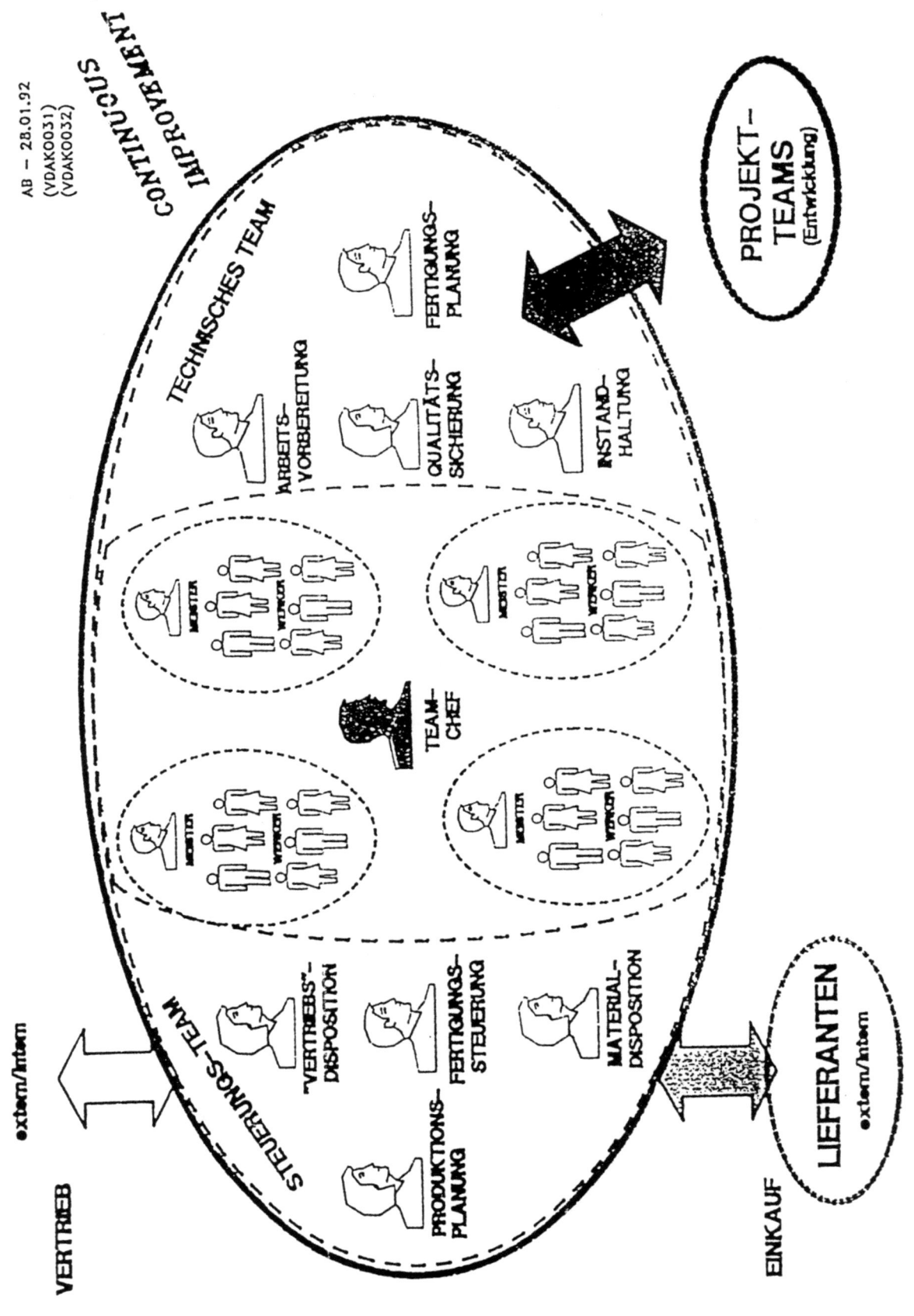

DIE NEUE PRODUKTION
FUNKTIONEN

Systeme	Fertigung
	alle Produktionsteams
Wareneingang und Lager	Qualität und Arbeitsvorbereitung
	alle Produktionsteams
Versand und Transport	Steuerung und Disposition
	alle Produktionsteams
	Werkzeug- bzw. Formenbau
	nur Stahl- und Kunststoffteilefertigung

Die neue Produktion
Stand 05.02.92
(B-ORG07.DRW)

DIE NEUE PRODUKTION
Funktionen im Produktionsteam
Fertigung

- Durchführung der Fertigung
- Einhaltung von Menge und Termin
- Sicherung der geforderten Qualität
- Bereitstellung des Materials
- Bereitstellung und Auslastung der Kapazitäten
- Einhaltung der vorgebenen Sollkosten
- Führung und Motivation der Mitarbeiter
- Schulung und Förderung der Mitarbeiter
- Instandhaltung und Wartung von Anlagen und Betriebsmittel
- Verwaltung der Materialpuffer

DIE NEUE PRODUKTION
Funktionen im Produktionsteam
Qualität und Arbeitsvorbereitung

- Rationalisierungskonzepte erstellen
- Fertigungseinrichtungen und -abläufe optimieren
- Mitarbeit in der Produktentwicklung
- Mitarbeit in der Verfahrens- und Prüfplanung
- Abnahme von neuen Produkten, Anlagen und Betriebsmitteln
- Instandhaltungs- und Wartungskonzepte
- Ersatzteilverwaltung und -beschaffung
- Qualitätsanalysen und -planung
- Betreuung der SPC - und ADE - Systeme
- Betreuung der Kundenansprechpartner
- Schulung der Mitarbeiter

Die neue Produktion
Stand 05.02.92
(B-ORG09.DRW)

DIE NEUE PRODUKTION
Funktionen im Produktionsteam
Steuerung und Disposition

- Vertriebsabwicklung
    * Verantwortung von Menge und Termin
    * Übernehmen und Verwalten der Kundenabrufe
    * Pflege und Abstimmung der Bedarfsdaten
    * Versandsteuerung und -abwicklung
    * Betreuung der Kundenansprechpartner

- Produktionsplanung und -steuerung
    * Auftragsverwaltung
    * Produktionsprogramm erstellen
    * Reihenfolgen- und Losgrößenoptimierung
    * Bestandsplanung
    * Personal- und Kapazitätsplanung
    * Überwachung des Fertigungsfortschritts

- Materialdisposition
    * Beschaffung und Disposition von Kaufteilen und Serienmaterial
    * Termin- und Mengenkoordination
    * Kontakt mit den Lieferanten

Die neue Produktion
Stand 05.02.92
(B-ORG10.DRW)

DIE NEUE PRODUKTION
Funktionen in den Produktionsteams
Werkzeug- und Formenbau

- Mitarbeit in der Produktentwicklung
- Werkzeuge und Formen konstruieren
- Verfahrens- und Prüfplanung erstellen
- Kosten und Termine überwachen
- Werkzeuge und Formen abnehmen
- Ersatzteile verwalten und beschaffen
- Änderungen und Reparaturen veranlassen (intern und extern)

Die neue Produktion
Stand 05.02.92
(B-ORG11.DRW)

DIE NEUE PRODUKTION
Funktionen der Logistik Systeme

- Planung und Weiterentwicklung integrierter Logistik- und Just-in-Time-Konzepte

- Systembetreuung von Planungs-, Steuerungs- und Dispositionssysteme

- Datenfernübertragungs - Konzeption

- Systembetreuung ADE in der Logistik

- Festlegung der Datenstrukturen für Stammdaten, Arbeitspläne und Stücklisten

- Schulung des Steuerungsteams in der Produktion

- Materialfluß- und Transportplanung

- Verpackungslogistik

- Konzeptionen für Lagertechnik und -organisation

DIE NEUE PRODUKTION
Funktionen der Logistik
Wareneingang und Lager

- Vorgabe der logistischen Parameter für die Rahmenverträge Serienmaterial

- Koordination bezüglich der logistischen Parameter (beratende und unterstützende Funktionen)

- Zentrales Teile-, Material-, Hilfs- und Betriebsstofflager (auch Ersatzteile)

- Verantwortung der Inventur (technischer Ablauf)

- Wareneingang

- Innerbetrieblicher Transport

Die neue Produktion
Stand 05.02.92
(B-ORG13.DRW)

DIE NEUE PRODUKTION
Funktionen der Logistik
Versand und Transport

- Fuhrpark
  * Disposition der Fahrzeuge
  * Kosten- und Leistungsverrechnung
  * Pflege, Wartung und Instandhaltung der Fahrzeuge und Transportgeräte
  * Neu- und Ersatzbeschaffung

- Versandabwicklung
  * Versandsteuerung
  * Verpacken der Waren
  * Beladen und Entladen
  * Speditionsabwicklung
  * Steuerung von Speditionen und Fuhrpark
  * Transportvorschriften
  * Versandpapiere erstellen
  * Zollabwicklung
  * Gefahrengutabwicklung

Die neue Produktion
Stand 05.02.92
(B-ORG14.DRW)

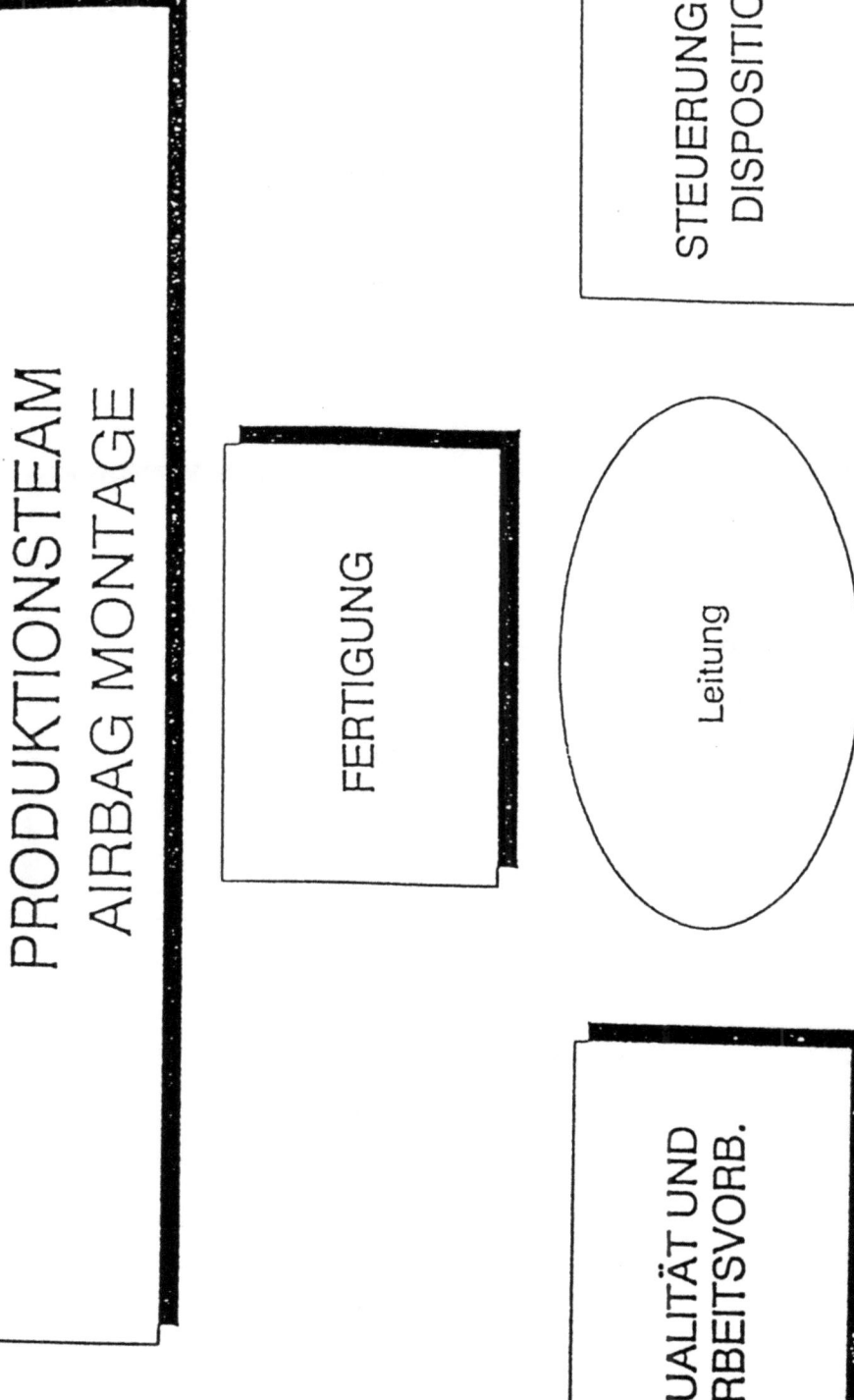

PRODUKTIONSTEAM
STAHLTEILE - FERTIGUNG

- STEUERUNG UND DISPOSITION
- FERTIGUNG
- Leitung
- WERKZEUGBAU
- QUALITÄT UND ARBEITSVORB.

Die neue Produktion
Stand 05.03.92
(B-ORG02.DRW)

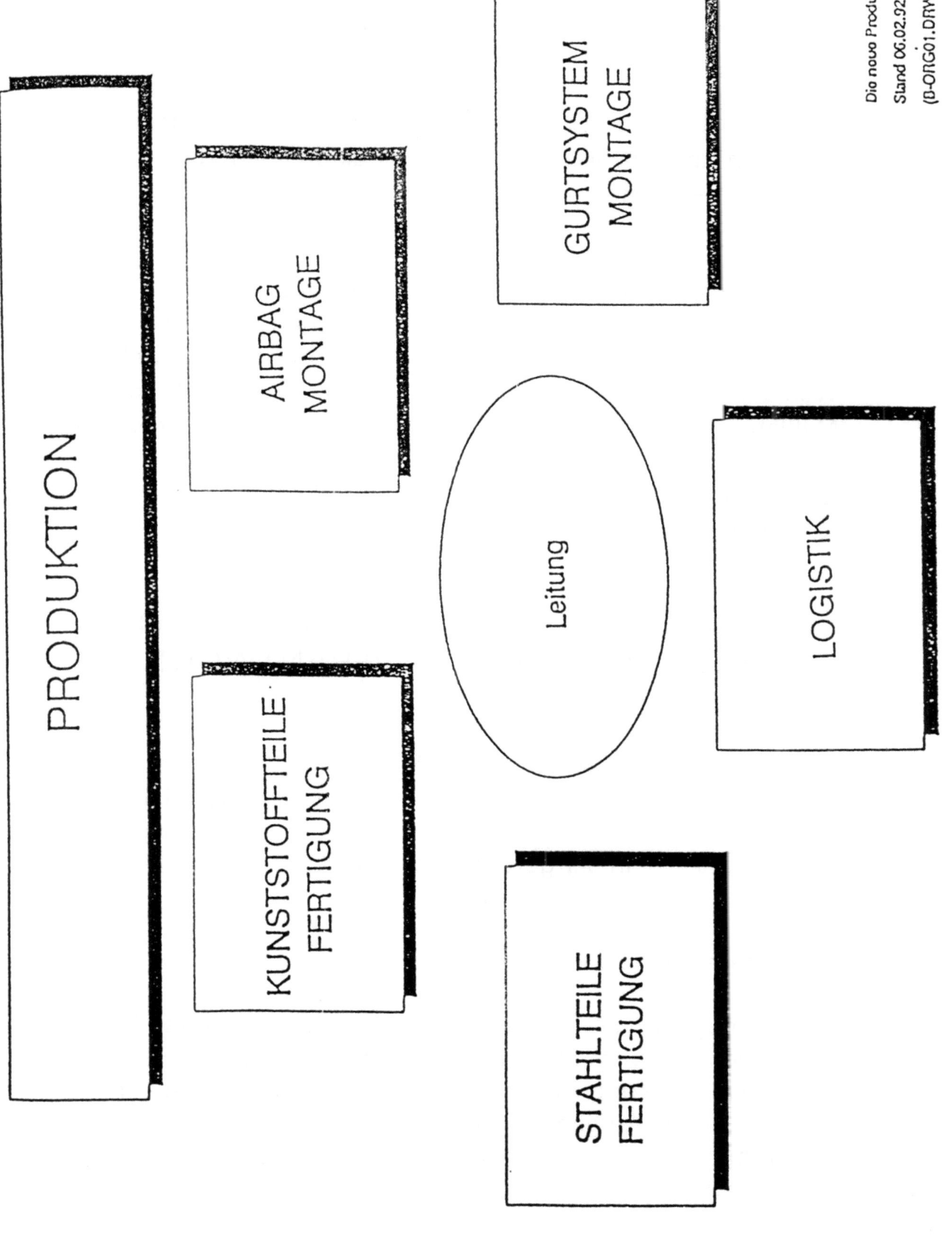

TRW Repa

Am Beispiel der Qualitätssicherung wird der Umfang der Neuorganisation sehr gut deutlich, der als Bereich von 115 Mitarbeiter auf 12 reduziert wurde, und zwar:

Eingangsinspektion	--->	Einkauf
Prüfplanung	--->	Fertigungsplanung
Physikalischer Labor	--->	Zentrallabor Entwicklung
Werkstofflabor	--->	Zentrallabor Entwicklung
Meßlabor / Erstmuster	--->	Zentrallabor Entwicklung
Qualitätsanalyse	--->	Produktion
Serienprüfung	--->	Produktion
Kundenbetreuung Serie	--->	Produktion

Am Beispiel Eingangsinspektion wird das verfolgte Prinzip
AUFGABE - KOMPETENZ - VERANTWORTUNG
sehr gut deutlich:

Als <u>Aufgabe</u> des Einkaufs war definiert:
Lieferanten zu verpflichten, die kompetent sind Material bzw. Teile
- in der geforderten Qualität
- kostengünstig
- termingerecht

herzustellen und zu liefern.

Die Überlegung, daß der nicht wertschöpfende Aufwand für die Eingangsinspektion von der Lieferantenauswahl abhängt führte zwangsläufig zur Anbindung dieser Funktion an den Einkauf. Er hat Aufgabe, Kompetenz und Verantwortung diesen Aufwand zu reduzieren, ohne die Qualitätsforderungen zu vernachlässigen.

TRW Repa

Die verbleibenden Funktionen der neuen "Qualitätsförderung" sind:

Allgemein
- Q-Kosten
- Q-Berichtswesen TRW Repa europaweit
- Koordinierung der Aktivitäten innerhalb der Repa Gruppe
- Auswahl der für TRW Repa geeigneten Methoden
- Abstimmung der grundsätzlichen Vorgehensweise mit Kunden
- Schulung und Betreuung der Methoden-Moderatoren

Qualitätssysteme
- Richtlinien zur Umsetzung der Kunden- und Gesetzesforderungen erarbeiten
- Durchgängiges System zur Sicherstellung der Qualität in allen Fach-Bereichen der TRW Repa aufbauen
- Planung / Auswahl von Hilfsmitteln wie Software
- Anwendungsspezifische Betreuung der CAQ-Werkzeuge sowie Anwenderschulung
- Qualitäts-Sicherungshandbuch erstellen und pflegen
- Dokumentations-Richtlinien für qualitätsrelevante Daten gemeinsam mit Technische Informationssysteme erarbeiten
- Prüfmittel-Erfassung / -Überwachung / - Veranlassung der Kalibrierung

Interne Qualitätsaudits
- Richtlinien zur Durchführung von System-, Prozeß-, und Produkt-Audits erarbeiten
- Schulung / Unterweisung Audit-Personal
- Auswahl der geeigneten Hilfsmittel wie Software
- Auditpläne (Termine/Intervalle/Stückzahlen) erarbeiten und durchführen
- Audit-Ergebnisse bewerten und berichten
- Aktionspläne veranlassen und Wirksamkeit überprüfen

TRW Repa

8. Wo stehen wir heute ?

Diese Frage muß zwangsläufig mit Feststellung von
Plus und Minus verbunden werden.

Mit **Minus** sind hier Dinge gemeint, die eigentlich besser
und reibungsloser während des Wandels laufen
sollten.

Sie berührten teilweise folgende

- voreilige Entscheidungen
- Stellenausschreibungen / Umbesetzungen
- Moderationsaufwand
- Qualifikationsanforderungen
- zeitlicher Ablauf

Hier sehe ich persönlich also Ansätze, es beim "zweiten
Mal", das es so schnell nicht geben darf, besser zu machen.

TRW Repa

Mit **Plus** meine ich einfach die Erfolge, die Verbesserungen, die bisher erreicht wurden:

- Das Betriebsklima ist viel gelöster, obwohl die Probleme sich nachwievor nicht von alleine lösen.

- Das Bewußsein für Qualität steigt merklich in fast allen Funktionsbereichen.

- Das Hin- und Herschieben von Verantwortung läßt nach.

- Die Mitarbeiter verstehen unangenehme aber notwendige Maßnahmen besser, z.B. Budgetreduzierungen.

- Die Bereitschaft bisher Gültiges infragezustellen ist gewachsen und führt zu Produktverbesserungen und Vorschlägen zur Kostensenkungen, wie wir sie bisher nicht gekannt haben.

- Das Verhältnis von indirekten zu direkten Mitarbeitern hat sich im zweiten Jahr des Einstellungsstops um knapp 10 % verbessert.

- Es ist die Bereitschaft vorhanden den eingeschlagenen Weg weiter zu beschreiten und auszubauen.

TRW Repa

Was bleibt zu tun ?

Wahrscheinlich so viel, daß wir nie damit fetig werden, aber das war ja gewollt:

Never ending improvement !

Konkret:

- Fortsetzung und Ausbau von TQM
- Verbesserung unseres neuen Benchmarking-Systems
- Verbesserungsteams noch stärker auf Werksebene ausweiten
- In Teamwork "Lean Management" und "Lean Production" anstreben
- Umwandlung von indirekter Fläche in direkte Fläche
- Verbesserung der persönlichen und fachlichen Qualifikation

Es wären sicher noch mehr Ziele zu nennen, ich möchte jedoch nur noch eines "last but not least" nennen; nämlich

- uns ständig zu erinnern, daß jeglicher Wandel von den Männern an der Spitze vorgelebt werden muß und die Einbeziehung des Mitarbeiters dann als Hebel wirkt.

Wir haben sicher nicht alles richtig gemacht, aber wir alle sind froh, daß wir den Anfang und große Schritte in die richtige Richtung gemacht haben.

Für Ihr Unternehmen jedoch müssen Sie und Ihre Mitarbeiter, falls Sie einen neuen Weg brauchen, diesen selbst finden.

Ich kann in diesem Fall nur eines tun; sie ermuntern:
Tun Sie´s bald !

24. IPA-Arbeitstagung
Weg zur Fraktalen Fabrik

Neustrukturierung eines mittelständischen Unternehmens der Elektrogroßgerätefertigung nach fraktalen Prinzipien

H. Heinen

1. Beschreibung der Ausgangslage

Die Firma Seppelfricke mit Sitz in Gelsenkirchen fertigt in der Sparte Heiz- und Küchentechnik mit ca. 800 Mitarbeitern Gas- und Elektrogroßgeräte für den Haushaltsbedarf. Das Produktsortiment besteht aus Gasraumheizgeräten, Elektrostand-, Elektroeinbau und Gasherde.
Mit dem Fall der Mauer und dem damit stark gewachsenen Markt ergab sich ein starker Expansionsschub, dem die alten Strukturen nicht mehr gewachsen waren (Bild 1).

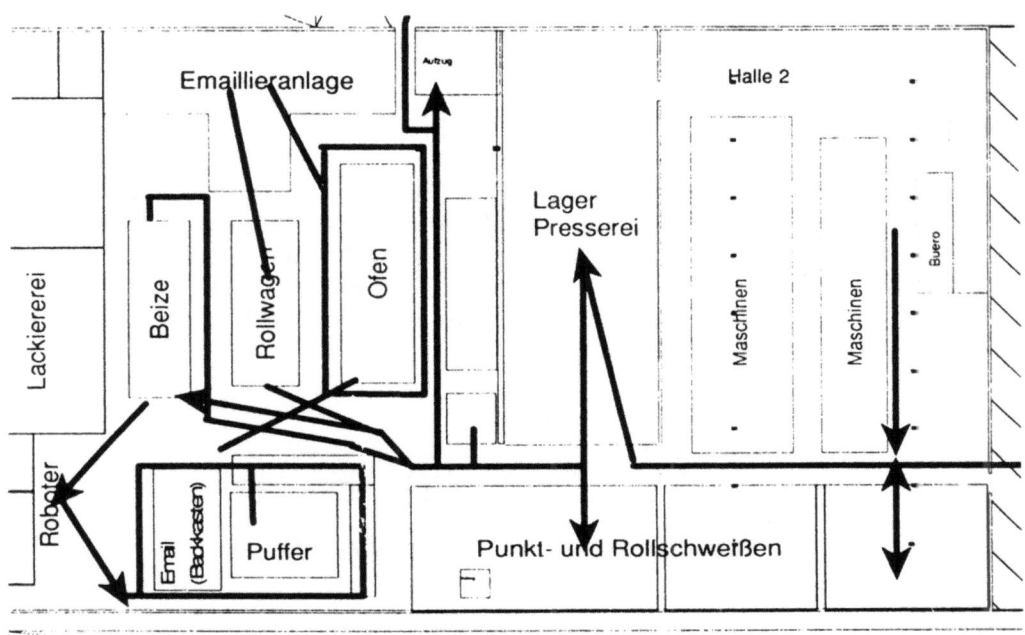

Bild 1   Materialfluß (ist)

Die Geschäftsleitung entschloß sich, die Produktionsstrukturen den neuen Erfordernissen in einer Weise anzupassen, die es erlaubt, auch den Anforderungen der Zukunft gewachsen zu sein. Die Wahl fiel auf die Zusammenarbeit mit dem Fraunhofer-Institut IPA, um die dort propagierten Ideen der Fraktalen Fabrik erstmals in die Praxis umzusetzen.
Folgende Ziele wurden vorrangig verfolgt:

  maximale Reaktionsfähigkeit und Flexibilität durch dynamische und
  wandlungsfähige Produktionsstrukturen (Fabrik als vitaler Organismus)

maximale Effizienz und Vitalität durch konsequente Nutzung aller Ressourcen, insbesondere der Mitarbeiterpotentiale durch entsprechende Motivations- und Anreizsysteme

Minimierung des Kontroll- und Steuerungsaufwands durch absolute Transparenz der betrieblichen Abläufe (bedarfsgerechte Kommunikations- und Informationssysteme, durchgängiges Behälterkonzept, verkürzte Durchlaufzeiten, reduzierte Bestände) in Verbindung mit selbststeuernden Regelkreisen und kurzen Rückkopplungsschleifen

langrfristige Sicherung des Fortbestandes des Unternehmens durch eine kontinuierliche Verbesserung der Unternehmens-, Arbeits-, Prozeß- und Produktqualität.

2. Definition der Unternehmensziele

Zu Beginn des Projektes wurde in großer Runde mit allen in das Projekte involvierten Bereichen (darunter auch die Bereiche Personal und Umwelt sowie der Betriebsrat) ein gemeinsames Zielsystem erstellt (Bild 2). Dabei wurde der Tatsache Rechnung getragen, daß die Firma Seppelfricke als Mittelständler nur durch große Flexibilität und hohe Qualität im harten Wettbewerb mit sehr viel größeren Konkurrenten bestehen kann

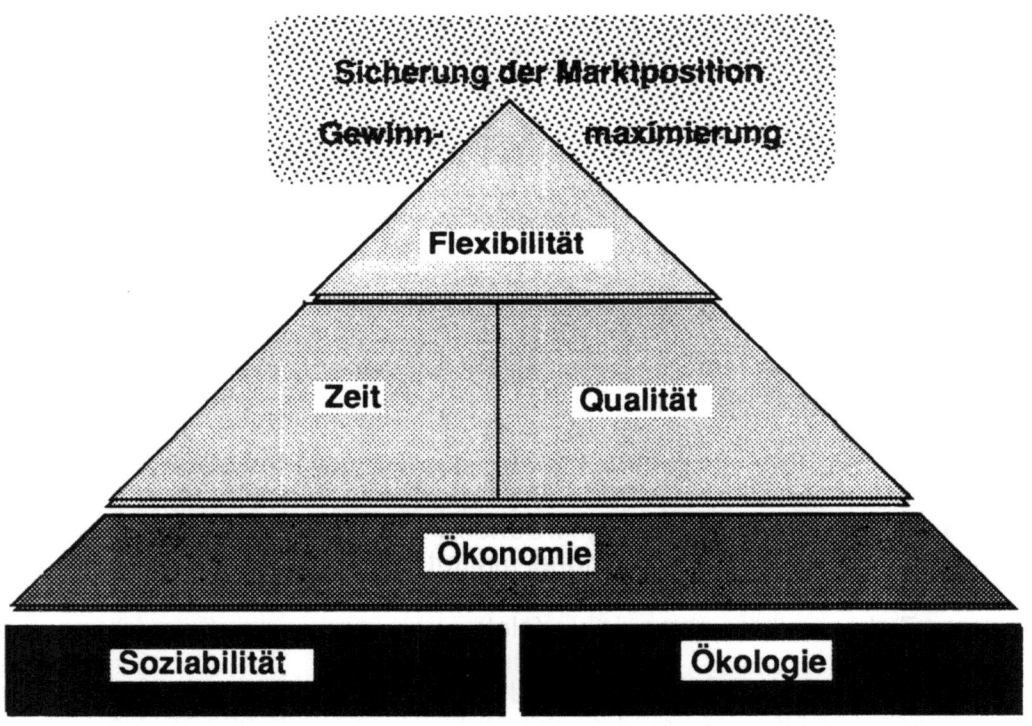

Bild 2   Zielsystem

Gleichzeitig wurden in Zusammenarbeit mit dem IPA erste Visionen über ein künftiges Unternehmensgesamtkonzept formuliert (Bild 3).

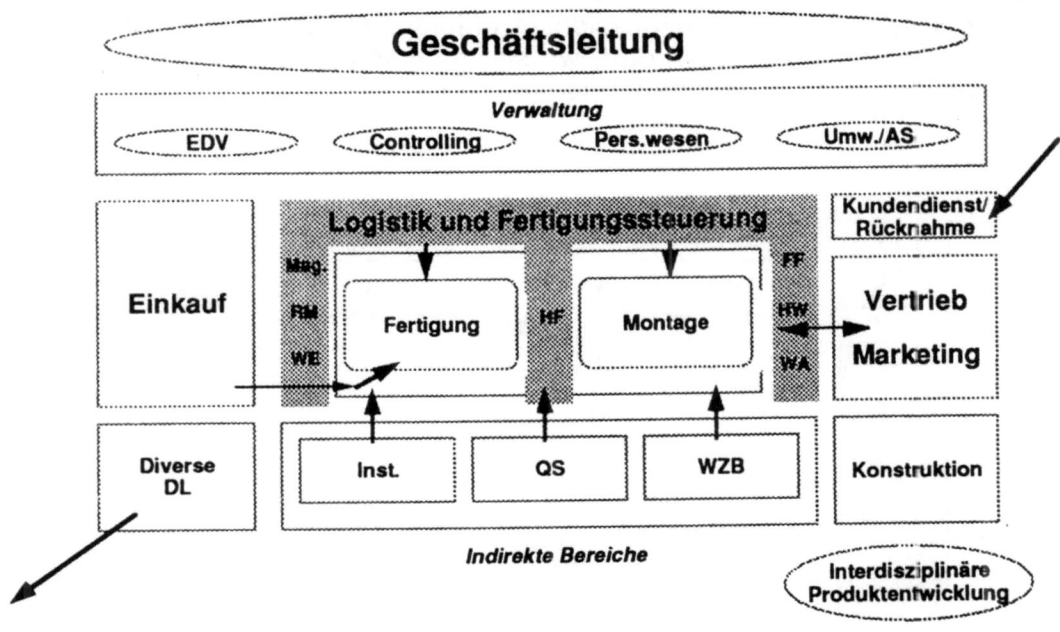

Bild 3   Unternehmensneustrukturierung durch Integration

3. Lösungsansätze: Organisation, Steuerung und Layout

Als wesentliche Herausforderung auf dem Weg zu größerer Flexibilität bei gleichzeitig geringeren Kosten wurde sehr schnell ein schlagkräftiges und differenziertes Steuerungskonzept erkannt, daß streng Markt- und Kundenorientiert aufgebaut ist. Das Konzept berücksichtigt unterschiedliche Kundenanforderungen und erlaubt Bestände nur noch dort, wo sie unbedingt notwendig sind. Es wird so weit wie möglich auftragsorientiert gefertigt (Bild 4).

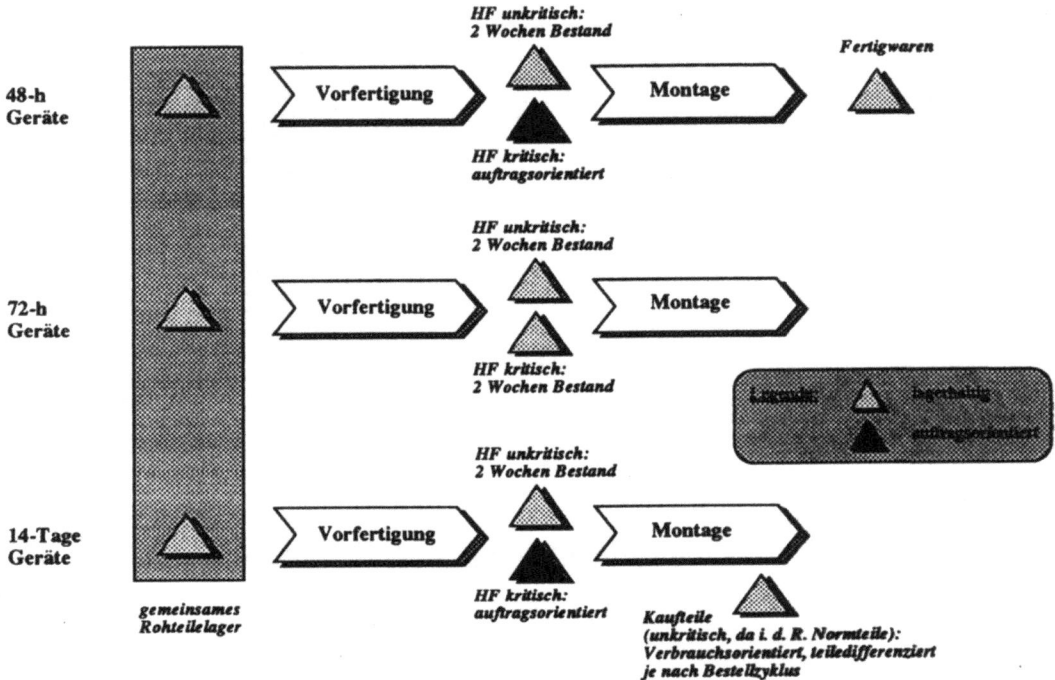

Bild 4   Differenzierte Auftragsbearbeitung

Das neue Steuerungskonzept läßt sich nur durch flexible produktionsstrukturen verwirklichen, die dezentral und produktorientiert aufgebaut sind. Die bisherigen Strukuren (Bild 5) genügen diesem Anspruch noch nicht.

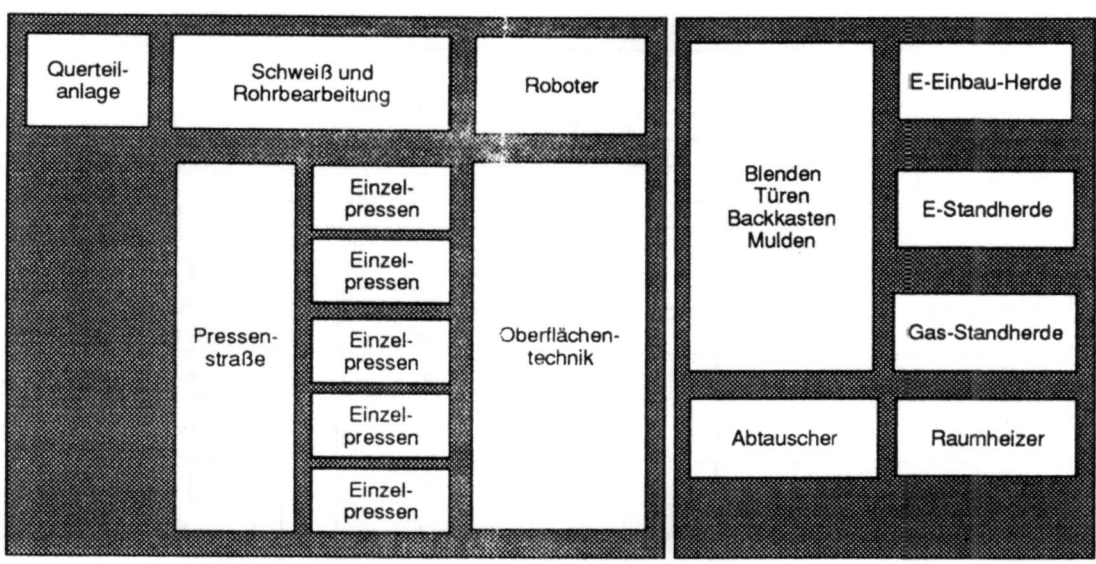

Bild 5 Ist-Produktionsorganisationsstruktur
(Betriebsmittelorientiert)

In der neuen Struktur wurden Verantwortungsbereiche (Koordinationsbereiche und Fraktale) prozeßübergreifend entlang der Wertschöpfungskette gebildet (Bild 6).

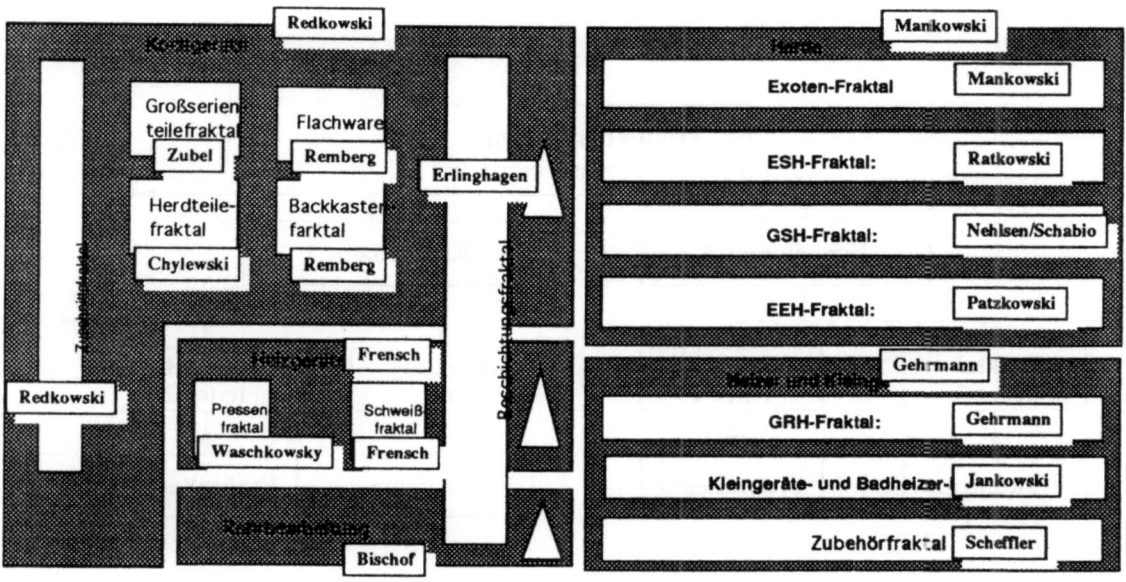

Bild 6 Fraktale Produktionsorganisationsstruktur
(Produkt-/Teile-orientiert)

Die Hierarchieebenen wurden um zwei Ebenen reduziert (Bild 7, Bild 8).

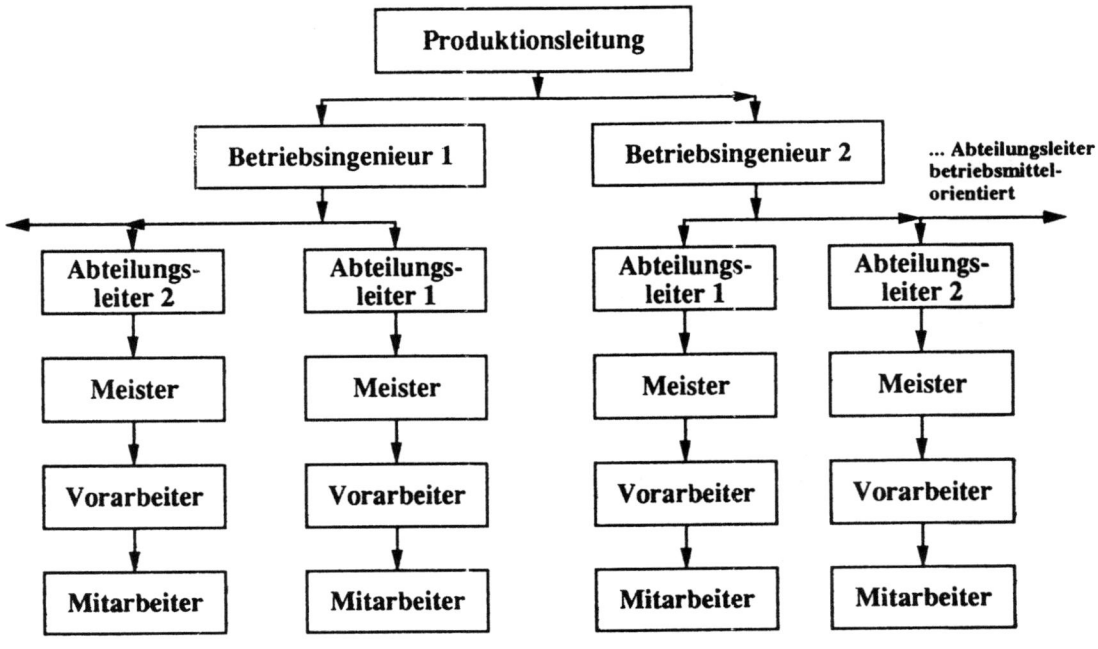

Bild 7   Hierarchiestufen der Produktion im Ist-Zustand

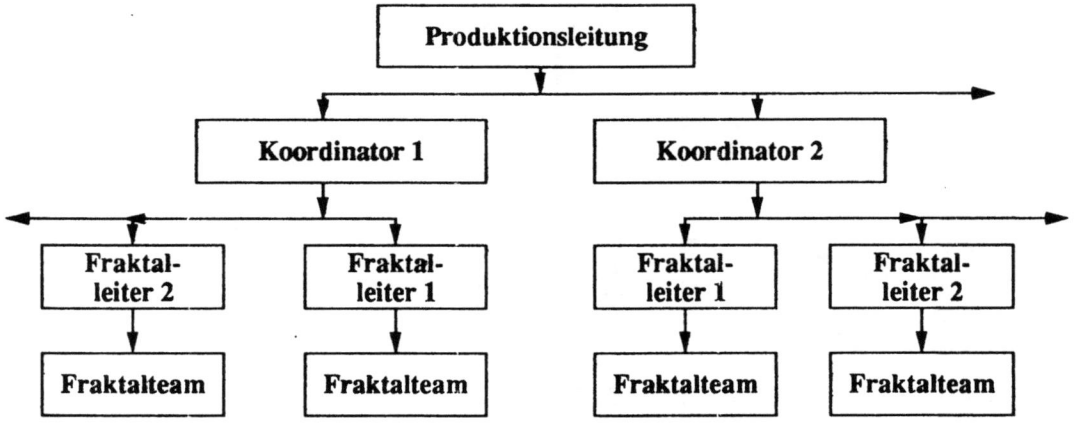

Bild 8   Hierarchiestufen der Produktion in der Fraktalen Struktur

Um die fraktalen Strukturen optimal zu unterstützen sind neue Systeme der Leistungsbeurteilung und -überwachung notwendig. Ein "Controlling" dient nunmehr der faßbaren Beurteilung vor allem der Leistung des eigenen Fraktals im Vergleich (und im Wettbewerb) mit anderen Fraktalen. Es wird damit Element einer permanenten Standortbestimmung; wird also im Sinne der fraktalen Fabrik zum "Navigationsinstrument" (Bild 9).

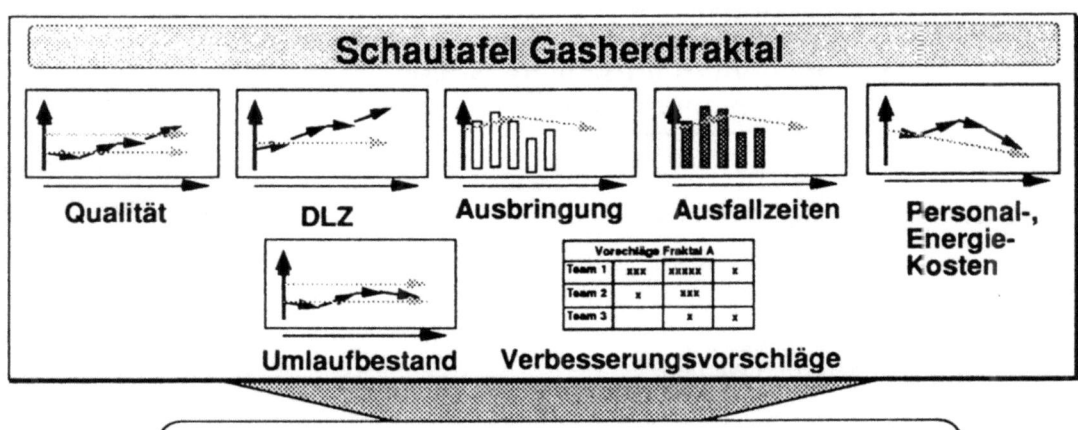

Bild 9   Optisches Controlling

In einem weiteren Schritt werden Instrumente (Bild 10) geschaffen, um die noch "brachliegenden" Potentiale in den Mitarbeitern am Prozeß zu wecken, und in den Dienst des Gesamtwohls zu stellen.

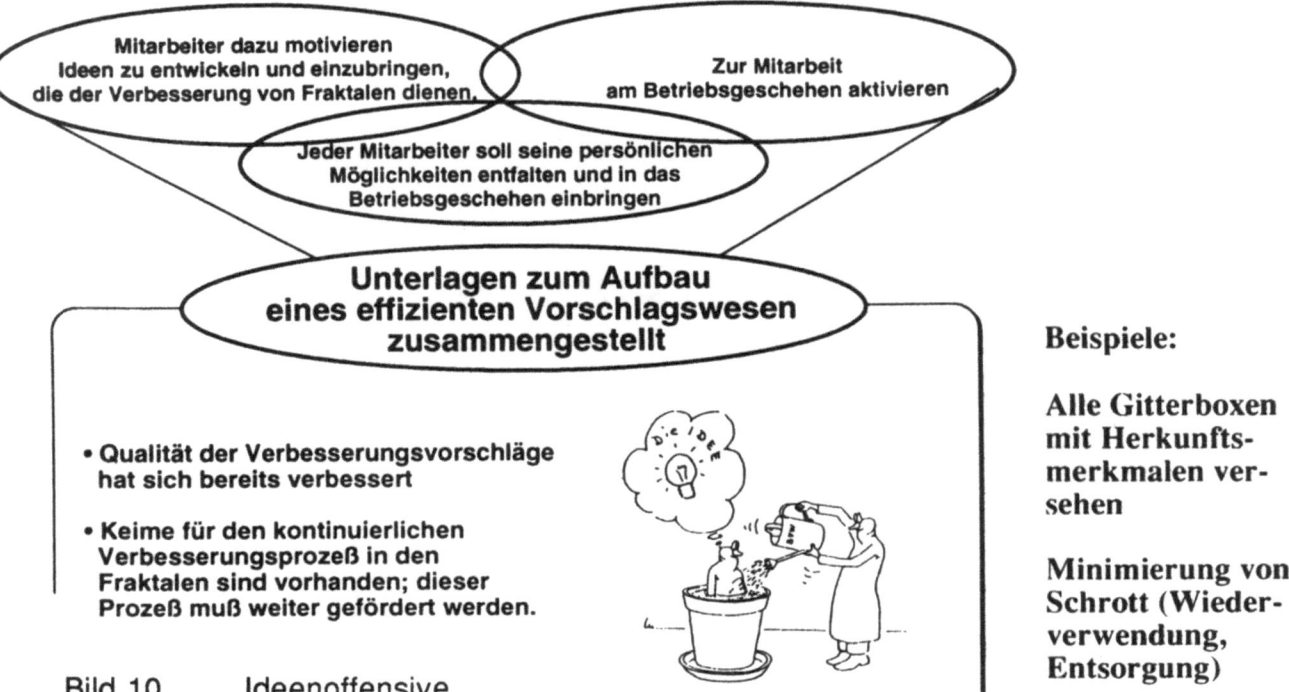

Bild 10   Ideenoffensive

Die Planung ergab so eine Struktur, die die oben formulierten Unternehmensziele in jeder Hinsicht unterstützen und tragen (Bild 11, Bild 12, Bild 13).

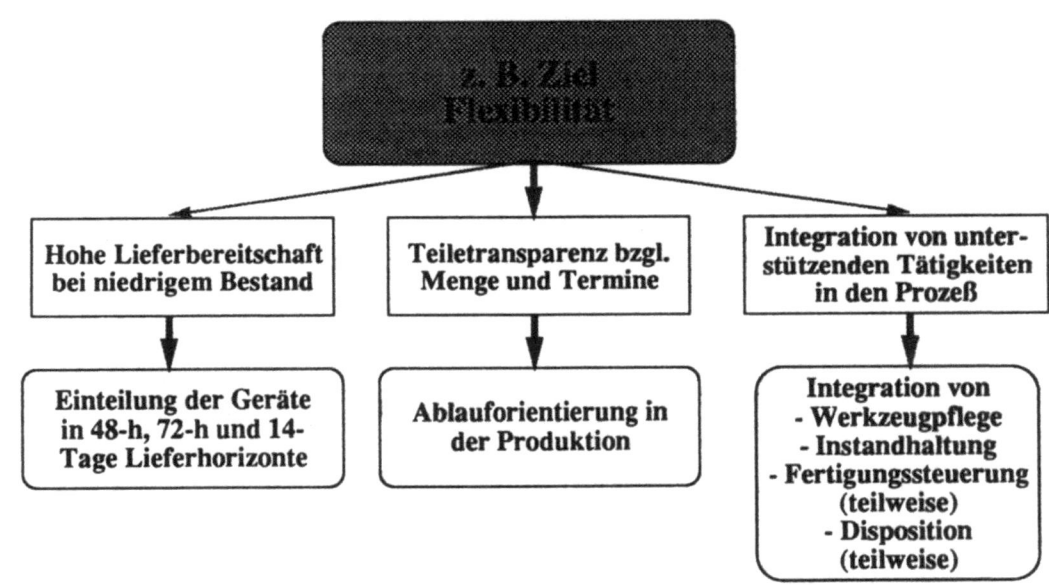

Bild 11   Unterstützung des Zielsystems durch die neue Produktionsstruktur

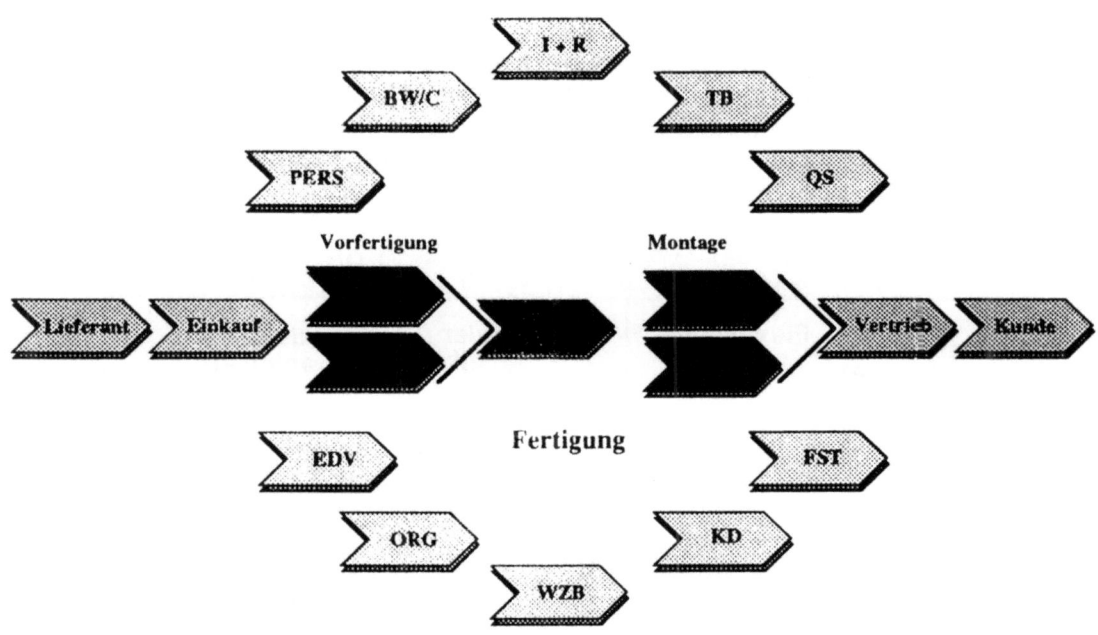

Bild 12   Unternehmensmodell

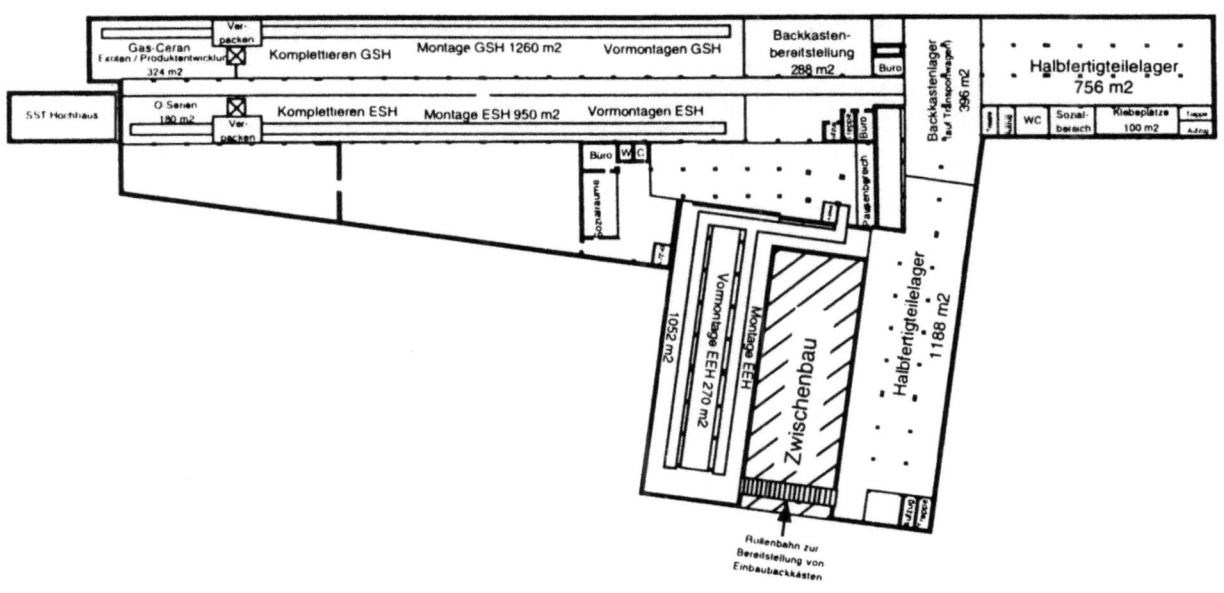

Bild 13   Layout - neu -

4. Fragen der zielgerichteten Entlohnung

Besondere Beachtung fand im Laufe der Planung der Komplex Prämien- und Lohnsysteme. Die verstärkte Einbeziehung der Mitarbeiter in die Verantwortung für die Unternehmensziele macht es notwendig, sie in stärkerem Maße als bisher auch am Unternehmenserfolg in Form von Anreizen und Prämien teilhaben zu lassen (Bild 14, Bild 15, Bild 16.

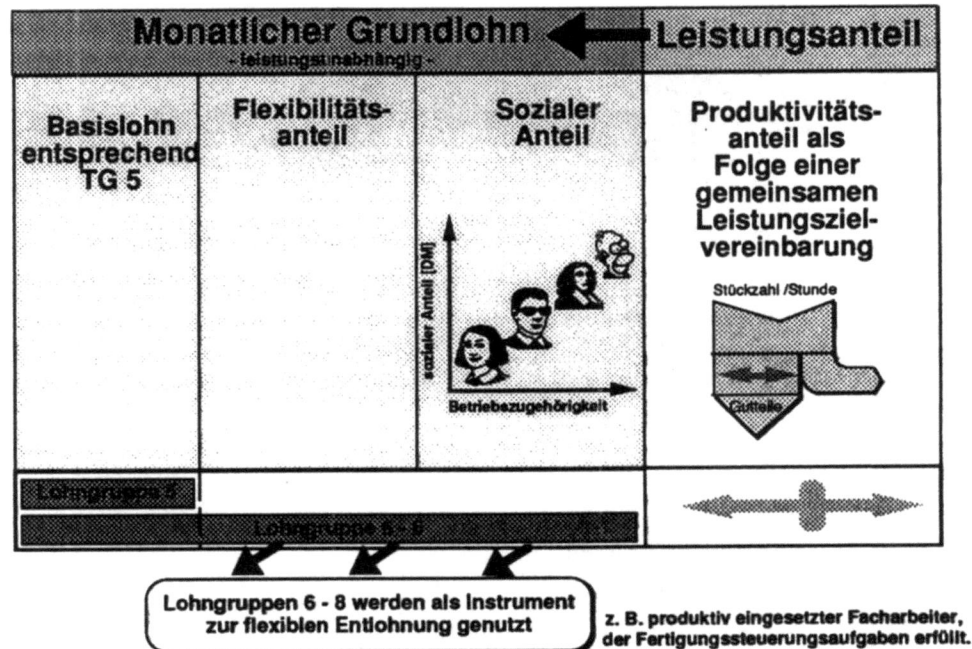

Bild 14   Grundstruktur - leistungsorientiertes Vergütungssystem -

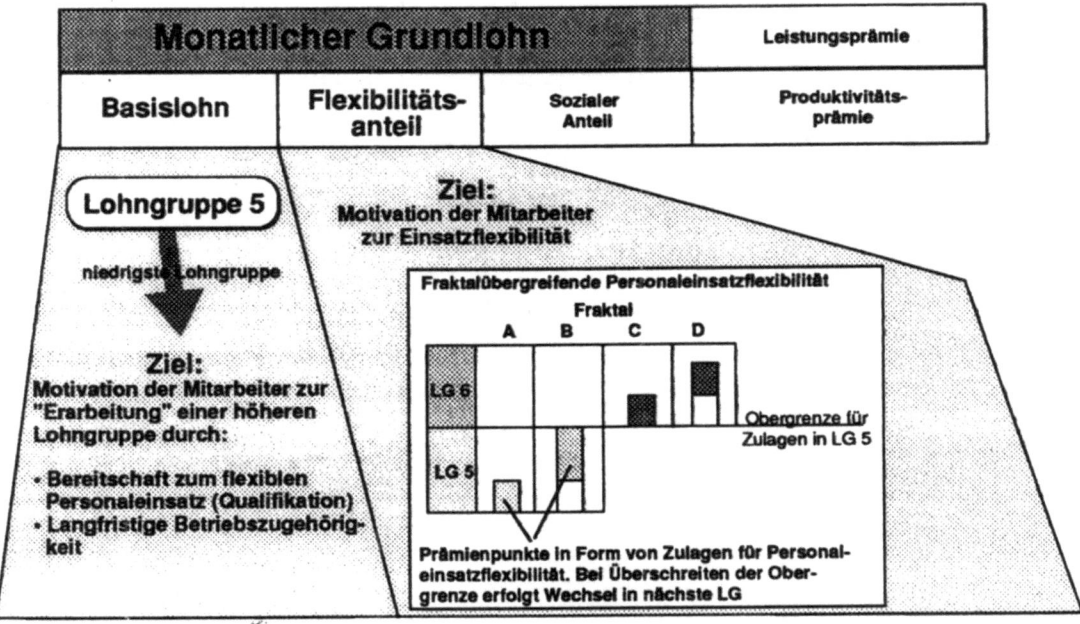

Bild 15   Basislohn und Flexibilitätsanteil

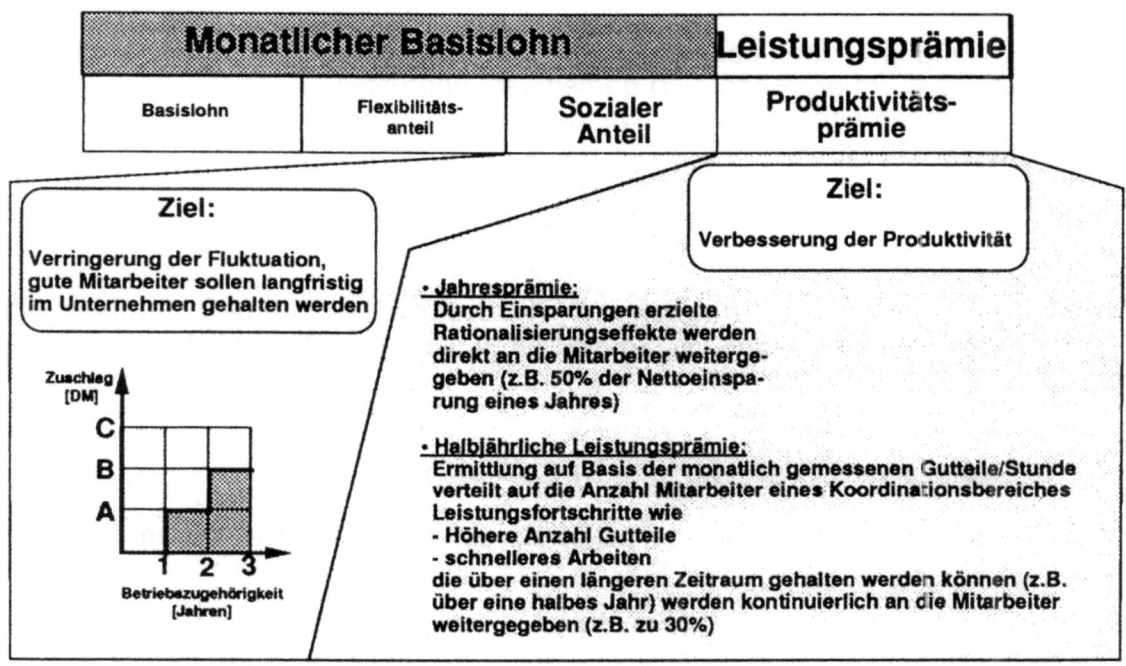

Bild 16   Sozialer Anteil und Produktivitätsprämie

5. Aufnahme und Umsetzung der Denkansätze

Im Laufe der Zusammenarbeit mit dem IPA haben sich einige für spätere Planungen sehr nützliche Erfahrungen ergeben. Es hat sich herausgestellt, daß sich einfache Strukturen leider sehr viel schwieriger ergeben, als komplizierte Strukturen. Mit folgenden "Komplexitätstreibern" ist auf dem Weg zur Umsetzung zu rechnen:

    Innovation (Aufwand in Information, Instruktion, Involvierung und Integration)

    In der Übergangsphase muß doppelgleisig gefahren werden
    (Bei ersten Schwierigkeiten tritt der "Ich-habs-ja-schon-immer-gesagt- Effekt ein)

    Permanente Pflege notwendig (es gibt kein "Projektende")

Trotz der oben beschriebenen Erfahrungen hat sich vor allem in der Zusammenarbeit mit der Meister/Abteilungsleiterebene gezeigt, daß dort von Anfang an eine sachbezogene und vorurteilsfreie Einstellung zum Projekt vorhanden war. Folgende Punkte sind notwendig, um die Kooperation der Mitarbeiter sicherzustellen:

    Frühzeitige Information (Transparenz über die Projektinhalte und ziele von Anfang an)

Lösungen werden kooperativ von dem externen Projektteam und den Mitarbeitern erarbeitet und gemeinsam vorgestellt.
(Die Mitarbeiter erarbeiten weitgehend selber ihre Aufgabeninhalte in den neuen Strukturen)

Gemeinsames Verabschieden von Zwischenzielen

Auf der zweiten Führungsebene (Hauptabteilungsleiter) müssen durch gemeinsame Zielgespräche Ressortegoismen überwunden werden:

Frühzeitige Verabschiedung eines gemeinsamen Zielsystems

Einbeziehung aller HAL in das Projektteam

Verankerung aller Bereichsinteressen in den neuen Strukturen

Es hat sich gezeigt, daß schon der Planungsprozeß selber durch Selbstorganisation und Selbstoptimierung geprägt ist. Planungslösungen mussten mehrere "Iterationsschleifen" erfahren, bis sie allseits akzeptiert wurden:

Im Planungsverlauf müssen Zielkonflikte zwischen den einzelnen Bereichen gelöst werden

Konflikte müssen mit dem Hintergrund des gemeinsam verabschiedeten Zielsystems auf sachlicher Ebene ausgetragen werden

Das externe Projektteam dient als Katalysator, um in einem überschaubarem Zeitraum eine praktikable Lösung zu gewährleisten.
Dazu unterstützt es das interne Projektteam durch Moderation und die Anwendung von Methoden und Planungswerkzeugen

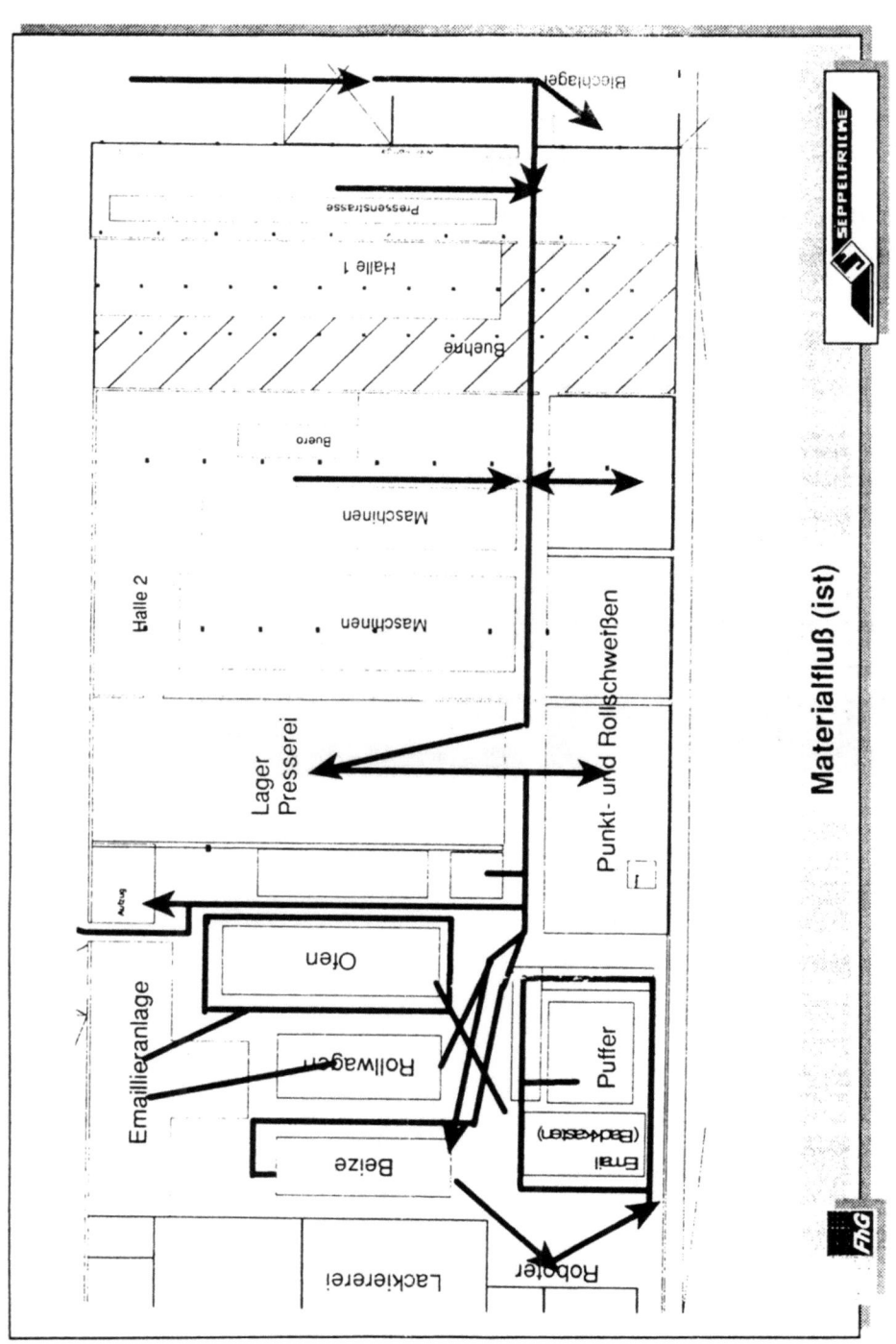

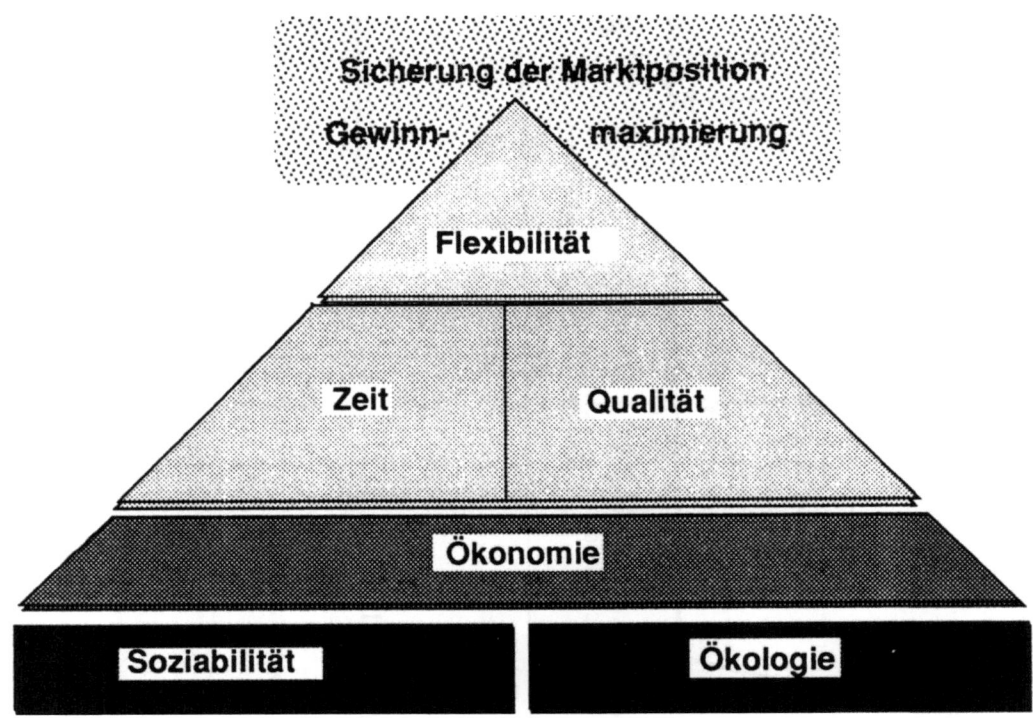

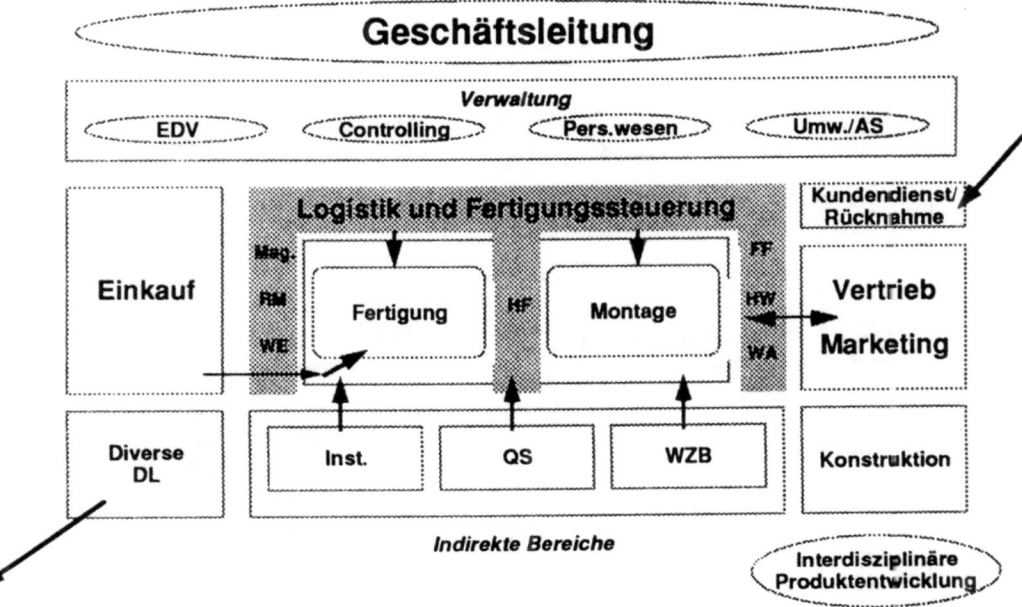

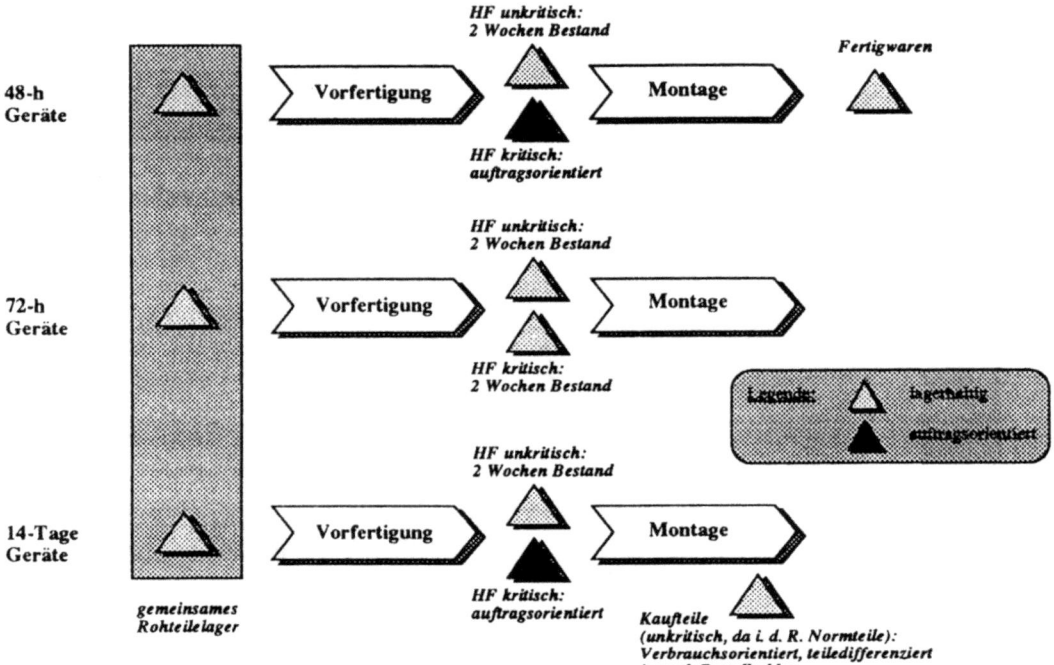

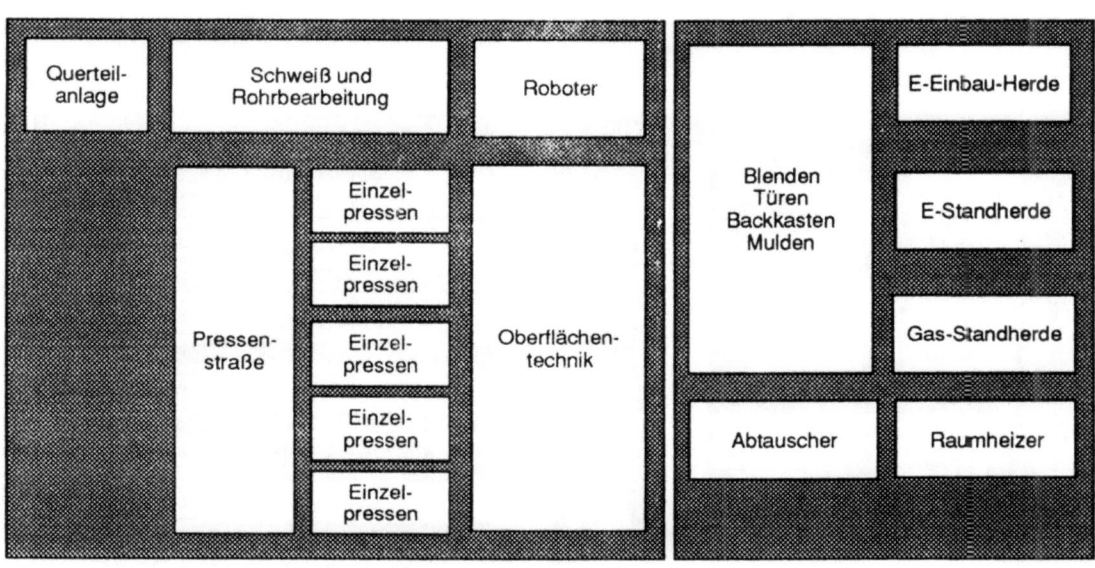

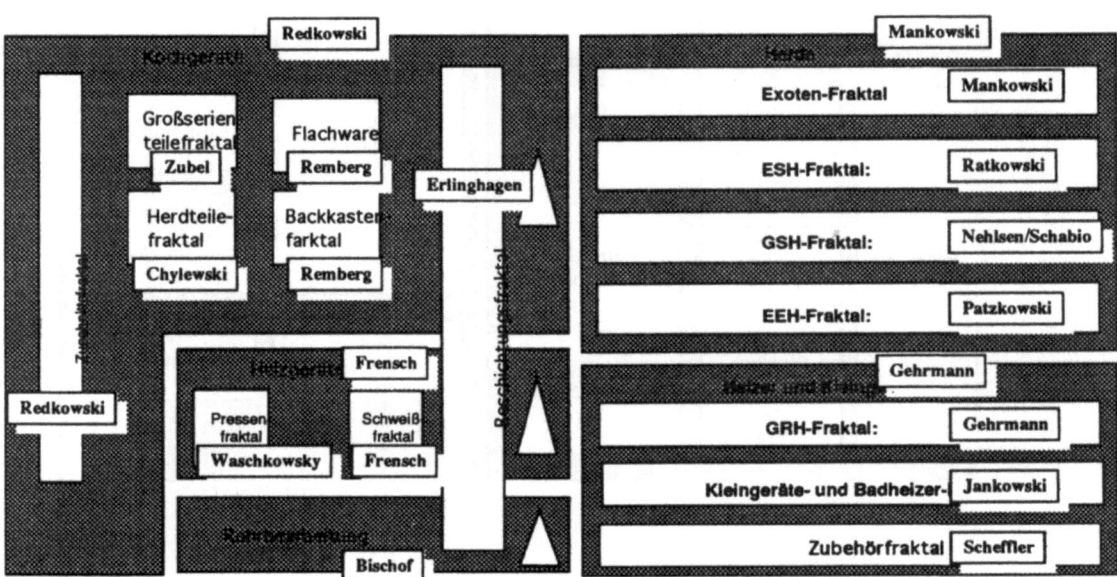

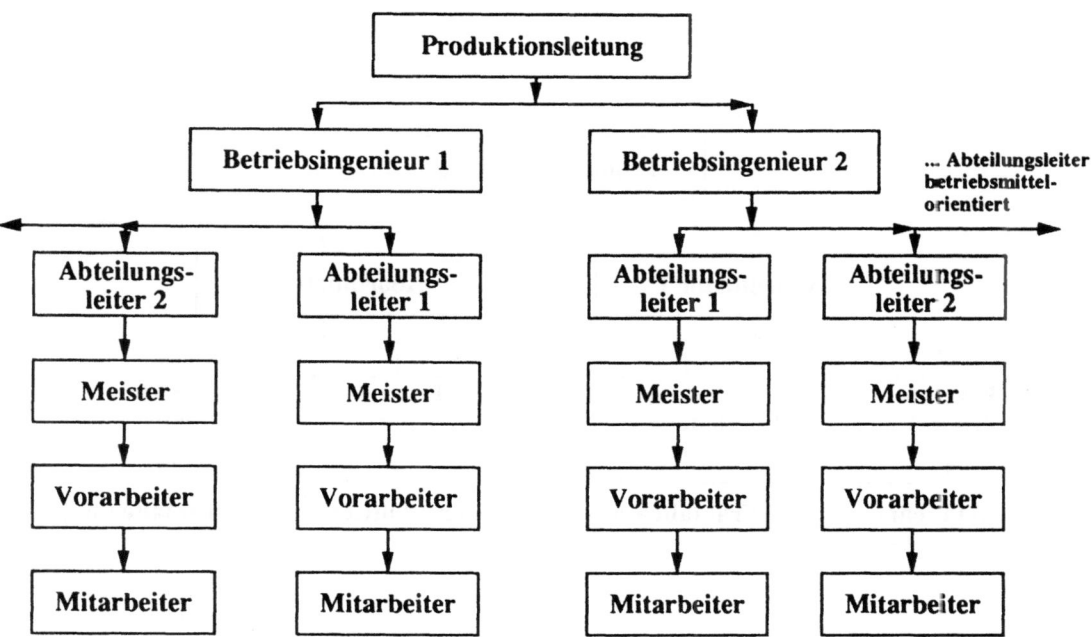

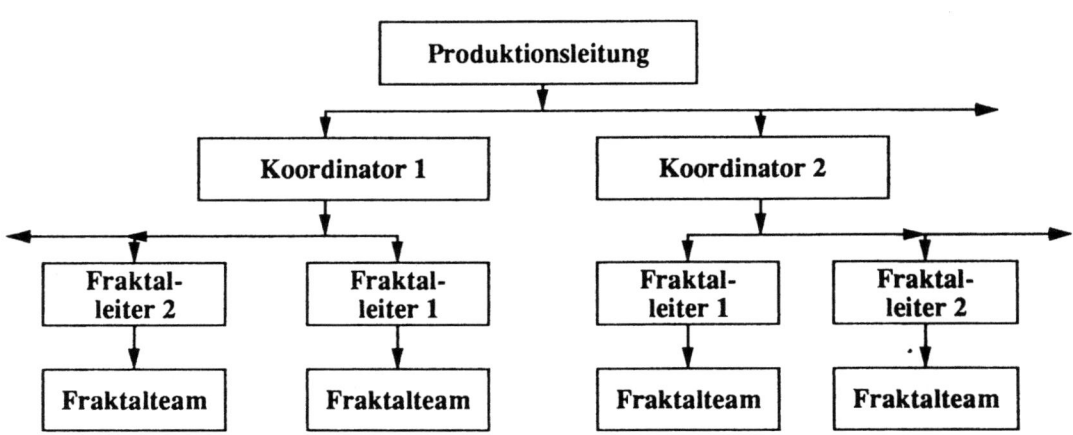

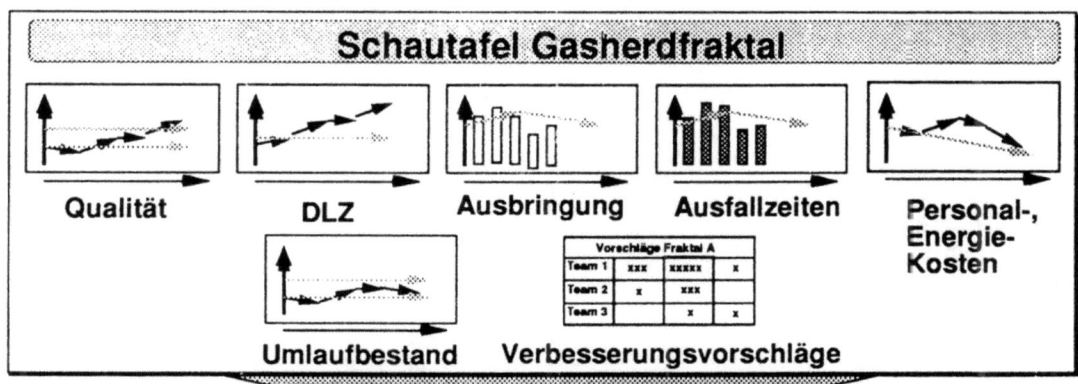

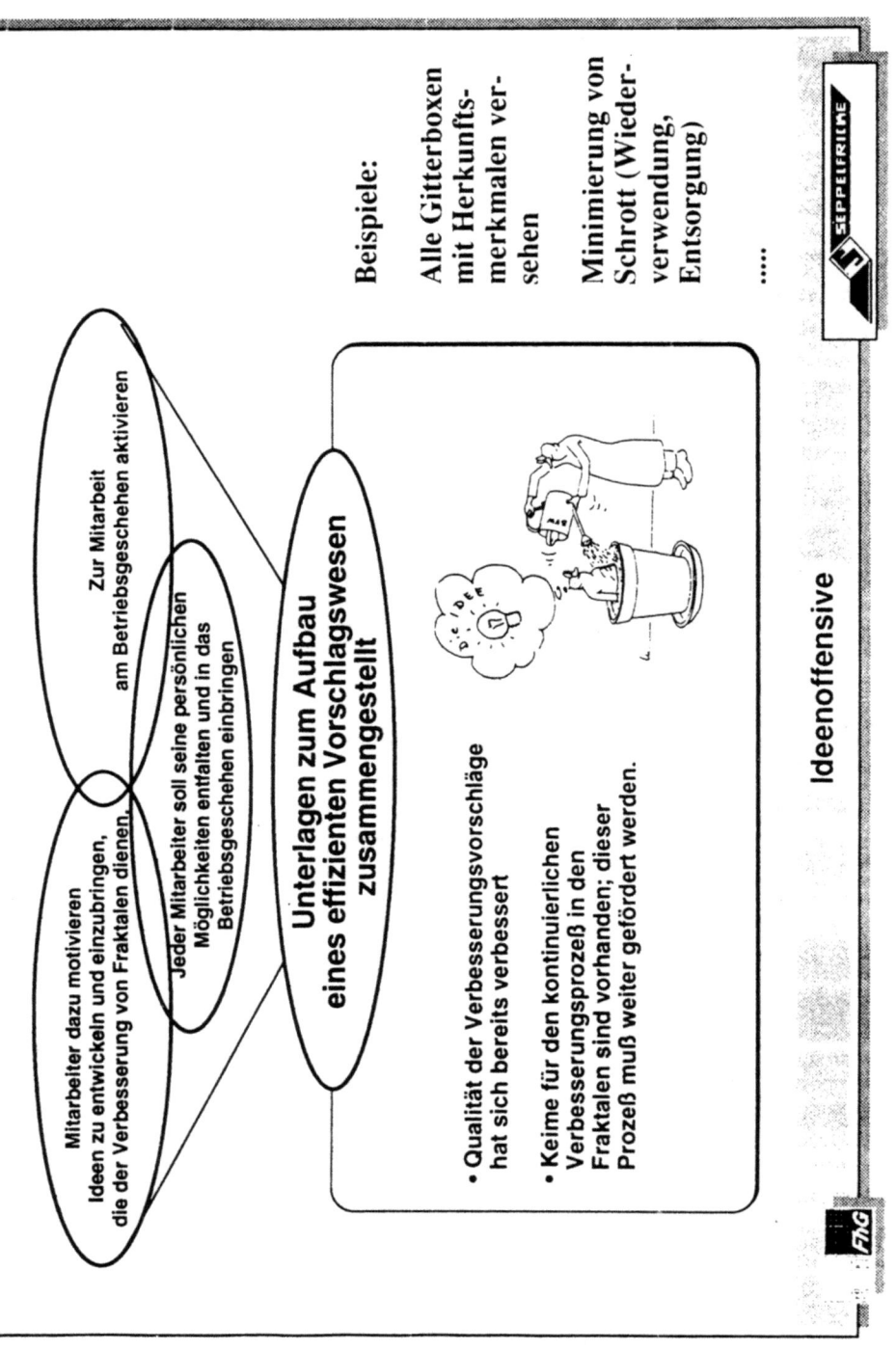

Ideenoffensive

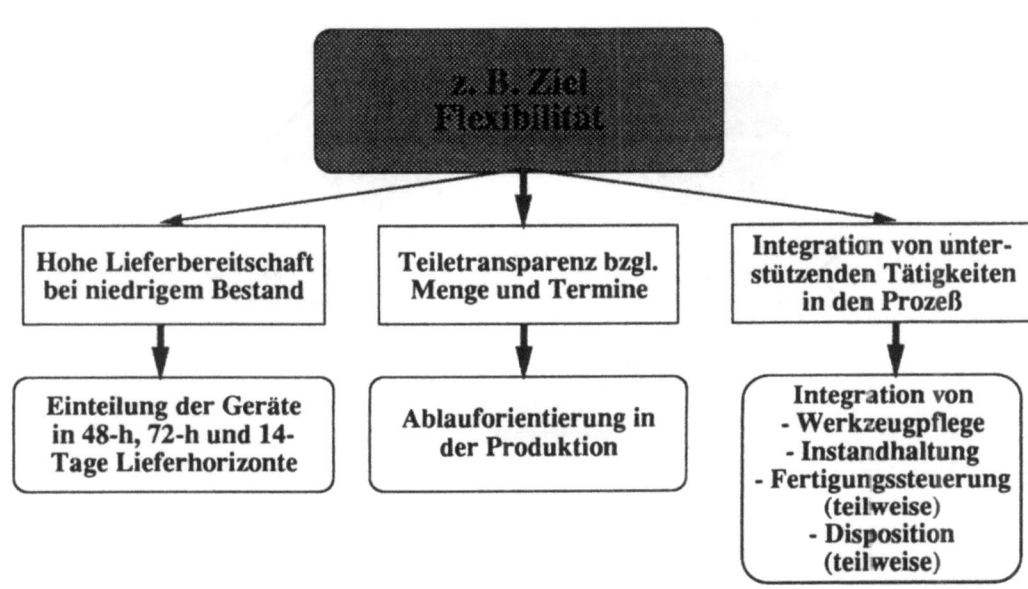

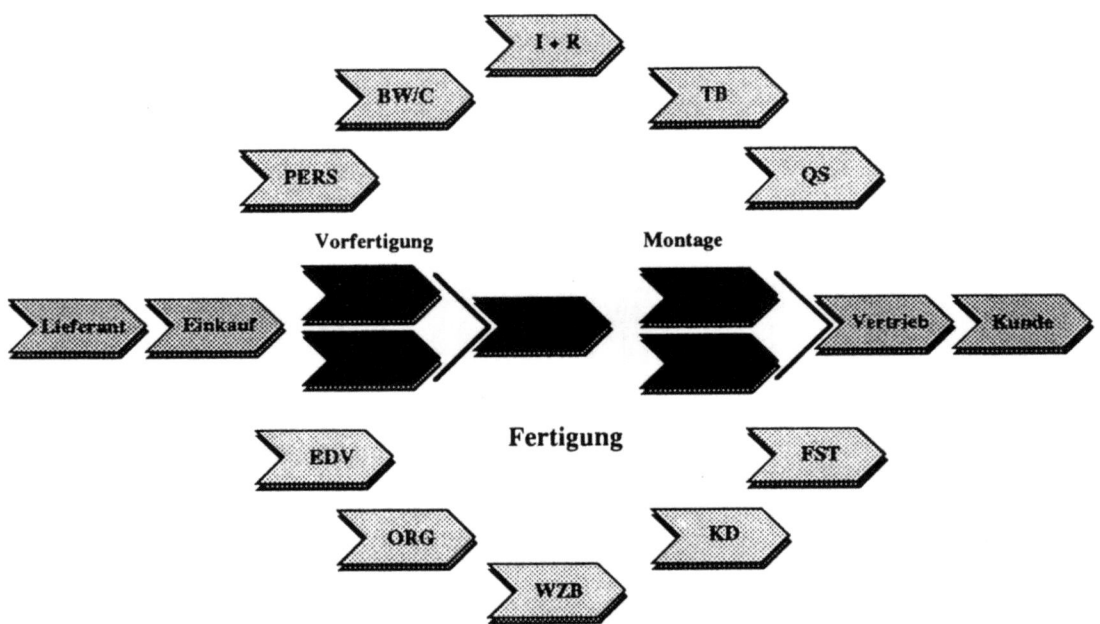

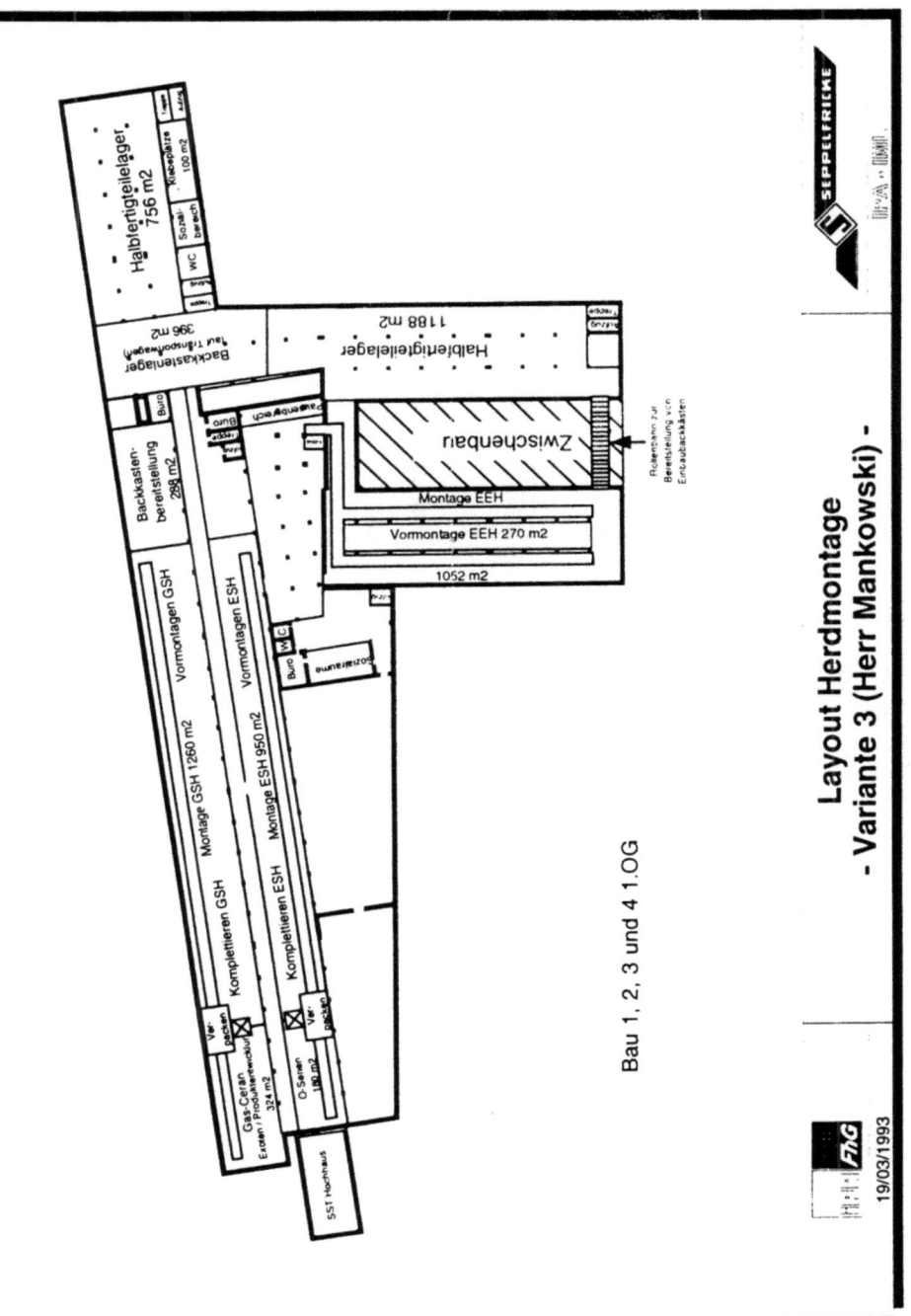

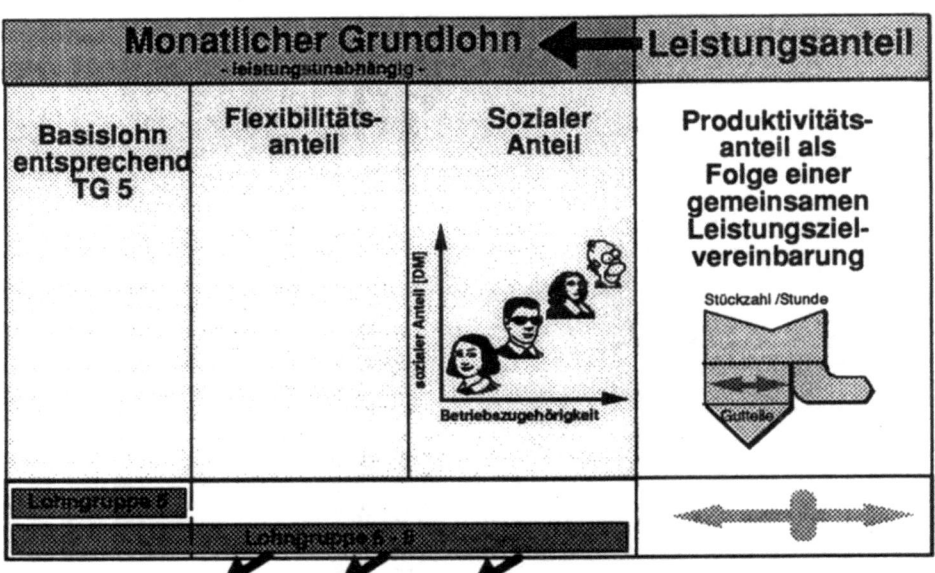

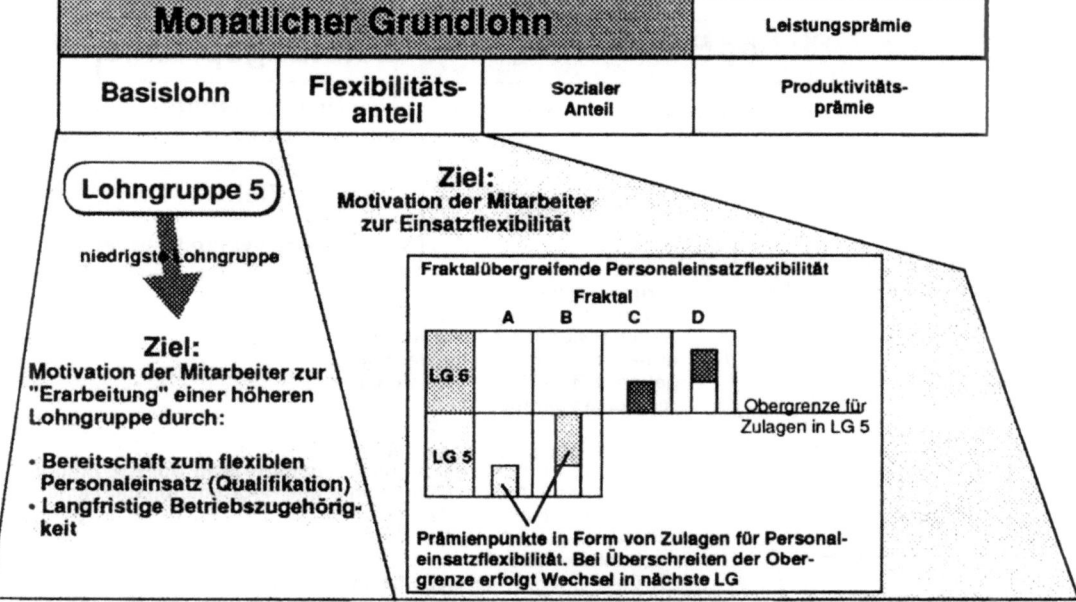

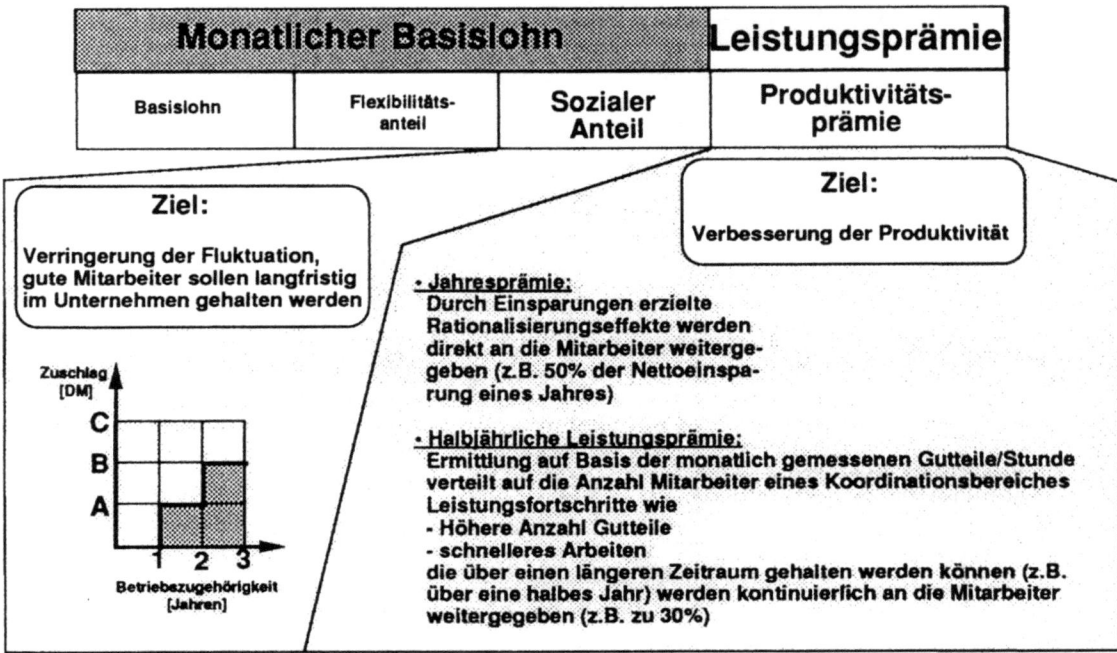

24. IPA-Arbeitstagung
Weg zur Fraktalen Fabrik

Ablauforientierte Strukturierung zu teilautonomen Montagelinien am Beispiel der Fertigung von Meßgeräten

T. Sesselmann

150

- Vorbemerkung zum Thema und zu Fraktalen

- Firma

- Produkte

- Markt-Anforderungen

- Zielstellung für die Fertigung

- Konzept des modular aufgebauten Gerätes

  - Anforderungen in der Entwicklungs-Phase

- Fertigungs-Organisation

- EDV-Unterstützung durch ROSIS

- Auswirkungen auf die Mitarbeiter und Erfahrungen bei der Einführung

- Zusammenfassung

Vortrag Dr. Sesselmann · Übersicht · 19.04.1993

Leitgedanken zu ROSIS

- Soviel zentrale Steuerung wie nötig, soviel dezentrale Steuerung wie möglich !
- Gruppenarbeit mit Selbstorganisation und Selbstoptimierung
- Kontinuierlicher Materialfluß ohne Baugruppenlager in der Montage
- Einfaches Instrument zur Betriebsdatenerfassung
- Einfache Strukturen und Abläufe zur Auftragsabwicklung
- Transparenz in der Montage zur kontinuierlichen Verbesserung der Strukturen und Abläufe

HEIDENHAIN
Feinkonzept

Heidenhain/Bilder/Leitgedanken ROSIS   7.4.1993   MHK, MBB / 113

Montage W / D

Montagelinien

ROD 2..	ROD 3..	ROD 4..	ROD7../8..	RON..	ERO7../8..	Sondergeber FT
ROD 220	ROD 320	HR 130	ROD 700	R B	ERO 715	ROC 221
230	323	131	800	ROD 420 M	721	221S
250	RON 3350	132	1750	421 M	725	408
260	350	150	1850	450 M	815	410
271	ERO 115	250	ROC 513	RON 125	725-HELL	424
1250	1120	330	717	155		RON 905
1260	1221	RC		221		ERO 1420
2250	1221B	ROD 14..		255		1421
2260	1222	1450		275		1450
2271	1225	420		425		1324
	1231	426		425 B		1325
	1251	426B		455		1720
	1252	426E		705		1751
	1520	428		706		ABT-60/120
	1530	434				ERA 1150
		436				150
		446				ERN 221
		450				
		456				
		RU				
		RV				

Gerätezuordnung

Objektorientierte Organisationsstruktur

HEIDENHAIN Feinkonzept — Heidenhain/Bilder/Org.struktur — 7.4.1993

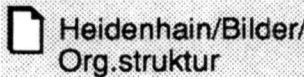

MHK , MBB / 113

Montagezellen der Montagelinie ROD4

MZ Endmontage
- ROD 4

MZ Vormontage — Handarbeitsplätze / autom. Montagelinie
- Geberflansch komplett
  - Geberflansch mit Strichplatte
  - Teilkreis komplett

MZ Kittplatz teilmontiert
- Geberflansch teilmontiert
- Strichplatte

- Teilkreis

MZ Kittplatz Welle
- Welle komplett

MZ...Montagezelle

HEIDENHAIN Feinkonzept — Heidenhain/Bilder/ MZ ROD4 — 7.4.1993 — MHK, MBB / 113

Montagezellen der Montagelinie ROD4

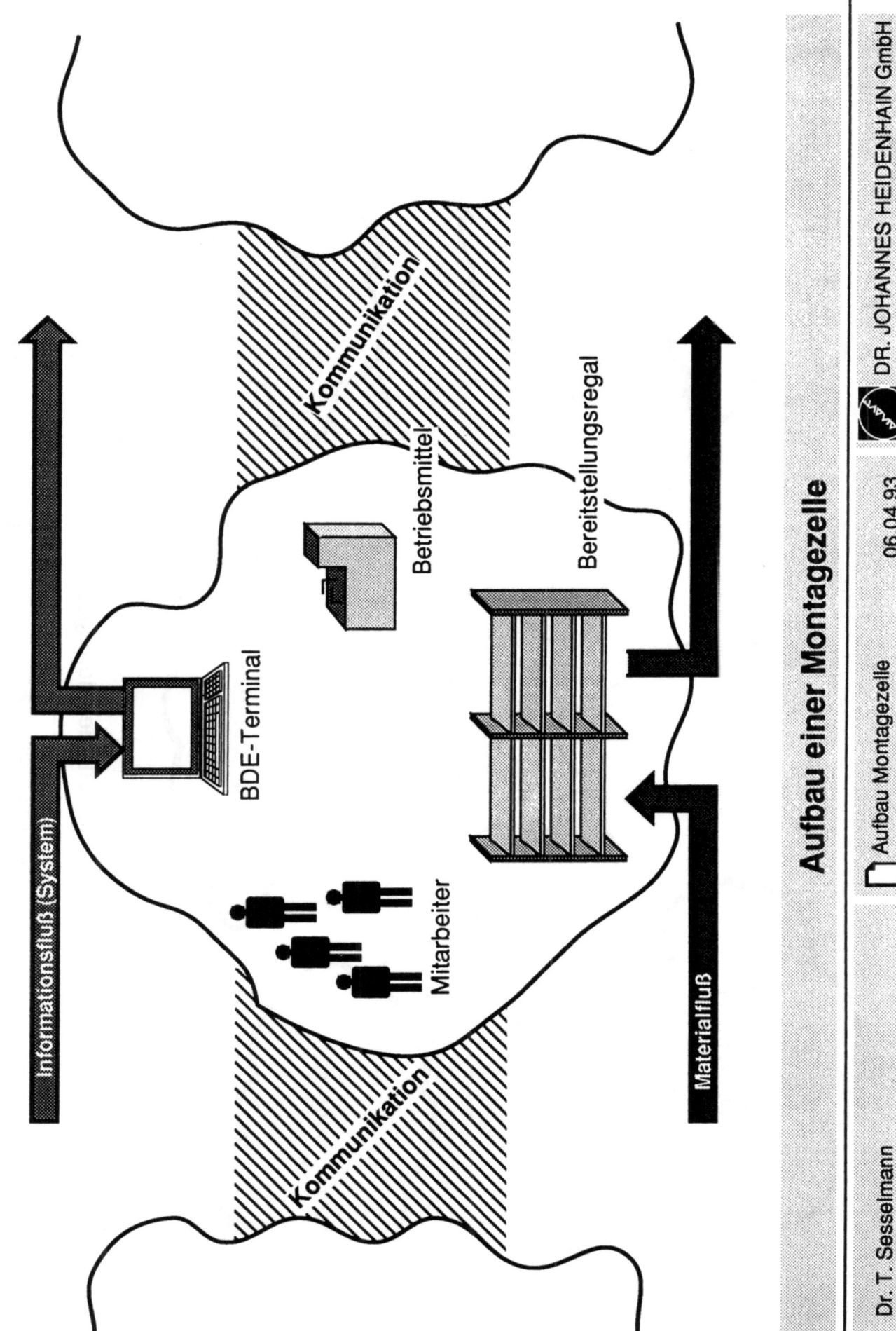

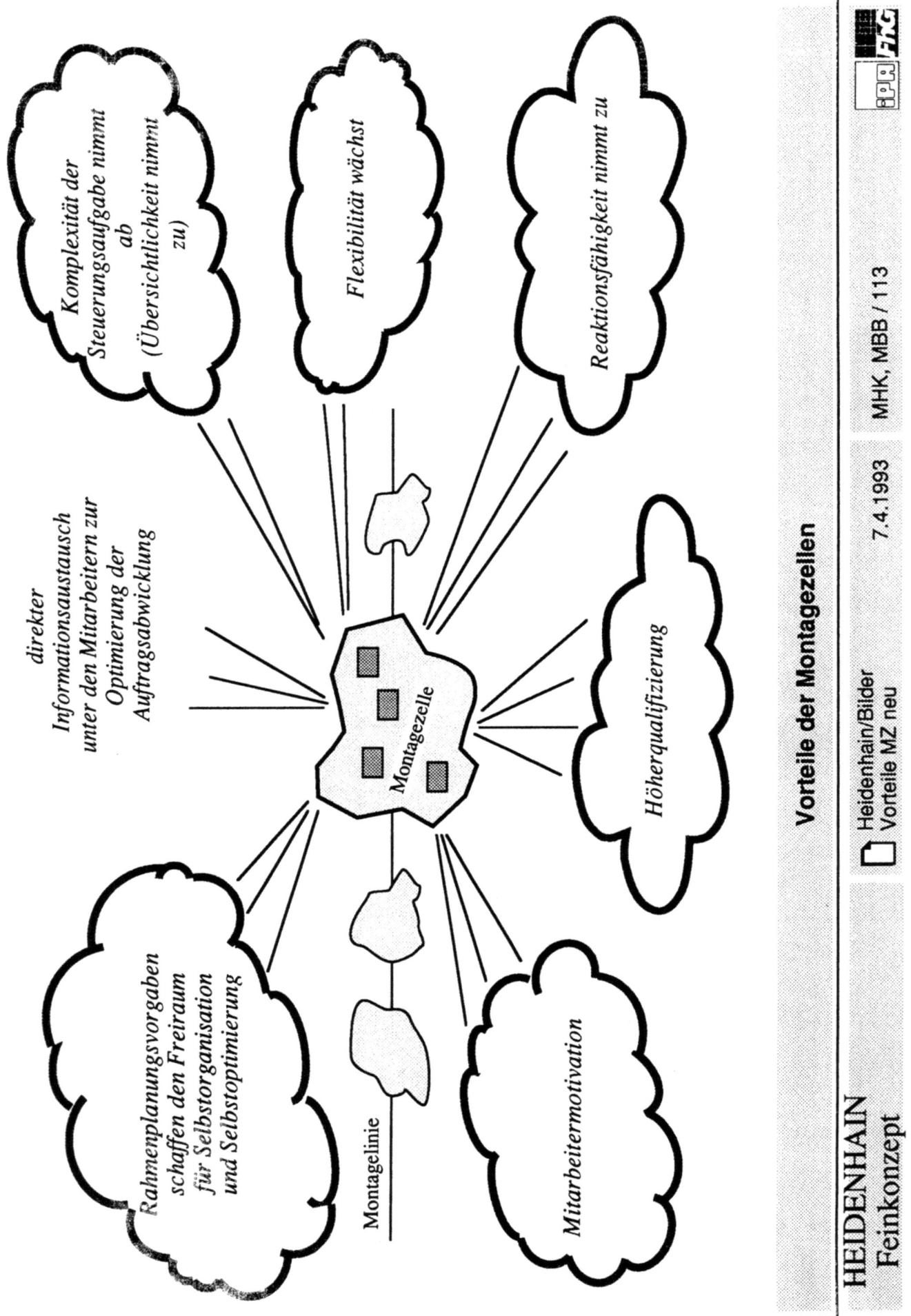

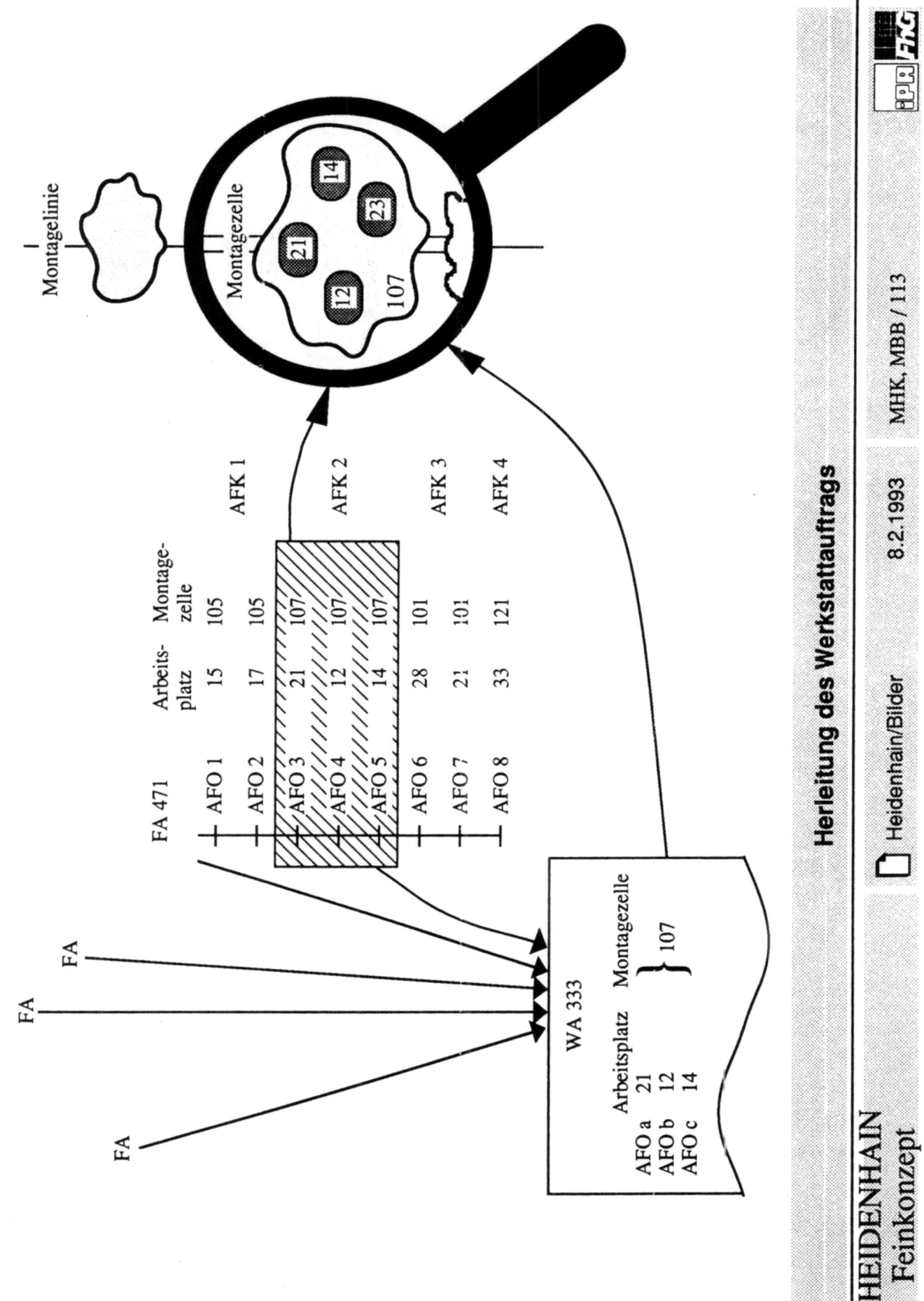

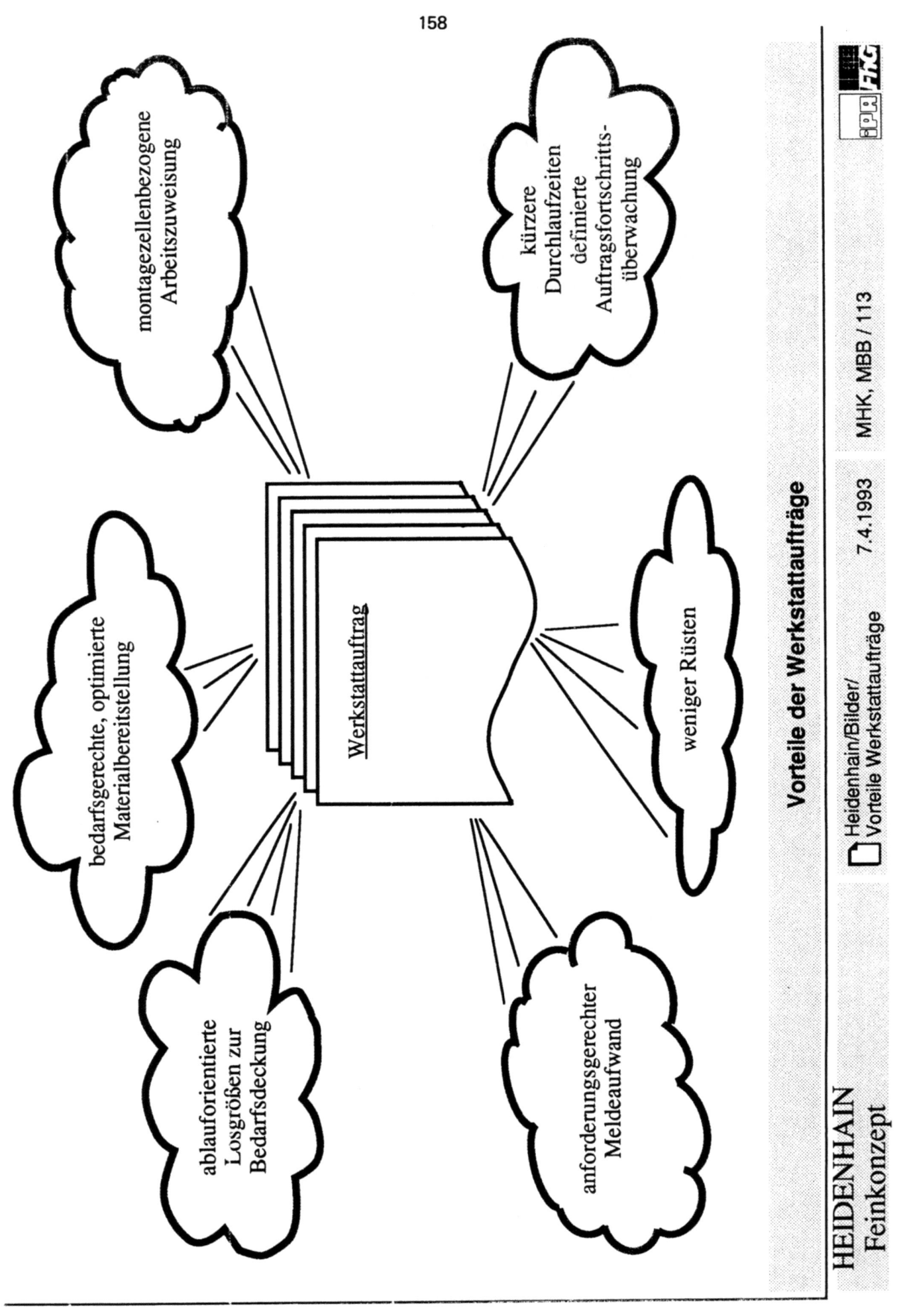

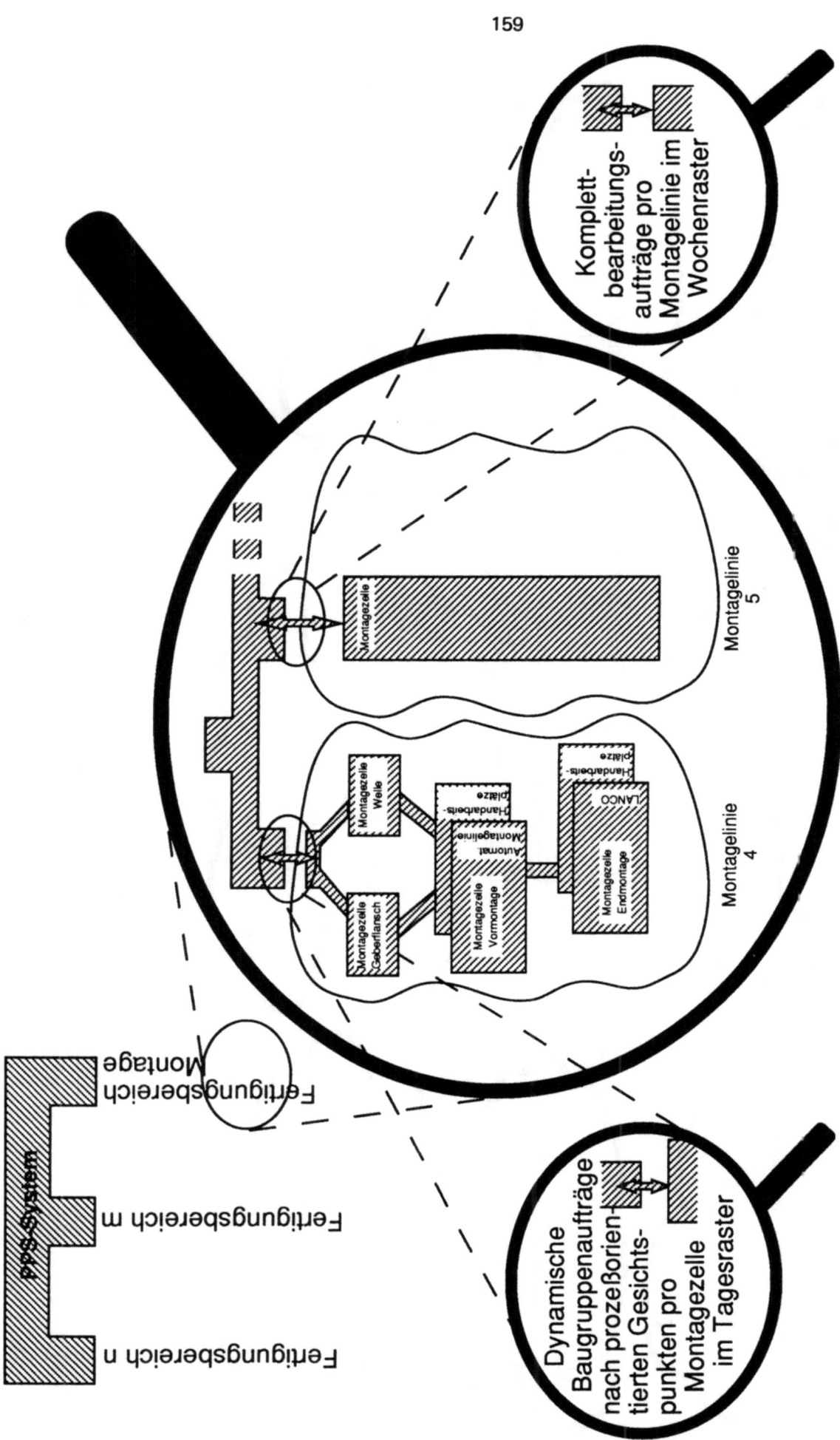

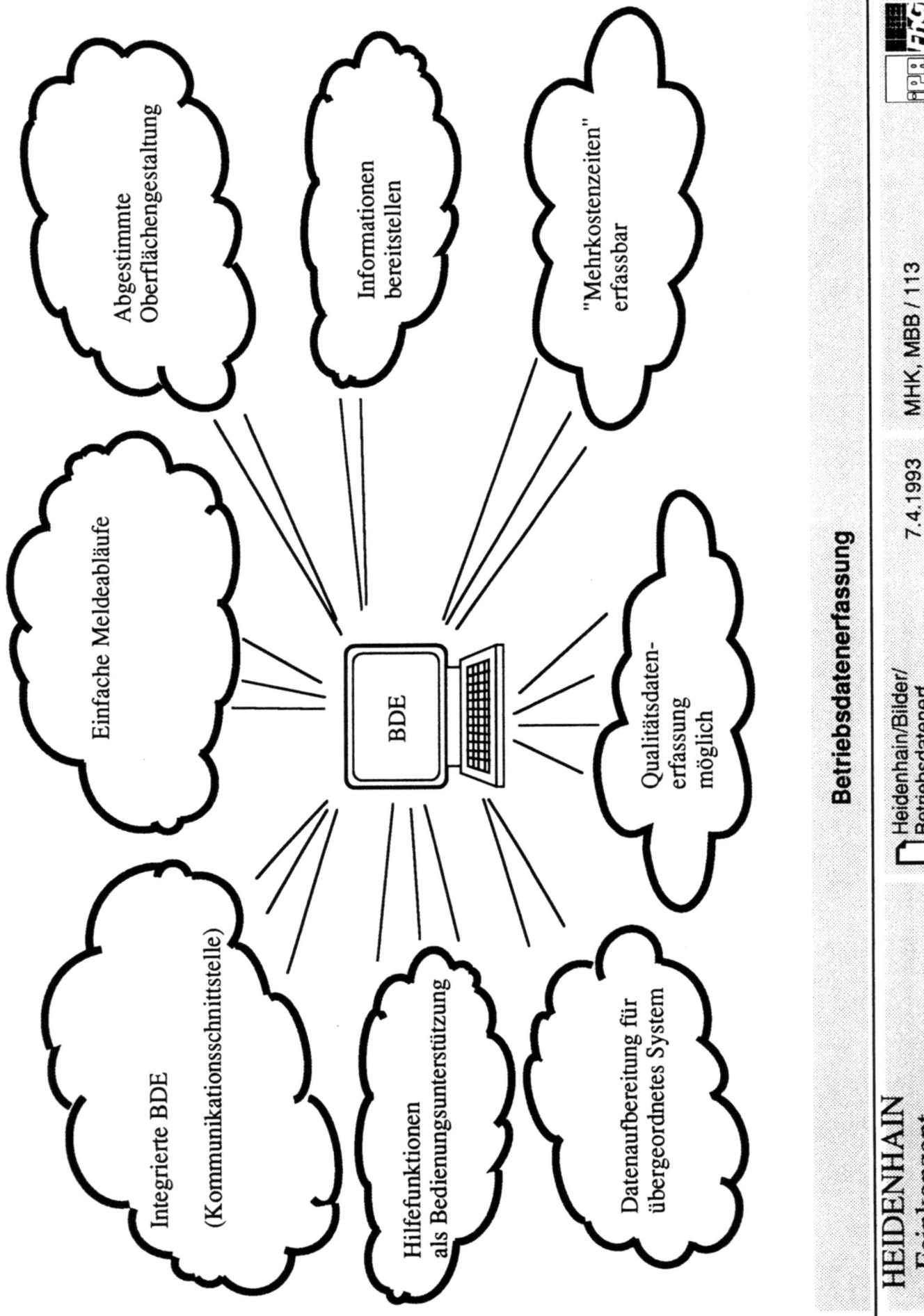

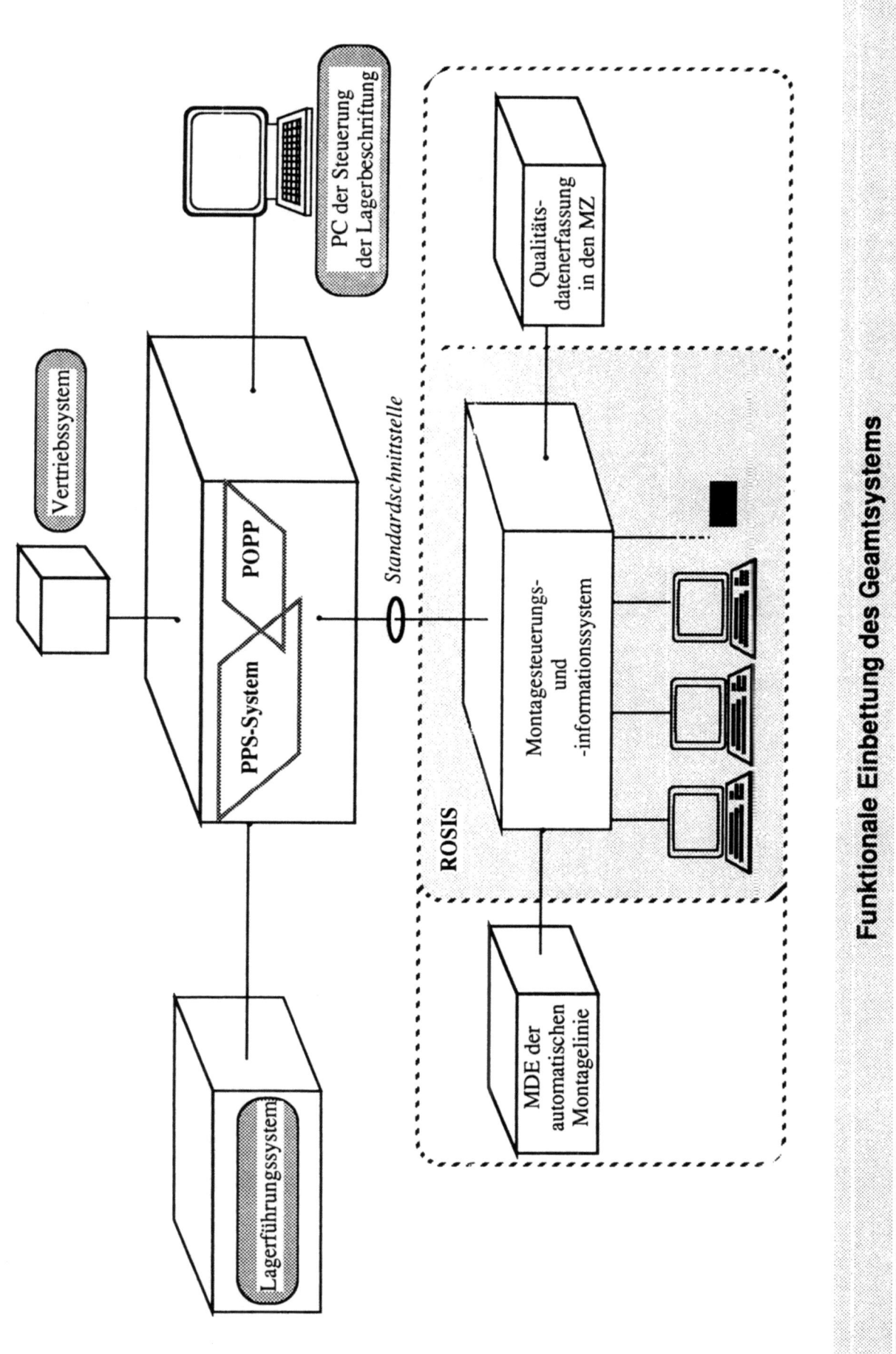

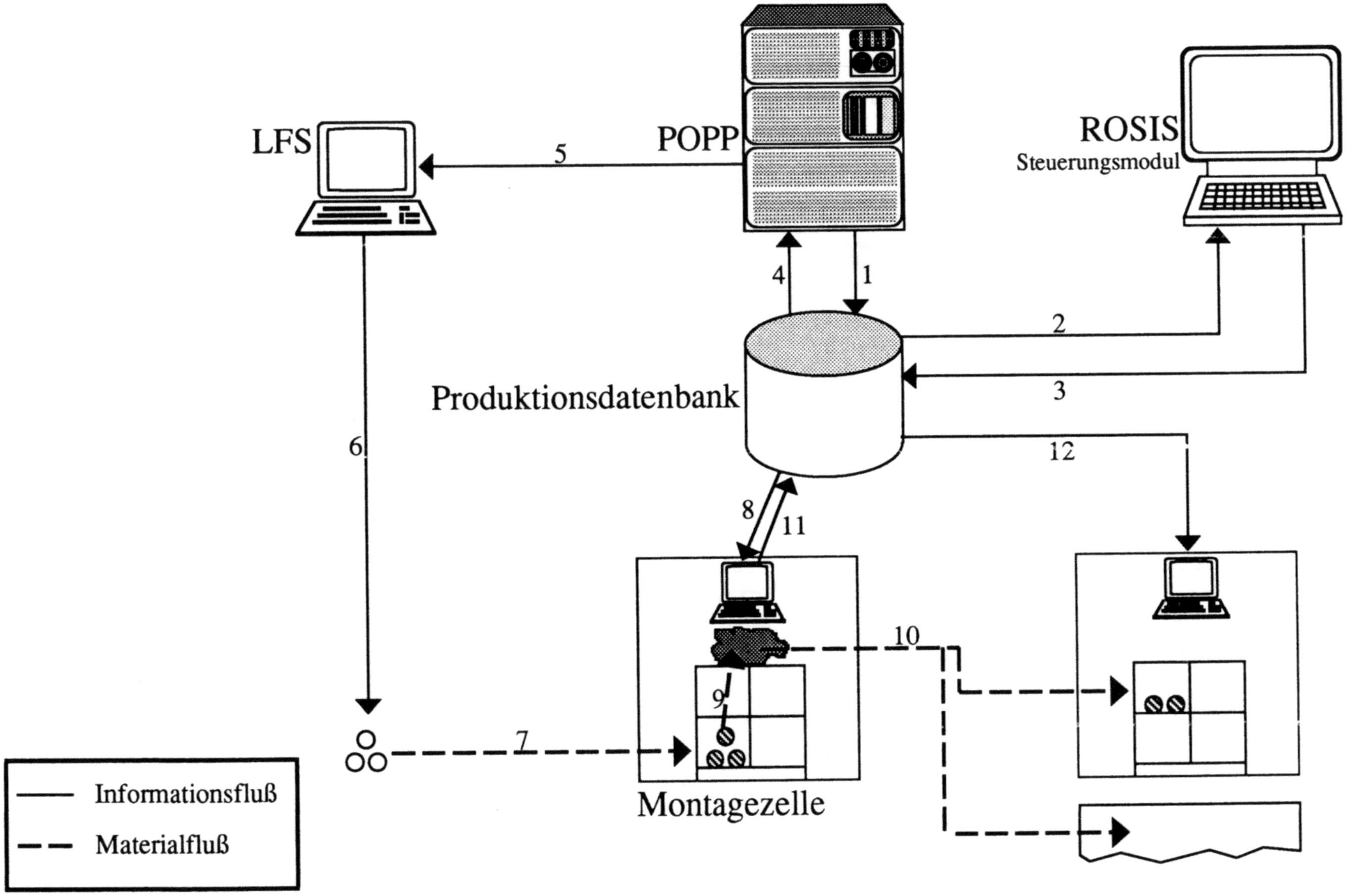

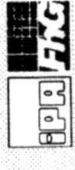
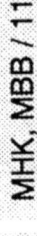

Schematisierter Ablauf einer störungsfreien Auftragsbearbeitung

ROSIS
Steuerungsmodul

POPP

LFS

Produktionsdatenbank

Montagezelle

— Informationsfluß
--- Materialfluß

HEIDENHAIN
Feinkonzept

Heidenhain/Bilder/
Schematischer Ablauf

7.4.1993 MHK, MBB / 113

163

1) POPP übergibt die Aufträge

2) ROSIS-Steuerungsmodul übernimmt die Aufträge zur Feinsteuerung

3) Die Auftragstermine werden in der Datenbank aktualisiert

4) Die Materialbereitstellung wird angefordert

5) POPP generiert für das LFS Auslagerungs- und Bereitstellaufträge

6+7) Das Material wird kommissioniert und der Montagezelle bereitgestellt

8) Der Werkstattauftrag ist freigegeben und erscheint im Auftragsvorrat der Montagezelle am BDE-Terminal

9) Der Werkstattauftrag wird bearbeitet

10) Das Material wird für die Folge-Werkstattaufträge bereitgestellt

11) Der Werkstattauftrag wird abgemeldet

12) Der Folge-Werkstattauftrag erscheint im Auftragsvorrat der nächsten Montagezellen

Erläuterung des schematisierten Ablaufs einer störungsfreien Auftragsbearbeitung

HEIDENHAIN
Feinkonzept

Heidenhain/Bilder/
Erläuterung Auftragsbearb.   7.4.1993   MHK, MBB / 113

24. IPA-Arbeitstagung
Weg zur Fraktalen Fabrik

Produkt- und Ablaufstrukturen als Basis für die Fraktalbildung

V. Giese

Einleitung

Verkürzungen der Durchlaufzeiten, Flexibilität und Senkung der Fertigungskosten sind wichtige strategische Ziele für ein Produktionskonzept der Zukunft.

Einen wesentlichen Beitrag zur Realisierung leistet die Nestfertigung, deren Eigenschaften
- Produkt- und Ablauforientierung
- Komplettfertigung
- Reduzierung der Schnittstellen
- Erweiterung der Kostenverantwortung und des Dispositionsspielraumes

sind.

Die J.M. Voith GmbH verspricht sich von diesen neuen Strukturen wesentliche Verbesserungen im Hinblick auf Senkung der Durchlaufzeiten und Reduzierung der Fertigungskosten (Bild 1).

Im Rahmen des bei Voith laufenden Projektes PKZ (Produktions Konzept Zukunft) mit den 3 Schwerpunkten
- Neue Produkt- und Ablaufstrukturen
- Ausnutzung der Kostenvorteile externer Anbieter
- Konzentration der Resourcen auf die Kernfertigung

wurde mit Unterstützung des IPA Grundlagen für die Bildung von Fertigungsnestern mit Hilfe der Clusteranalyse erarbeitet.

Die Zielsetzung war:
- Schaffung einer Grundlage für eine Ablauf- bzw. Produktorientierte Fertigungsorganisation
- Mit physischer oder logischer Umsetzbarkeit
- Für ein abgrenzbares Teilespektrum mit relevantem Kapazitätsbedarf

Aufgrund der komplexen Auftragsstruktur und -vielfalt war ein Analyseverfahren für große Datenmengen erforderlich, das diese auf überschaubare Interpretationseinheiten reduzieren konnte.

Dies war die modifizierte Clusteranalyse (Cluster = Haufen, Gruppe).

1. Vorgehen bei der Clusteranalyse

1.1 Reduzierung des Datenvolumens (Bild 2)

Für die Ermittlung der Fertigungsfamilien wurde der Fertigungsdatenbestand verwendet. Dieser Auftragspool über einen Zeitraum von 10 Monaten umfaßte

  1,1 Mio Arbeitsvorgänge
  210 Tsd. Fertigungsaufträge
  1,5 Mio Fertigungsstunden

Dieses große Datenvolumen wurde nach 9 Sparten und 13 Produktgruppen gegliedert.

Die große Anzahl vorkommender Kapazitätsgruppen wurde auf ein vernünftiges Maß reduziert. D.h. Kapazitätsgruppen welche für die Fertigungssegmentierung ohne Belang sind wurden gelöscht. Austauschbare Kapazitätsgruppen wurden zu einer Ober-Kapazitätsgruppe verdichtet. Damit wurde eine Reduzierung von **1645 Kapazitätsgruppen auf 244** erreicht.

1.2 Ermittlung der Repräsentanten (Bild 2)

Zur Bildung von Fertigungsfamilien wurde eine vom IPA programmierte Clusteranalyse verwendet. Sie diente dazu, die große Datenmenge FA's einer Produktgruppe auf ein überschaubares Maß an repräsentativen FA's zu reduzieren. Dazu wird die Distanz des FA zu allen anderen FA's berechnet.

- Die FA's, die einander auf der Distanz $D = 0$ zugeordnet sind, werden zusammengefaßt.
- Alle FA-Klassen mit weniger als 5 Familienmitgliedern werden ignoriert. (Die in diesem Schritt ignorierten FA's müssen später bei der Kapazitätseinlastung auf die Kapazitätsgruppe der Repräsentanten allerdings wieder berücksichtigt werden.)

Dadurch lassen sich die 210.000 FA's auf ca. 4.600 Repräsentanten reduzieren. Diese repräsentieren einen Anteil von 82% des gesamten Auftragspools, oder anders ausgedrückt: diese 4600 Repräsentanten vertreten ca 170.000 Fertigungsabläufe.

1.3 Wolkenbild erstellen (Bild 3)

Aus zwei weiteren Clusterungen werden ähnliche Fertigungsabläufe ermittelt (ähnliche Repräsentanten und ähnliche Betriebsmittel). Es läßt sich eine Matrix erstellen, in der die geordneten Repräsentanten in den Zeilen stehen und die Kapazitätsgruppen nebeneinander in den Spalten. Sie ist der Ausgangspunkt für die Fertigungsnestbildung.
Durch manuelles Zusammenfassen dieser Repräsentanten und Kapazitätsgruppen erhält man "Basis-Fertigungsnester" die zunächst ohne Berücksichtigung der zur Verfügung stehenden Kapazität gebildet werden. Kriterien für die Verdichtung waren:
- Anzahl der Kapazitätsgruppen
- Fertigungsverfahren
- Überdeckungsgrad bezüglich der Kapazitätsgruppen der Nester zueinander.

Ergebnis der 1. manuellen Zusammenfassung war, daß alle **4.600 Repräsentanten** sich in **98 Fertigungsnester** aufteilen ließen. Für diese Nester wurden Kapazitätsübersichten erstellt mit der Aussage
- Gesamtkapazitätsbedarf der Nester
- Auslastung der einzelnen Kapazitätsgruppen je Nest

eine weitere Verdichtung erfolgte und ergab 20 Ablauforientierte Nester und 4 Produkorientierte Nester (Bild 4).

2. Ermittlung der Ist-Kapazitätsbedürfnisse aller FA's (Bild 5 + 6)

Zuerst müssen die im ersten Schritt ignorierten FA's (= Exoten) wieder zugeschlagen werden. Dazu wird ein Algorithmus eingesetzt, der die Exoten dem ähnlichsten Repräsentanten zuordnet.
Alle FA's werden nun nach Plantermin in die gebildeten Fertigungsnester auf die verdichteten Kapazitätsgruppen eingelastet (einlasten = aufsummieren der Kapazitätsbedürfnisse je Kap.- Gruppe). In den daraus entstehenden Übersichten zeigt sich deutlich in welchen Nestern mit welchem Kapazitätsbedarf die einzelnen Kap.-Gruppen beaufschlagt werden. Die Nester können "physisch" oder "organisatorisch" zusammengefaßt werden. Die physische Zusammenfassung bedeutet ein Zusammenstellen der Maschinen. Bei der organisatorischen Zusammenfassung werden

die Maschinen nicht physisch an einem Ort zusammengefaßt, sondern die Optimierung erfolgt durch eine Nestorientierte Ablauforganisation: durch einen Nestverantwortlichen mit erweiterten Kompetenzen.

Voraussetzung für die Realisierung sind positive Ergebnisse der durchzuführenden Wirtschaftlichkeitsrechnung und Produktivitätsermittlung beim Vergleich arbeitsteilige Fertigung gegenüber einer Nestfertigung.

3. Praktisches Beispiel "Walzenbau" mit ca. 75.000 Std / a Kapazitätsbedarf

Wolkenbild (Bild 7)

Das Wolkenbild für FA's des Walzenbaues wurde manuell in vorläufige Fertigungsnester gegliedert, indem Repräsentanten mit ähnlichem Fertigungsablauf zusammengefaßt wurden (ohne Brücksichtigung des Kapazitätsbedarfs). Es ergaben sich theoretisch 9 Fertigungsnester, die aufgrund der Konstellation der Kapazitätsgruppen zu keinem anderen Fertigungsnest passen. Eine weitere Darstellung über eingelastete FA's zeigt die Bedeutung der einzelnen theoretischen Fertigungsnester. Nest 3, 6, 7, 8 und 9 mit gesamt 250 Std/a sind von untergeordneter Bedeutung und deshalb nicht in das "physische" Nest einzubeziehen.

Unter Berücksichtigung des Teilespektrums ergaben sich 4 relevante Nester mit den Namen (Bild 8)

    Nest 1 : Zapfennest
    Nest 2 : Walzenkappennest
    Nest 4 : Ringnest
    Nest 5 : Leitwalzen

Greifen wir was Zapfennest (Bild 9) heraus, läßt sich dieses in 20 Kapazitätsgruppen untergliedern mit Schwerpunkten auf 7 Kapazitätsgruppen. Damit erscheint es sinnvoll die wenigen, aber hoch ausgelasteten Kapazitätsgruppen zu einem Fertigungsnest zusammenzufassen und die wenig belasteten Kapazitätsgruppen nur organisatorisch in das Nest einzubeziehen.

Es entsteht ein Nest mit 7 Anlagen. Die anderen AVO's werden auf Kapazitätsgruppen in anderen Nestern bearbeitet. Eine Übersicht über die monatliche Belastung der Kapazitätsgruppen in dem Nest ergeben Hinweise auf die erforderliche Kapazitätsbereitstellung.

4. Produktivitätsbetrachtung

Die Effizienz der Nestfertigung und Inselorganisation basiert auf 3 Komponenten
1. Personelle Funktionsintegration
2. Delegation von Kostenverantwortung
3. Strukturformen zur Förderung kontinuierlicher Verbesserung

Alle 3 Komponenten wirken auf eine Erhöhung der Produktivität.

$$\text{Produktivität} = \frac{\text{Wertschöpfung}}{\text{Personalkosten}}$$

Eine Rechnung für den "Walzenbau" ergibt einen zu erwartenden Wert für die Produktivitätserhöhung aus Punkt 1. "Personeller Funktionsintegration" in Höhe von 9%. Die erreichbaren Werte aus Punkt 2. liegen aus Erfahrung bei durchgeführten, zeitlich begrenzten Sonderprojekten bei > 10%.
Eine Produktivitätserhöhung von ca 20% läßt sich damit sicher erreichen.

5. Weiteres Vorgehen

Die Clusteranalyse ergab 25 Fertigungsnester die auch kapazitiv bewertet wurden. Sie bilden zunächst die Grundlage für den Beginn einer Segmentierung der Fertigung. Die unterschiedlichen Kapazitätsbedarfe innerhalb eines Nestes sprechen für die Bildung von Nestkernen mit ausgelasteten Kapazitätsgruppen. Schwach ausgelastete Nester bzw. Kapazitätsgruppen können zu Dienstleistungszentren zusammengefaßt werden.
Die klare Trennungsmöglichkeit erlaubt die schrittweise Realisierung der Nester.
Durch eine Projektgruppe werden anhand zweier zu realisierenden Fertigungsnester
1. Walzenbau - Start 4. Quartal '93
2. Schweißteilevorfertigung - Start 1. Quartal '94

die weiteren erforderlichen organisatorischen Lösungen entwickelt:

- Gestaltung der Arbeitsorganisation
  -- Aufbauorganisation
  -- Ablauforganisation

- Material- und Informationsfluß

- Integration der indirekt-produktiven Funktionen
  -- Qualitätssicherung
  -- Transport
  -- Instandhaltung
  -- Fertigungshilfsmittel

- Verbindung zu den Zentralfunktionen

- Erforderliche Qualifizierungsmaßnahmen

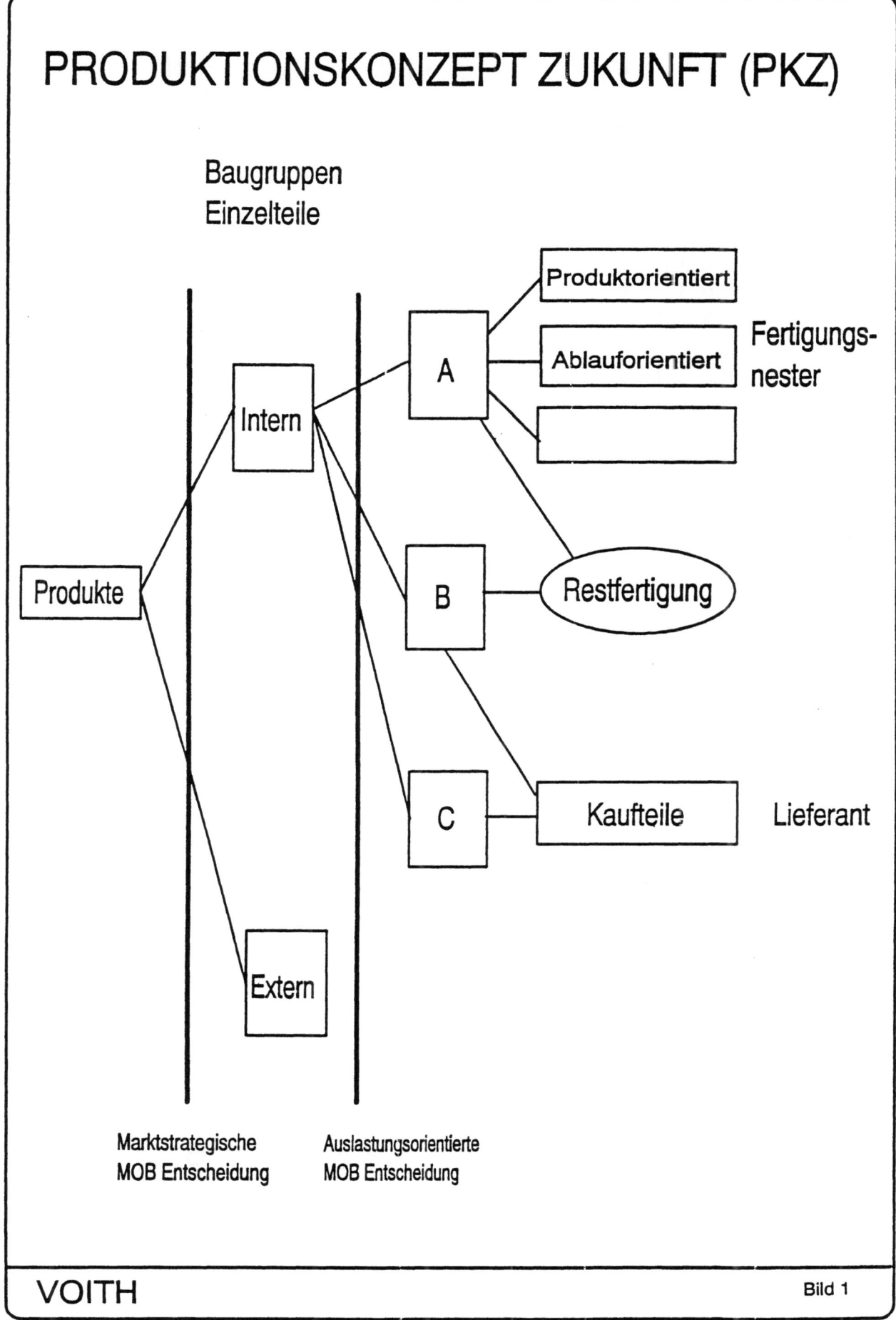

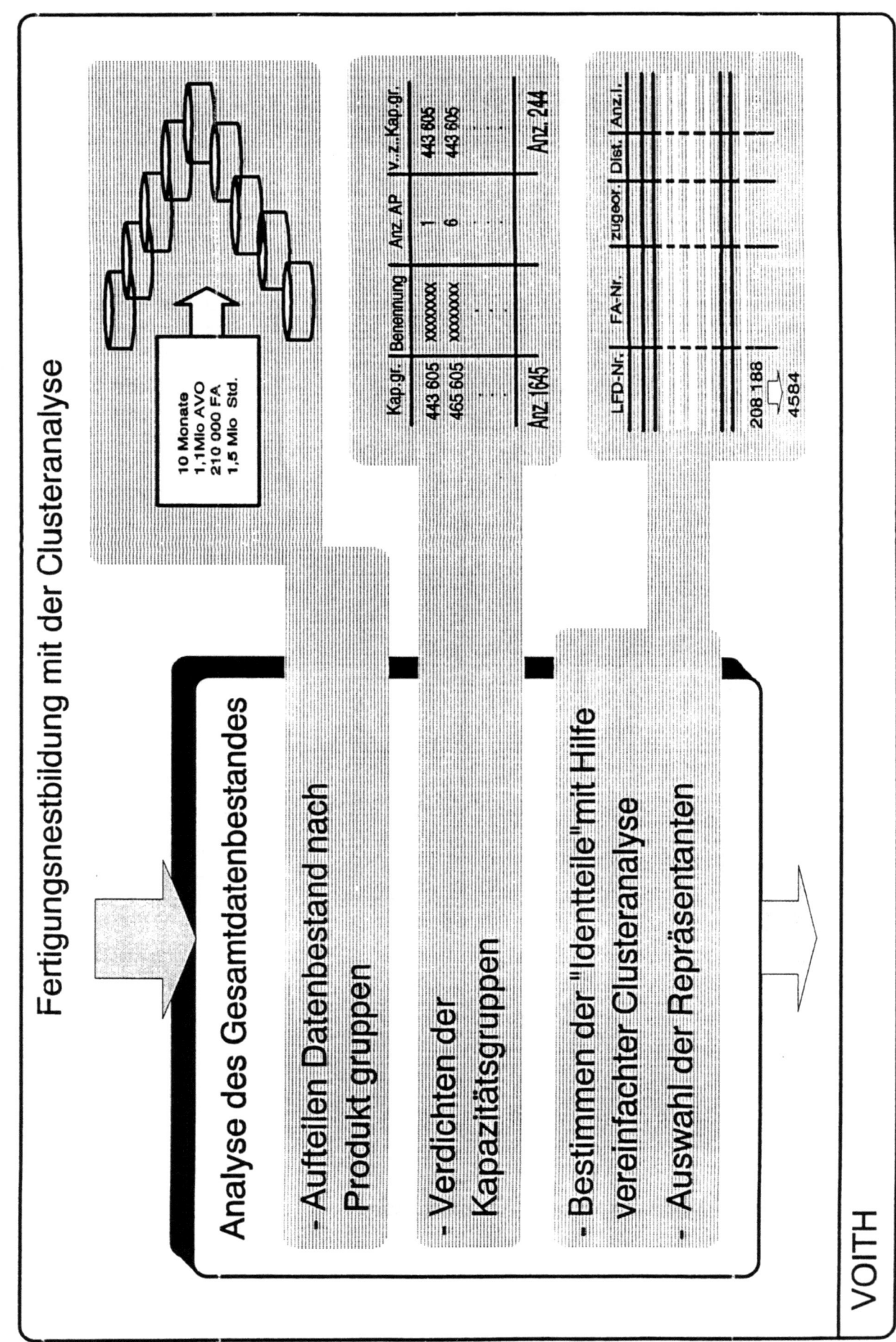

Bild 2

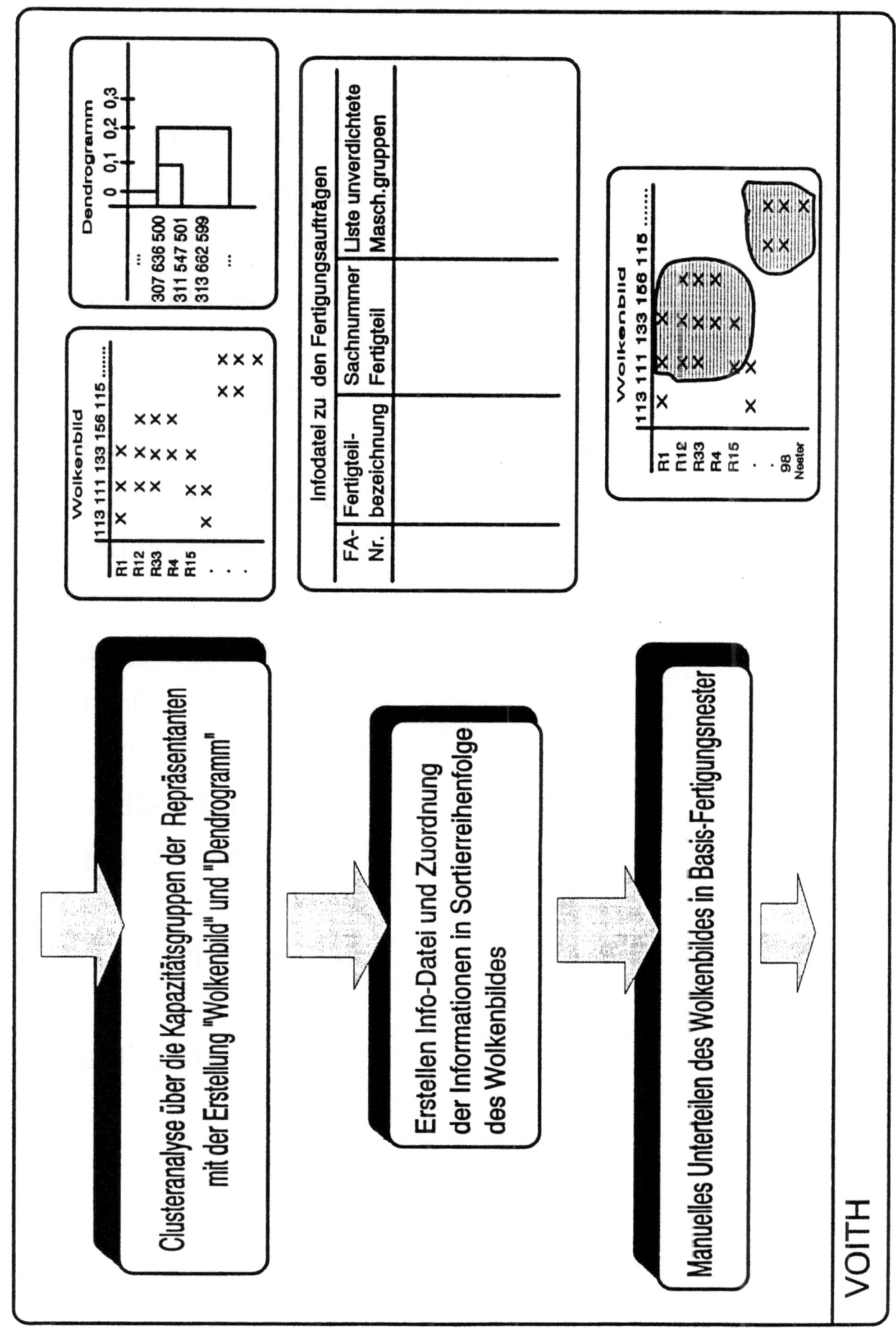

Bild 3

Nestvorschläge

	Nestbezeichnung
A	Verzahnen
B	Antriebe Montage
C	Schweißteilevorfertigung
D	Zus.bau, Schweißen
E	Bohren u. Karusselldr.
F	Bearbeitungszentren
G	Großteilbearbeitung
H	Scheren und Sägen
I	Flaschnerei, Bo., Hobeln
J	Kleinteile mit Drehen
K	Kleinteile ohne Drehen
L	Anr., Bo., Schleifen
M	Universalbearbeitung 1
N	Universalbearbeitung 2
O	Zylinderbau
P	Turbulenzrohre
Q	Montagen
R	Mont. u. Farbspritzen
S	Gravieren
T	Flaschnerei

VOITH

Bild 4

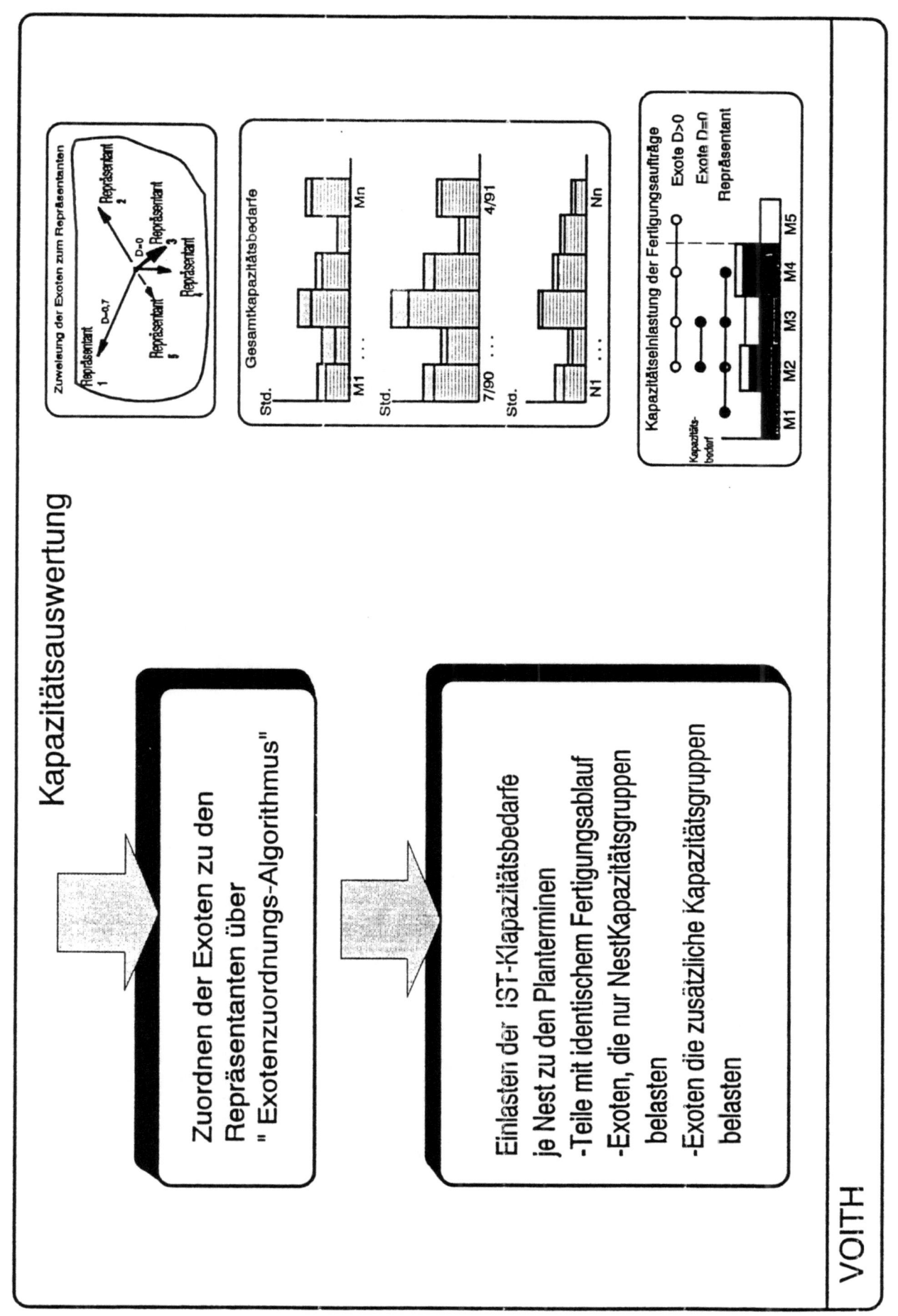

Bild 5

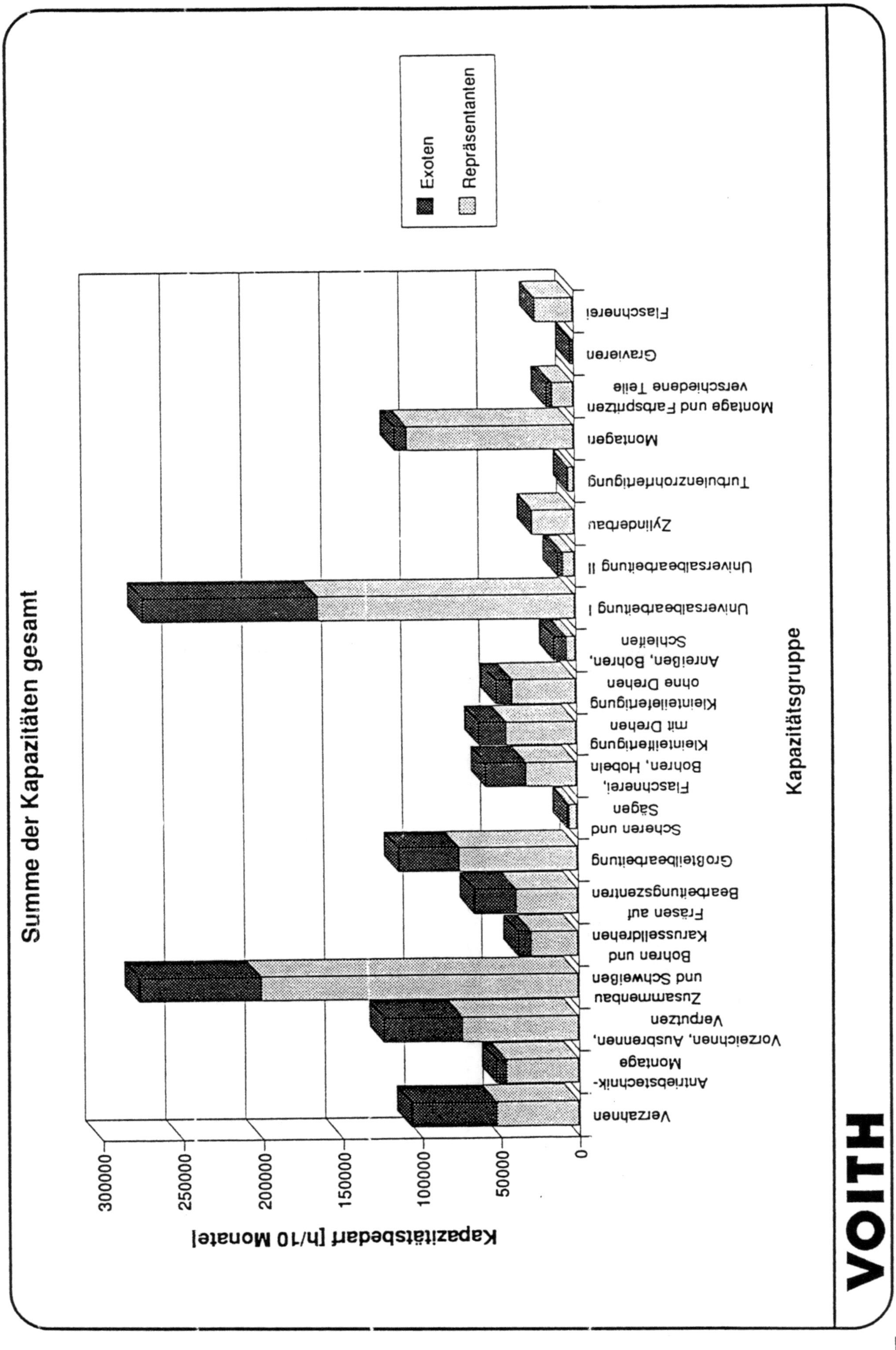
Summe der Kapazitäten gesamt
Exoten
Repräsentanten
Kapazitätsbedarf [h/10 Monate]
300000
250000
200000
150000
100000
50000
0
Verzahnen
Antriebstechnik-Montage
Vorzeichnen, Ausbrennen, Verputzen
Zusammenbau und Schweißen
Bohren und Karusselldrehen
Fräsen auf Bearbeitungszentren
Großteilbearbeitung
Scheren und Sägen
Flaschnerei, Bohren, Hobeln
Kleinteilfertigung mit Drehen
Kleinteilefertigung ohne Drehen
Anreißen, Bohren, Schleifen
Universalbearbeitung I
Universalbearbeitung II
Zylinderbau
Turbulenzrohrfertigung
Montagen
Montage und Farbspritzen verschiedene Teile
Gravieren
Flaschnerei
Kapazitätsgruppe
VOITH

Bild 6

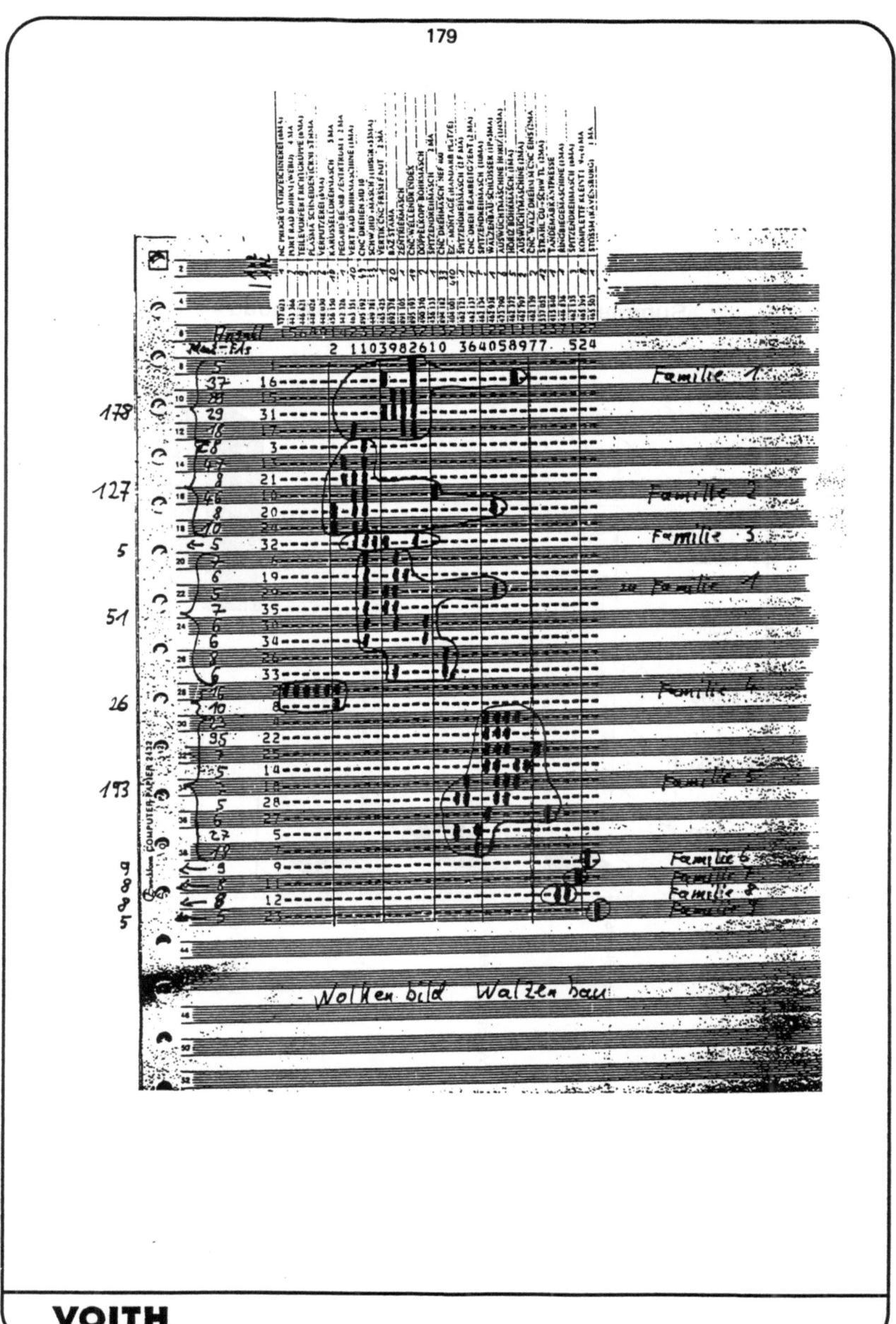

Bild 7

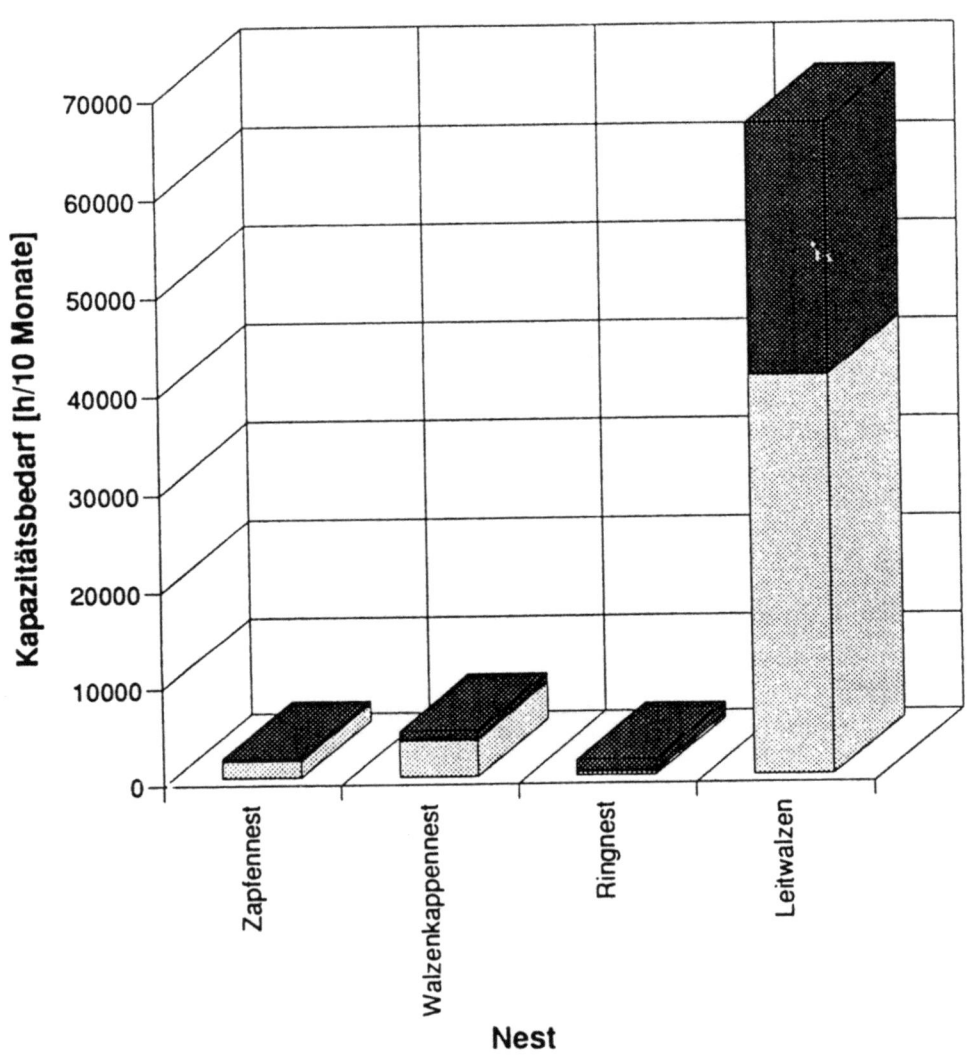

Bild 8

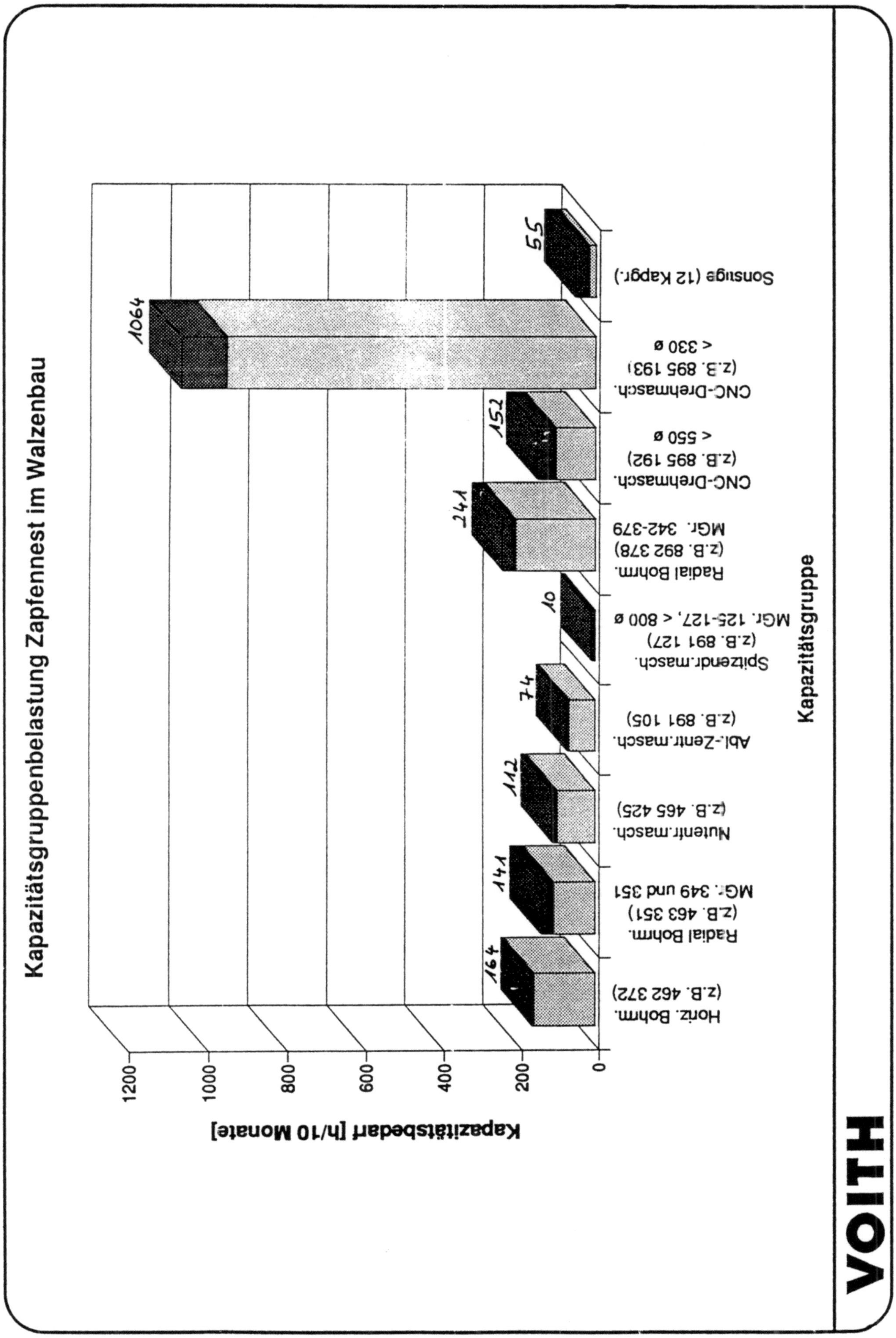

Kapazitätsgruppenbelastung Zapfennest im Walzenbau

Kapazitätsgruppe	Kapazitätsbedarf [h/10 Monate]
Horiz. Bohrm. (z.B. 462 372)	194
Radial Bohrm. (z.B. 463 351) MGr. 349 und 351	174
Nutenfr.masch. (z.B. 465 425)	172
Abl.-Zentr.masch. (z.B. 891 105)	74
Spitzendr.masch. (z.B. 891 127) MGr. 125-127, < 800 ø	10
Radial Bohrm. (z.B. 892 378) MGr. 342-379	241
CNC-Drehmasch. (z.B. 895 192) < 550 ø	252
CNC-Drehmasch. (z.B. 895 193) < 330 ø	1064
Sonstige (12 Kapgr.)	55

Bild 9

VOITH

**24. IPA-Arbeitstagung
Weg zur Fraktalen Fabrik**

Die „Fraktale Fabrik" – Voraussetzungen und Chancen aus der Sicht eines mittelständischen Unternehmens am Beispiel der Personalpolitik

M. Wittenstein

1. Einleitung

Folgender Vortrag zur Personalpolitik stellt im ersten Teil die Vorgehensweise eines Unternehmens dar, sich dem raschen Wandel seiner selbst und seiner Umwelt anzupassen. Vor dieser Schwierigkeit stehen heutzutage alle Unternehmen. Die Defizite zur Erhöhung der Anpassungs- und Lernfähigkeit der Menschen und Organisationen sind von allgemeiner Natur. Über diese Defizite wird im zweiten Teil gesprochen, um dann zum Schluß einen konkreten Vorschlag zu unterbreiten.

Zur Orientierung möchte ich Ihnen zuerst die Struktur unserer Firma bzw. Firmengruppe vorstellen, wie sie sich in den letzten 10 Jahren entwickelt hat.

Zuerst lag eine Produktidee vor; das spielarme Planetengetriebe, als Antriebselement für hochpräzise Bewegungsabläufe, einsetzbar vorzugsweise in Maschinen, Robotern und der allgemeinen Automatisierung.

Zur Realisierung fanden sich zwei reine Produktionsbetriebe in einer Kooperation zusammen (Abb.1).

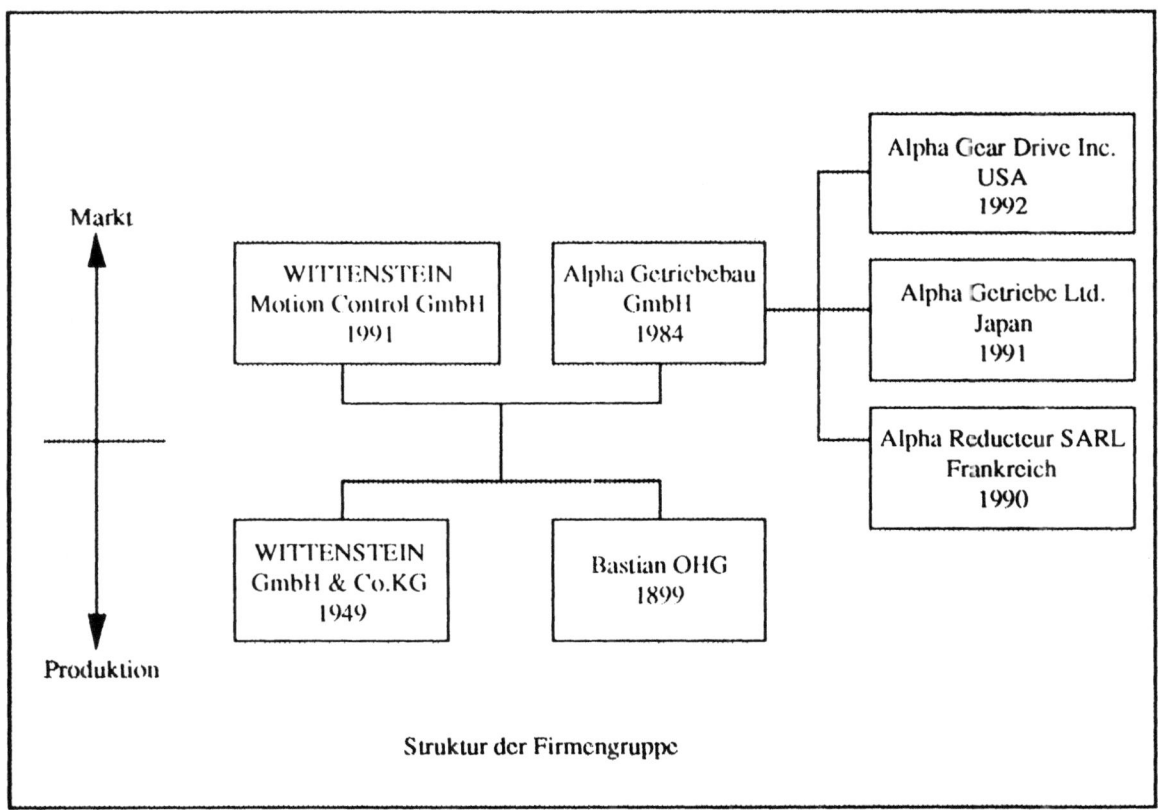

Abb.1   Kooperation der Produktionsbetriebe

Sie gründeten die Alpha Getriebebau GmbH im Jahre 1984 zur Entwicklung und Vermarktung dieser Produktidee. Anfang der 90er Jahre wurden in Japan und Amerika Tochtergesellschaften gegründet mit dem Ziel weltweiter Vermarktung. Letztes Jahr erfolgte die Gründung von WITTENSTEIN Motion Control, die wiederum eine spezielle Produktidee vorantreiben soll. Diese Firmen unterscheiden sich nach Alter, Funktion und Zielsetzung, sind aber durch personelle und organisatorische Beziehungen miteinander verknüpft.

2. Ausgangslage und Zielsetzung

Hinter dieser äußeren Struktur mußte eine Vielzahl von internen Veränderungen von unseren Mitarbeitern laufend bewältigt werden (Abb.2).

- Aufbau von Konstruktions- und Vertriebsabteilungen
- Expansion der Produktion
- Einführung neuer Fertigungstechnologien mit CNC und DNC
- Aufbau der mittleren Datentechnik mit VT, PPS, EK etc.
- Realisierung einer CIM-Konzeption mit CAD, PZS, BDE und Feinplanungssystem
- Erweiterung des Produktprogramms
- Entwicklung und Einführung eines autonomen Flurtransportsystems
- Integration neuer Mitarbeiter

Abb.2 Veränderungen der letzten 10 Jahre innerhalb der Firmengruppe

Das Organigramm unseres Hauses sieht folgendermaßen aus (Abb. 3).

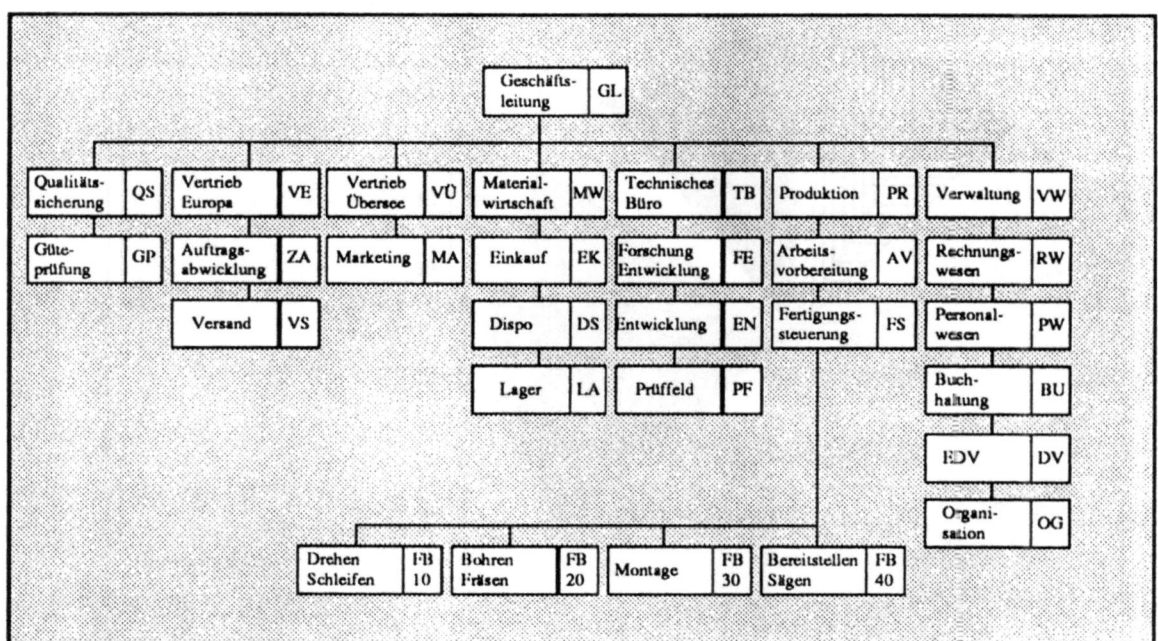

Abb.3   Organigramm Firmen Wittenstein GmbH & Co.KG und
         Alpha Getriebebau GmbH

Hierbei handelt es sich nicht um ein abgeschlossenes System, vielmehr ist es ständig im Fluß, angreifbar und verbesserungswürdig. Als grobes Gliederungsschema der Funktionsbereiche ist es ausreichend, wird aber den interaktiven Beziehungen der Mitarbeiter keineswegs gerecht. Hinter diesem Gerüst wirken andere Strukturen der Zusammenarbeit zur Lösung von Aufgaben. Diese Strukturen entstehen, entwickeln sich oder zerfallen. Für die Bewältigung dieser Aufgabe steht unser Führungsmotto

"GEMEINSAM BESSER WERDEN MACHT UNS REICHER"

sowie unsere Mitarbeiter, deren Ausbildungsstruktur sich wie folgt darstellt (Abb.4).

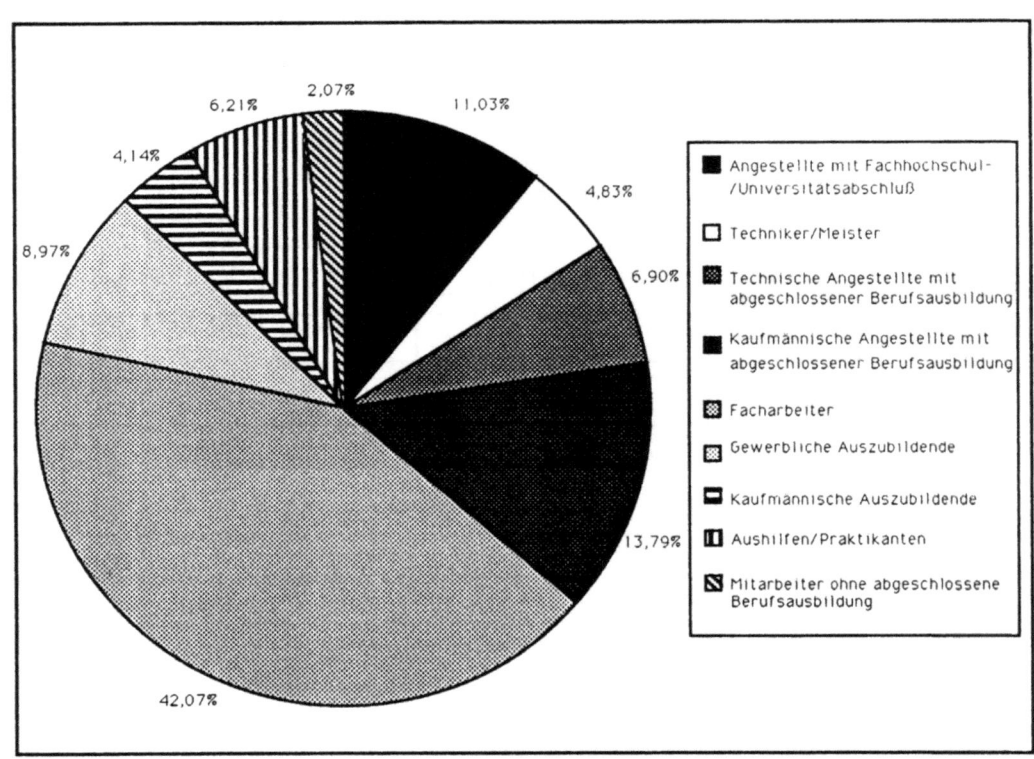

Abb.4   Personalstruktur im März 1993 nach Bildungsabschluß

Das Durchschnittsalter beträgt 34,1 Jahre und 22% der Mitarbeiter sind länger als 10 Jahre in unserer Firma. Zum Abschluß eine Statistik unserer Krankheitstage (Abb.5).

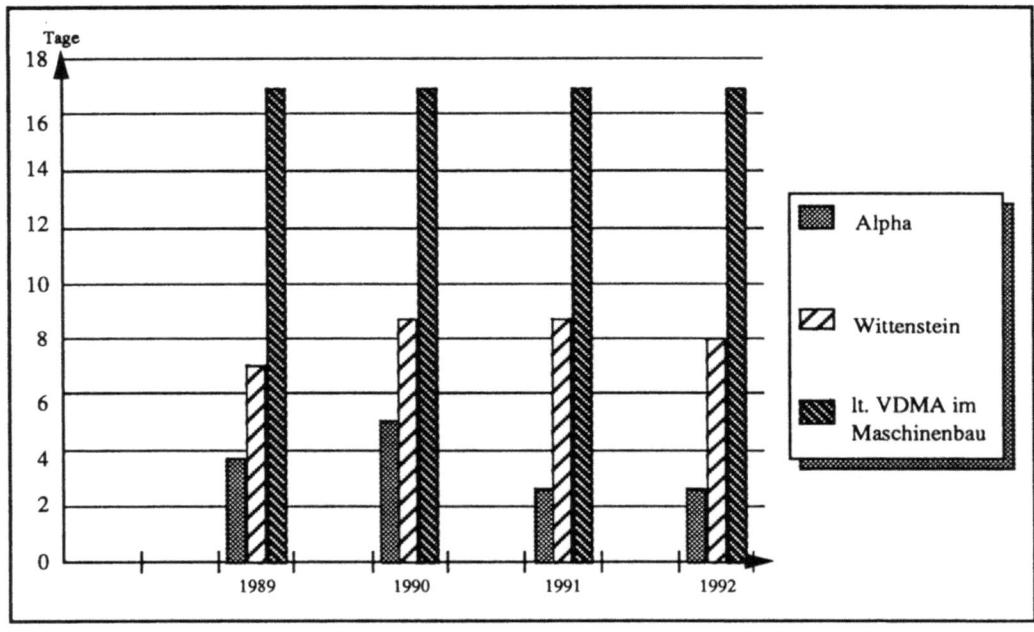

Abb.5   Bezahlte Krankheitstage im Durchschnitt

3. Problemstellung

Wie Sie sehen, war und ist dieses Unternehmen ständigen Veränderungen unterworfen. Seine Mitarbeiter und Strukturen müssen sich laufend anpassen. Dies ist jedoch kein Problem dieser Organisation und seiner Mitarbeiter, sondern von allgemeiner Natur.

Das verfügbare Wissen der Menschheit hat sich seit 1800 in folgenden Zeiträumen schätzungsweise verdoppelt:

        Innerhalb von 100 Jahren von 1800 bis 1900,
        innerhalb von   50 Jahren von 1900 bis 1950,
        innerhalb von   16 Jahren von 1950 bis 1966.

Für die 90er Jahre schätzt man mit einer Vervierfachung des Wissens gegenüber den 80er Jahren. Vor diesem Hintergrund steht die Aussage des bekannten französischen Sozialwissenschaflers Jean FOURASTIE, "Der heutige Unternehmer steht innerhalb von 10 Jahren dreimal vor Problemen, die zu lösen sein Vater und Großvater ein Leben lang Zeit hatten."

Auf der anderen Seite steht die Erkenntnis, daß jedes Wissen einem natürlichen Errosionsprozeß unterliegt. Dies gilt sowohl für die Mitarbeiter im Unternehmen als auch für die gesamte Organisation.

Das Spannungsfeld läßt sich wie folgt darstellen (Abb.6).

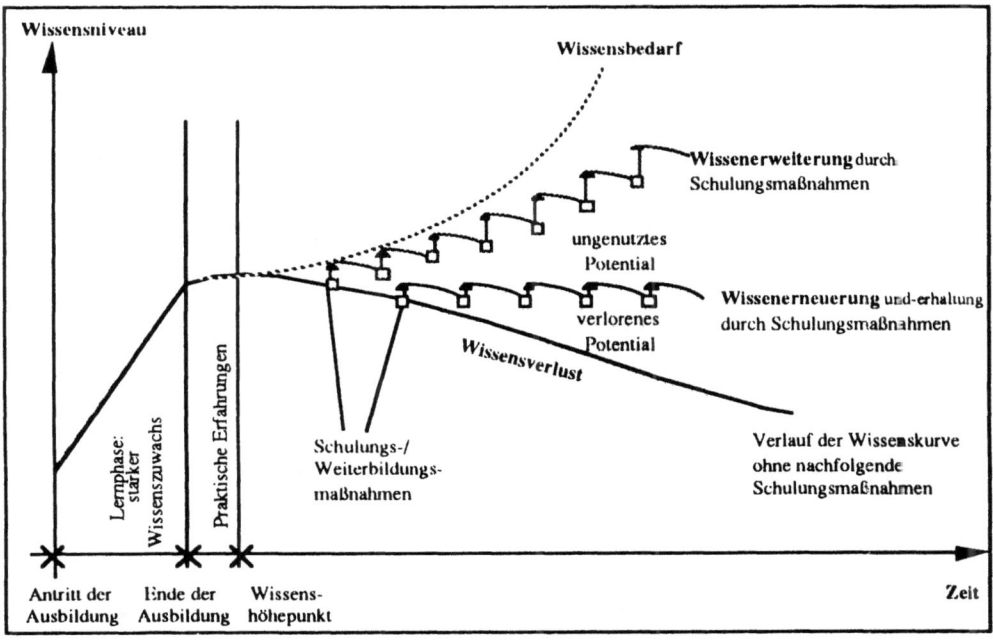

Abb. 6   Wissenslebenszyklus

Sofern wir uns nicht ständig mit dem allgemeinen Wissenszuwachs auseinandersetzen, wird die auftretende Lücke zwangsläufig größer. Es gilt, sich in laufenden kleinen Lernschritten fit zu halten, um zu gegebener Zeit in einzelnen großen Lernschritten größeren Herausforderungen gerecht zu werden. Diesen Weg in wenigen großen Schritten gehen zu wollen ist unwirtschaftlich und widerspricht den menschlichen Lernprozessen.

Ihn mit nur wenigen Mitarbeitern im Unternehmen zu meistern, führt schnell zu deren Überforderung, wie der zeitliche Einsatz vieler Führungskräfte täglich zeigt. Es gilt, die Potentiale möglichst vieler Mitarbeiter auszuschöpfen, sie in lernfähigen Organisationsstrukturen zu integrieren und zu führen. Jedes Unternehmen steht vor dieser Aufgabe und mit welchen Mitteln wir bisher vorgegangen sind, darf ich Ihnen kurz darstellen.

4. Einige Elemente unserer Personalpolitik

Im Folgenden spreche ich über die mehrjährige Entwicklung einiger Elemente unserer Personalpolitik vor dem zuvor geschilderten Hintergrund der Wissenslücke und dem Versuch, damit zurechtzukommen (Abb.7).

- Akzeptanz und Klima schaffen
- Fähigkeiten erwerben und verbessern
- Verantwortung übernehmen und Ehrgeiz befriedigen
- Standort und Ziele bestimmen

Abb.7   Einige Elemente der Personalpolitik

Die Akzeptanz beginnt mit der Einstellung von Mitarbeitern. Die Vorauswahl der Bewerber erfolgt in der Personalabteilung. Die Entscheidung über die Einstellung trifft der unmittelbar Vorgesetzte in Abstimmung mit seiner Gruppe. Damit sich geeignete Mitarbeiter für unser Haus interessieren, informieren wir laufend die Öffentlichkeit. Die positive Einbindung der Firma in das soziale Umfeld betrachten wir als eine Grundlage für Leistungsbereitschaft. Wichtiger erscheint uns jedoch das persönliche Umfeld des Mitarbeiters, die Familie, Verwandte und Freunde. Sie sprechen wir an, z.B. durch Gratulationen zu Familienfesten, Geburtstagen oder Einladungen zu unserer Weihnachtsfeier, die in festlichem Rahmen von Mitarbeitern der Personalabteilung gestaltet wird. Die Mitarbeiter sollen auf ihr Unternehmen stolz sein können.

Kaufmännische und technische Auszubildende gestalten eigenverantwortlich, jedoch unter Anleitung der Marketing-Abteilung die Firmenzeitschrift, die vierteljährlich erscheint. Ein erster Schritt, über den eigenen Tellerrand hinauszusehen und Verantwortung zu übernehmen.

Betriebsbesichtigungen für Schüler der Haupt- und Realschulen, der Gymnasien, mit Vertretern aus dem öffentlichen Leben und außerbetriebliches Engagement im Sportbereich sind für die Akzeptanz ebenso wichtig wie die ernsthafte Auseinandersetzung mit den Mitarbeitern und deren Einbindung bei wichtigen betrieblichen Entscheidungen (z.B. Einführung von CIM). So versuchen wir, ein Klima zu schaffen, in dem Angst vor Veränderungen abgebaut werden kann und die Freude an der technologischen Entwicklung erhalten bleibt.

Die potentiellen Fähigkeiten der Mitarbeiter werden oft unterschätzt. Viele unserer Mitarbeiter bauen sich z.B. ihr eigenes Haus. Das Wissen hierzu eignen sie sich freiwillig an. Sie müssen Organisationstalent entwickeln, sich mit neuen Technologien auseinandersetzen, in langen Zeiträumen denken lernen, außergewöhnlichen Einsatz bringen und trotz aller Mühen und Plagen sind sie am Ende stolz und zufrieden. Warum sollte es uns nicht gelingen, dieses Verhalten auch für das Berufsleben zu nutzen? Hierauf vertrauend halten wir z.B. unser Winterkolleg von November bis März ab. Die Themen werden von den Vorgesetzten zusammen mit der Personalabteilung ausgewählt. Das Kolleg findet jeweils Freitag nachmittag statt. Referenten und Räumlichkeiten stellt das Unternehmen, die Teilnahme ist freiwillig und wird nicht bezahlt. Es nehmen regelmäßig zwischen 10 und 20 Personen teil.

Die Schulung an neuen Technologien oder Organisationsstrukturen erfolgt in der Regel ohne Zeitdruck durch betriebsinterne Maßnahmen. Die Mitarbeiter erhalten die Chance, entsprechend ihrer Aufnahmefähigkeit die Fertigkeiten beherrschen zu lernen, d.h. zu üben. Vielfach kommen dabei Vorschläge von Mitarbeitern oder der Gruppe. In diesen Fällen wird im allgemeinen eine rasche Verbesserung erreicht.

Sollte jedoch das betriebsinterne Lösungswissen nicht ausreichen, versuchen wir durch externe Partner ein Thema zu moderieren. Wenn wir auf diese Weise manchmal laienhaft an ein Thema herangehen, da uns das Handwerkszeug zum Teil fehlt, so schätzen wir die Lösung aus eigener Kraft. Um wieviel größer wäre unser Lernerfolg, wenn das Handwerkszeug allen Beteiligten von vornherein zur Verfügung stehen würde? Dazu aber später mehr.

Aus der Bereitschaft, Fähigkeiten zu erwerben entspringt oft der Wunsch mehr Verantwortung zu übernehmen und damit Anerkennung zu finden. Diesem Wunsch versuchen wir durch vertikalen oder horizontalen Aufstieg gerecht zu werden. Der vertikale Aufstieg bedeutet die Übernahme von Führungsverantwortung. Dies ist der übliche Weg, jedoch nicht ausreichend, da er nur wenigen vorbehalten und in nicht wachsenden Unternehmen sehr langwierig ist. Aus diesem Grunde haben wir den Prozeßverantwortlichen eingeführt. Die Aufgabe dieses Mitarbeiters ist es, einen für das Unternehmen wichtigen neuen oder mangelhaften alten Prozeß, ob organisatorisch oder technologisch zu einem beherrschten Prozeß zu machen. Hierbei wird abteilungsübergreifend zusammengearbeitet. Es gilt, Verfahrensabläufe und Investitionen zu organisieren und festzulegen, sowie deren Wirtschaftlichkeit für das Unternehmen sicherzustellen. Die Aufgaben können meistens nur durch kleine Arbeitsgruppen gelöst werden. Ziel ist es, das fehlende Wissen allen Betroffenen zugänglich zu machen und damit später selbst gestaltend umgehen zu können. Die Prozeßverantwortlichen haben einen im allgemeinen zeitlich begrenzten Auftrag, da keine neuen Hierarchien aufgebaut werden sollen. Die Prozeßverantwortlichen sind Facharbeiter oder technische Angestellte ohne Personalverantwortung. Zum Beispiel wurde die Einführung des autonomen Transportsystems einem Facharbeiter übertragen. Dieser Facharbeiter hat sich innerhalb eines Jahres neue Erkenntnisse aneignen und viele kleine Probleme lösen müssen, um den reibungslosen Ablauf zu sichern. Welches positive Erlebnis diese erfolgreiche Einführung für ihn und seine Kollegen hat, muß nicht näher erläutert werden.

Als integratives Mittel der Personalpolitik betrachten wir unsere Informationsrunde (Abb.8).

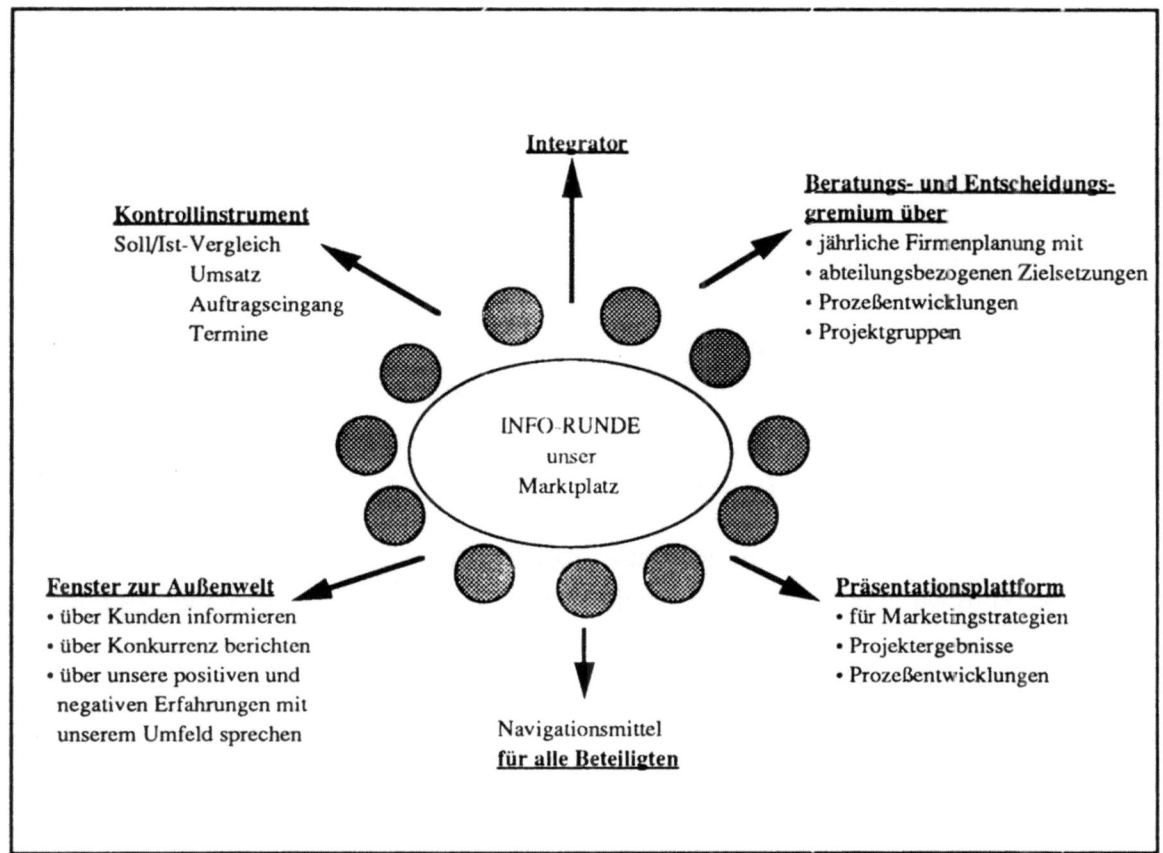

Abb.8   Derzeitige Funktionen der wöchentlichen Informationsrunde

Sie findet freitags statt, dauert 90 Minuten und es nehmen ca. 15 Personen, im wesentlichen Mitarbeiter mit Personalverantwortung sowie der Vorsitzende des Betriebsrates teil. Die Idee wurde vor etwa 4 1/2 Jahren geboren. Der Inhalt und der Verlauf dieser Gesprächsrunde hat sich zwischenzeitlich stark gewandelt. Ursprünglich standen Terminfragen im Vordergrund. Es dauerte sehr lange und war sehr mühselig, den Begriff "kundenorientiert arbeiten" allen Unternehmensbereichen einzuprägen. Zwar fand der Begriff sofort Zustimmung, aber die Umsetzung in eigenes konkretes Handeln konnte nur durch die ständigen bereichsübergreifenden Gespräche innerhalb der Informationsrunde verwirklicht werden. Selbst heute begleitet uns dieses Thema weiter. Entscheidend für den Erfolg dieser Informationsrunde war das gegenseitige offene Gespräch, die Hilfe untereinander, das Bewußtsein gegenseitiger Abhängigkeit und Geduld, um die Unternehmensgrundsätze zur Maxime eingenen Handelns werden zu lassen. Wir sind uns dabei alle bewußt, daß wir uns auf einem nie endenden Weg befinden und jedes erreichte Optimum nur vorübergehender Natur ist.

Heute können die Funktionen der Info-Runde - der Name hat sich eingebürgert, auch wenn er dem Wesen dieser Zusammentreffen nicht mehr gerecht wird - wie folgt dargestellt werden.

Die Regeln dieser Runde sind unter anderem:

- abwechselnde Leitung,
- keine Redezeitbeschränkung,
- jeder wird gefragt,
- keine Personifizierung von Problemen,
- auf Folgen von Problemen hinweisen,
- negative und positive Erfahrungen austauschen.

Es ist und war für alle Teilnehmer dabei notwendig, Geduld zu zeigen. Und es wurde uns klar, daß Menschen keine Maschinen sind, die umprogrammiert werden können und erkannten trotz bestem Willen aller Beteiligten, daß es noch schwieriger ist, ein Organisationsverhalten zu ändern. Hier sollte nicht in Monaten sondern in Jahren gedacht werden. Eine langfristig orientierte Personalpolitik, aufbauend auf Vertrauen und gegenseitiger Achtung ist hierbei zwingend notwendig.

5. Besondere Defizite auf dem Wege zur fraktalen Fabrik und einige Lösungsansätze

Bei allem persönlichen Einsatz der Mitarbeiter zeigen sich dennoch Defizite, die grundsätzlicher Natur sind und meines Erachtens aus unserem Ausbildungs- und Schulsystem hervorgehen. Diese Wissens- und Erfahrungsdefizite liegen in den Bereichen (Abb.9).

- Kooperatives Führungswissen
- Systemwissen
- Selbstorganisation
- Soziale Kompetenz
- Das Lernen lernen (altersbedingte Lernmethoden)

Abb.9　　Grundlegende Wissens- und Erfahrungsdefizite

Wenn wir unsere Organisationen lernfähiger und damit überlebensfähiger machen wollen, muß diese Lücke geschlossen werden. Es ist nicht mehr damit getan, daß die sogenannte Führungsmannschaft über solche Fähigkeiten verfügt, sondern möglichst viele Mitarbeiter. Die Idee der fraktalen Fabrik würde sonst scheitern, weil ihr die Partner fehlten. Die derzeitigen Lehrpläne für Facharbeiter und akademischen Nachwuchs berücksichtigen diese Anforderungen nicht. Es reicht meines Erachtens auch nicht aus, solche Qualifikationen erst oder allein im Berufsleben zu erwerben. Handelt es sich doch zum Teil um persönlichkeitsbildende Verhaltensweisen, die möglichst frühzeitig geschult werden müssen.

Andererseits gehört die Aneignung von neuem Fachwissen bzw. dessen ständige Verbesserung in jedem Fall in den Bereich der beruflichen Weiterbildung. Investitionen in diesem Bereich sind genauso wichtig wie Investitionen in Maschinen. Leider fehlen uns dafür die geeigneten Investitionsrechnungsmethoden.

Wer mit mittelständischen Unternehmen über diese Defizite spricht, findet sehr schnell Zustimmung. Wenn es jedoch konkreter wird, werden die Gespräche zäher. Als Gründe hierzu können genannt werden:

- fehlendes Personal zur Personalentwicklung,
- fehlende Einrichtungen,
- fehlende Lehrpläne,
- fehlende Kosten-Nutzen-Analysen.

Gerade die Kostenfrage schafft Unsicherheit. Der Nutzen ist nicht immer klar erkenn- und darstellbar. Mit den Kosten unserer aktuellen Seminarlandschaft lassen sich Langzeitvorhaben nicht rechnen. Ebenso ist zu fragen, welche Langzeitmaßnahmen ausschließlich von den Unternehmen und der Gesellschaft eingebunden werden müssen. Hier fehlen konkrete Modelle für die mittelständische Industrie, die auch in enger Zusammenarbeit mit Firmen entwickelt und auf ihre Tauglichkeit ausprobiert werden.

Aus einem Unternehmerkreis der Main-Tauber-Region, der sich seit Jahren mit dem Thema berufliche Weiterbildung und Bewältigung der Wissenslücke beschäftigt, wurden folgende Ideen erarbeitet und zum Teil umgesetzt:

- Mitarbeiter schulen Mitarbeiter,
- Unternehmen lernen von Unternehmen,
- Unternehmer orientieren sich gemeinsam,

- Unternehmen teilen sich Spezialisten,
- Zwischenbetriebliches Trainingsprogramm.

Im Vergleich zur gestellten Aufgabe ist dies ein sehr kleiner Schritt.

6. Der Mitarbeiter in der fraktalen Fabrik
   Ein Projektvorschlag

Wie wir gesehen haben, fehlen noch viele Voraussetzungen für den Mitarbeiter der fraktalen Fabrik. Die größten Defizite scheinen für den Facharbeiter vorzuliegen. Die Kluft zwischen der hohen Verantwortung für kapitalintensive Produktionsanlagen einerseits und dem Ausbildungsstand andererseits nimmt zu. Das soziale Image des noch vor 30 Jahren hochangesehenen Berufs ist im Schwinden (Abb.10).

- Facharbeiterabschlüsse sind 1992 gegenüber 1991 um 200.000 zurückgegangen

- 150.000 Stellen an qualifizierten Facharbeitern wurden 1992 nicht besetzt

Abb.10   Facharbeiter in der Sackgasse

Die Zahl der Kopfarbeiter nimmt zu, die Zahl der Facharbeiter nimmt ab. Dies muß an sich noch nicht falsch sein, wenn wir aber damit zu viele Mundwerker und zu wenige Handwerker bekommen, macht es keinen Sinn mit "hervorragenden Akademikern tolle Entwicklungen zu tätigen, nachher aber niemanden zu haben, der die heeren Gedanken als Facharbeiter in die Praxis umsetzt" (Gerd MOELLER, Vorsitzender der Moeller-Stiftung-Holding).

Wie an den Ausbildungszahlen ersichtlich (Abb.11), ist der Trend zur akademischen Bildung ungebrochen.

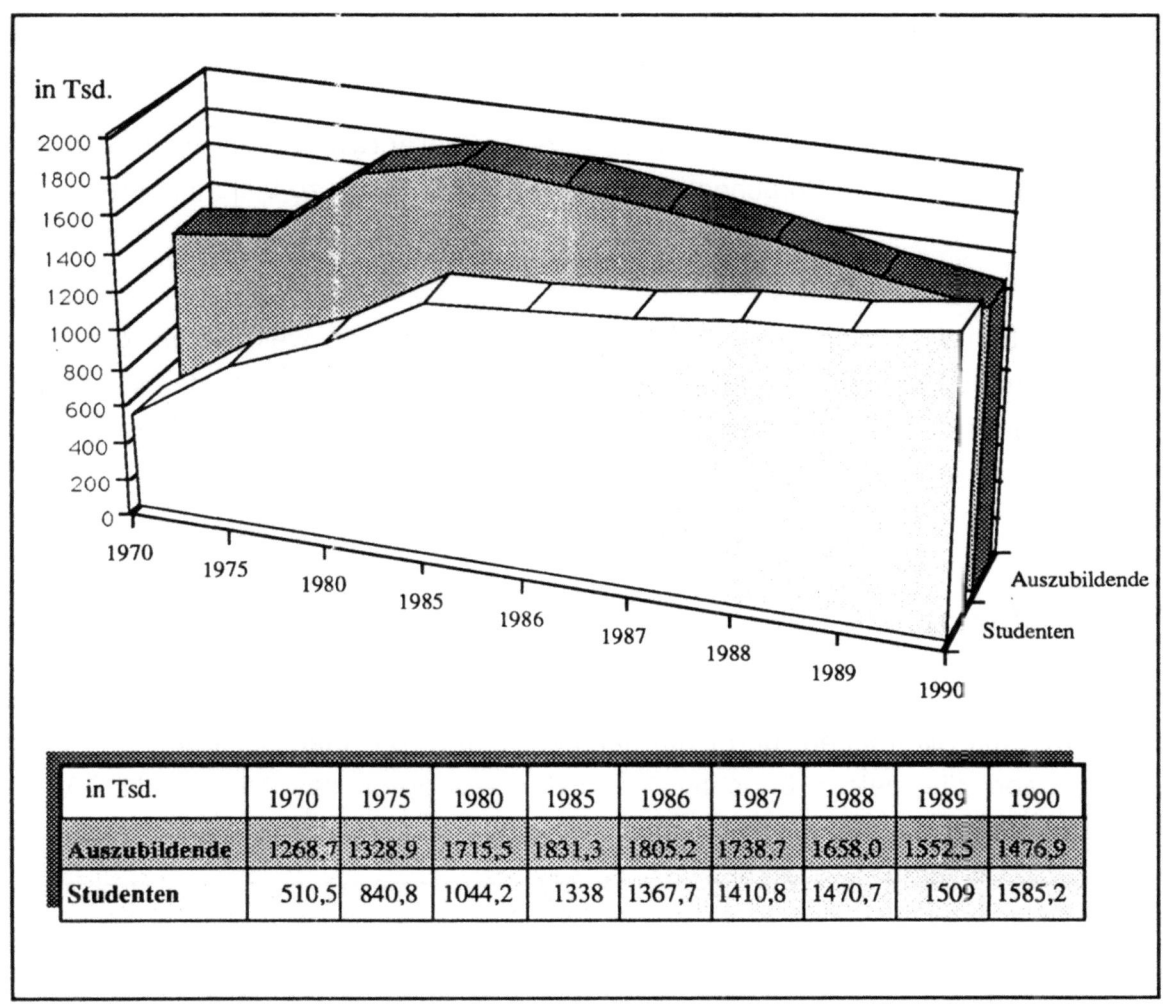

Abb.11   Entwicklung der Studenten- und Auszubildendenzahlen
Quelle: Grund- und Strukturdaten 1991/92

Für die berufliche Ausbildung ist dies der "Königsweg".

Wie groß der Druck auf die Facharbeiter geworden ist, zeigt unter anderem, daß der Herzinfarkt als typische Manager-Krankheit der frühen Jahre unserer Republik eine Krankheit geworden ist, von der mehr und mehr Facharbeiter betroffen sind und immer weniger Manager. Hier rächt sich die Überforderung durch mangelndes Wissen und Handlungsspielräume. Gerade die Besten eines Ausbildungsjahrganges (schätzungsweise 30 %) sehen ihre berufliche Chance nicht mehr im erlernten Beruf. Hier sehen wir eine Möglichkeit, einerseits eine bedenkliche, wenn nicht sogar verhängnisvolle Entwicklung zu unterbrechen und andererseits einen Mitarbeiter der fraktalen Fabrik heranzubilden, mit höherem sozialen Image, besserem Einkommen und den Fähigkeiten, die für die Verwirklichung der fraktalen Fabrik notwendig sind. Das schwächste Glied gilt es zu stärken.

Wir fordern das neue Berufsbild des Prozeßverantwortlichen bzw. Diplom-Methodiker oder, um im Sprachgebrauch der fraktalen Fabrik zu bleiben, den

Diplom-Navigator.

Hierzu haben wir schon ein erstes Konzept ausgearbeitet, welches wir gerne im Rahmen eines Projektes unter Beteiligung von 3 bis 5 Firmen, unter der Mitwirkung des IPA oder des Wirtschaftsministeriums, umsetzen würden, damit aus unserer Wissenslücke eine Wissensmacht wird.

7. Schlußwort

Während der Entstehungszeit dieses Vortrages durfte ich manches aufschlußreiche Gespräch mit Mitarbeitern und Unternehmen führen. Die Idee der fraktalen Fabrik zeigte dabei die gleiche Leuchtkraft wie der Ausspruch des Antoine de SAINT-EXUPERY (Abb.12).

> "Wenn Du ein Schiff bauen willst,
>
> so trommle nicht Männer zusammen,
>
> um Holz zu beschaffen, Aufgaben zu vergeben
>
> und die Arbeit einzuteilen, sondern lehre
>
> die Männer die Sehnsucht nach dem
>
> weiten, endlosen Meer."

Abb.12   Antoine de Saint-Exupéry

Ich danke Ihnen für Ihre Aufmerksamkeit.

Literatur

Warnecke, H.J.: Die fraktale Fabrik, Springer Verlag 1992

Schaumann, F.: Gleichwertigkeit von Berufs- und Allgemeinbildung - Zukunftschancen der beruflichen Bildung. In BWP 22/1993/1

o.V., Weiterbildung sichert Zukunft, Schriftenreihe des Zentralverbandes des Deutschen Handwerks, Heft 41

o.V., Von einer Akademiker Schwemme kann keine Rede sein, VDI Nachrichten Nr.19, 02.04.1993

Flöhl, R., Krank durch soziale Krisen, FAZ 11.07.1991

Der Bundesminister für Bildung und Wissenschaft: Grund- und Strukturdaten 1991/92.

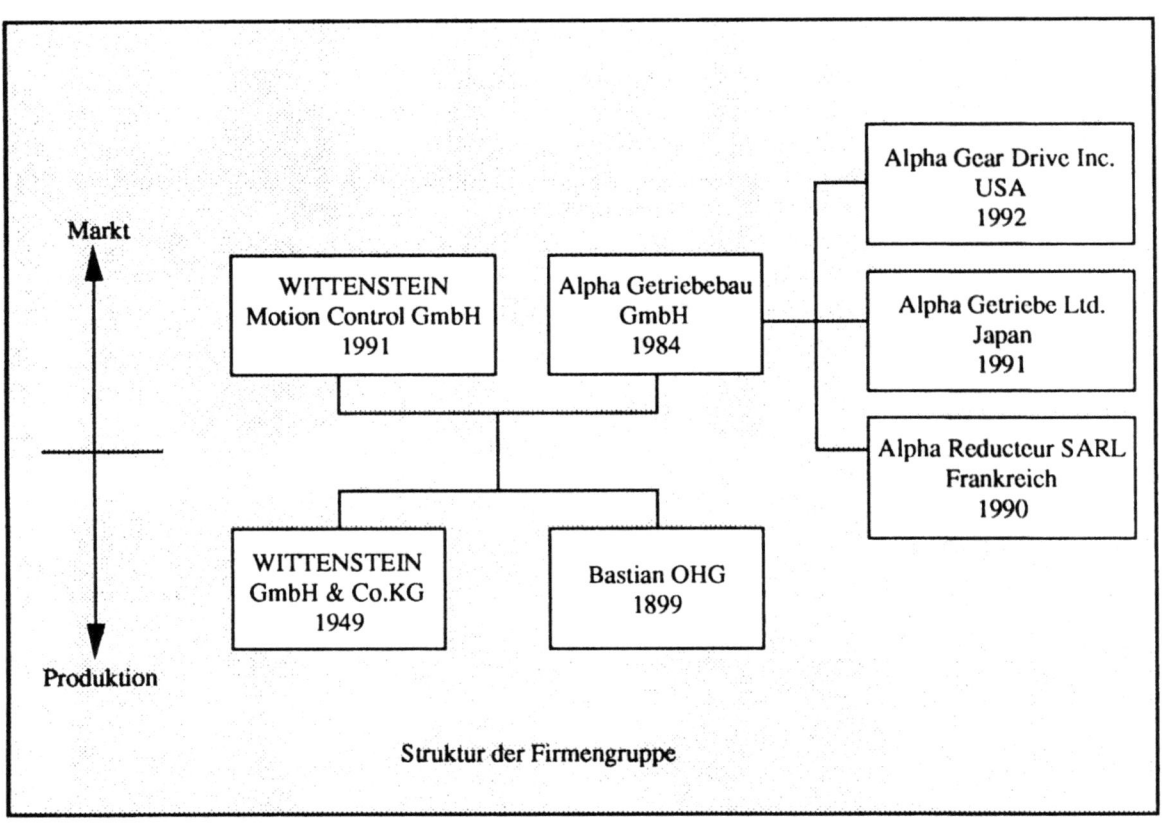

- Aufbau von Konstruktions- und Vertriebsabteilungen
- Expansion der Produktion
- Einführung neuer Fertigungstechnologien mit CNC und DNC
- Aufbau der mittleren Datentechnik mit VT, PPS, EK etc.
- Realisierung einer CIM-Konzeption mit CAD, PZS, BDE und Feinplanungssystem
- Erweiterung des Produktprogramms
- Entwicklung und Einführung eines autonomen Flurtransportsystems
- Integration neuer Mitarbeiter

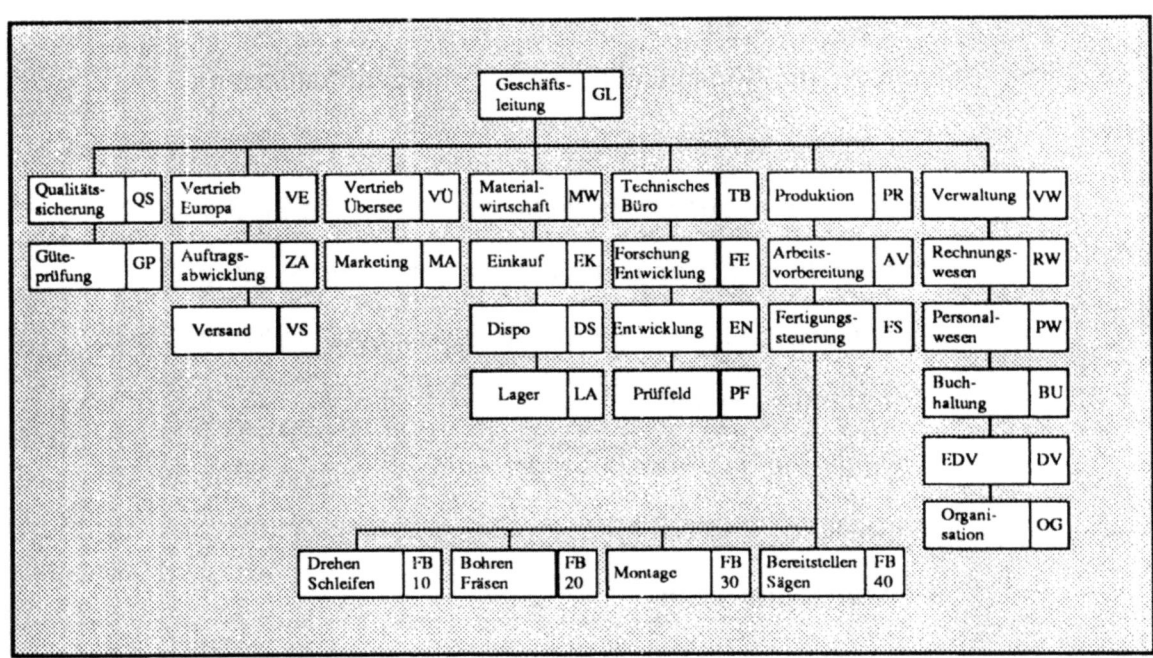

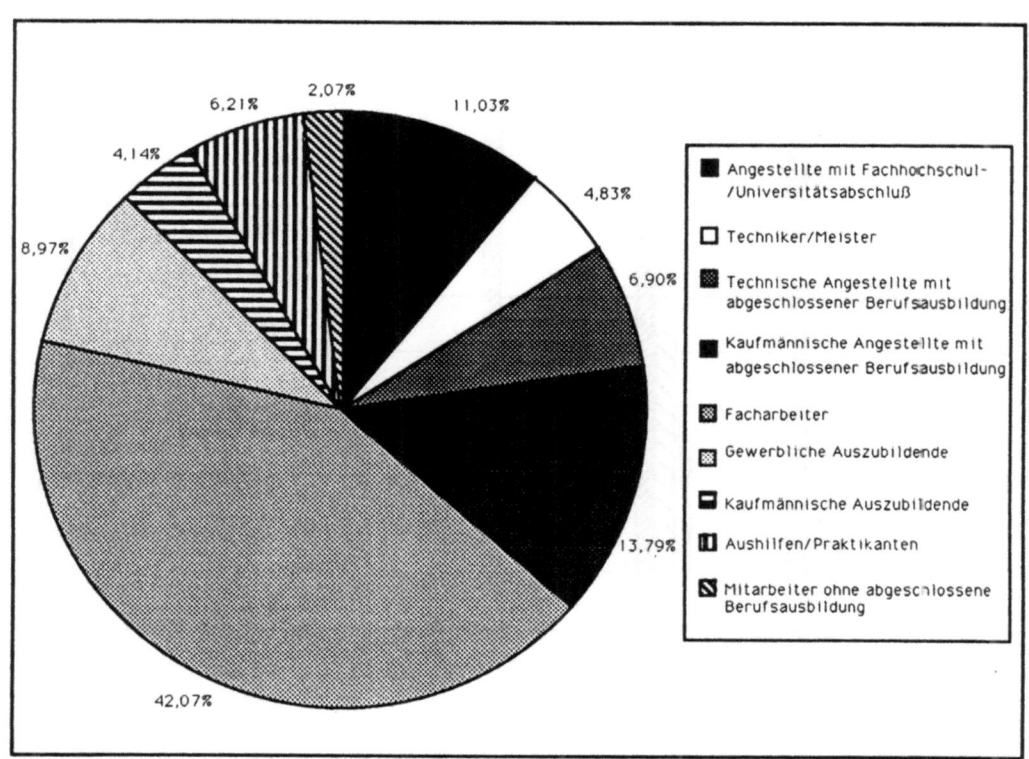

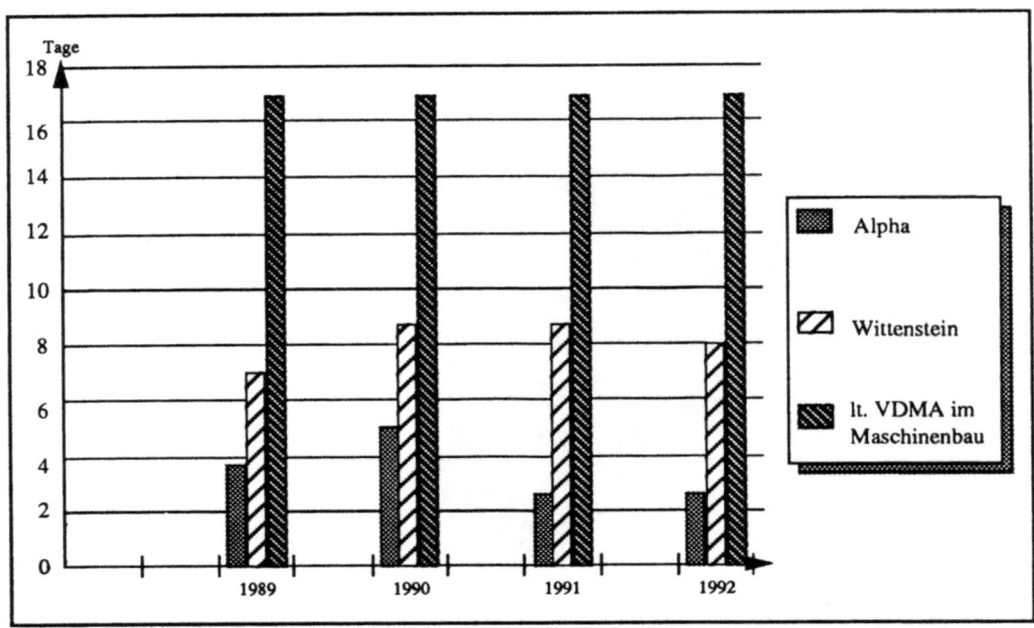

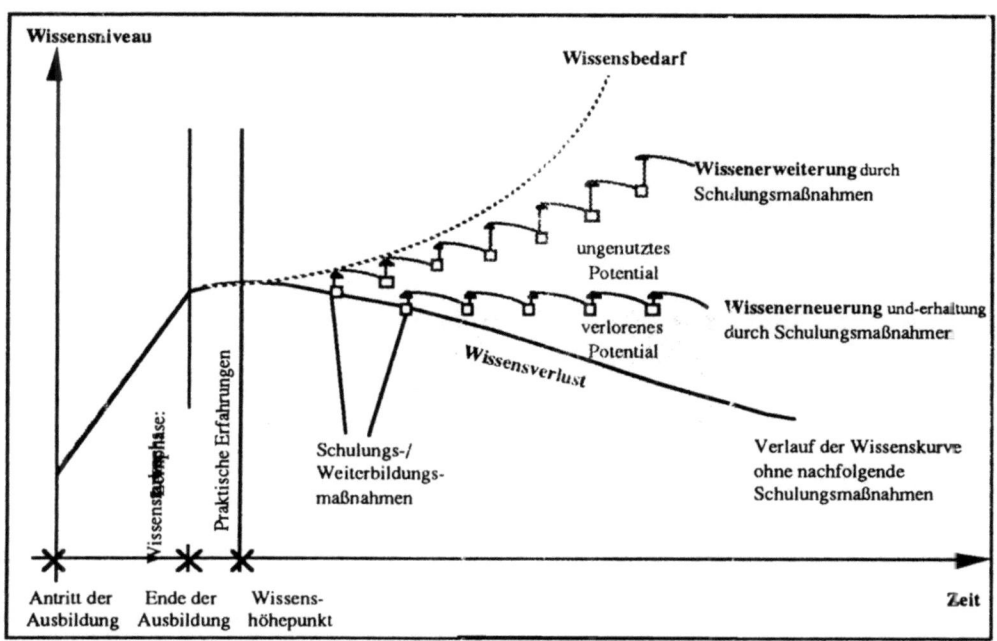

- Akzeptanz und Klima schaffen
- Fähigkeiten erwerben und verbessern
- Verantwortung übernehmen und Ehrgeiz befriedigen
- Standort und Ziele bestimmen

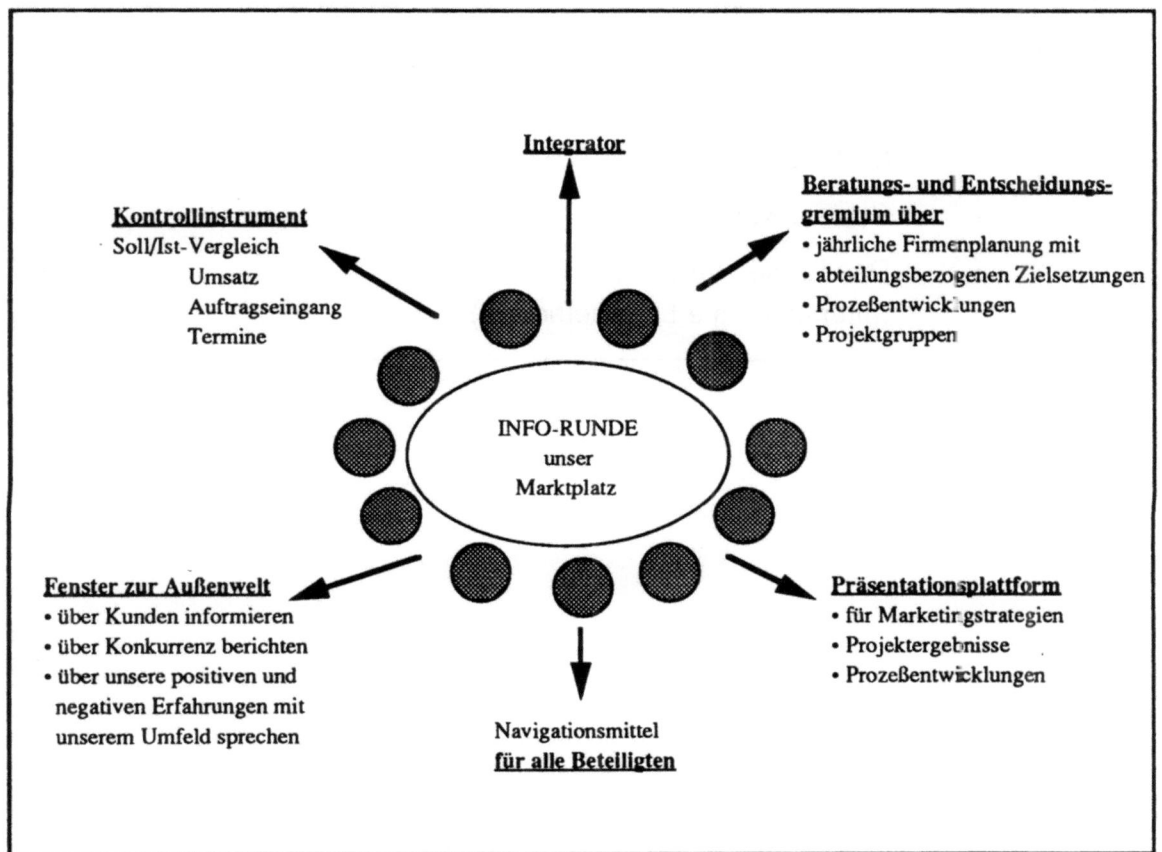

- Kooperatives Führungswissen
- Systemwissen
- Selbstorganisation
- Soziale Kompetenz
- Das Lernen lernen
  (altersbedingte Lernmethoden)

- Facharbeiterabschlüsse
sind 1992 um 200.000 zurückgegangen
gegenüber 1991

- 150.000 Stellen an qualifizierten
Facharbeitern wurdern 1992
nicht besetzt

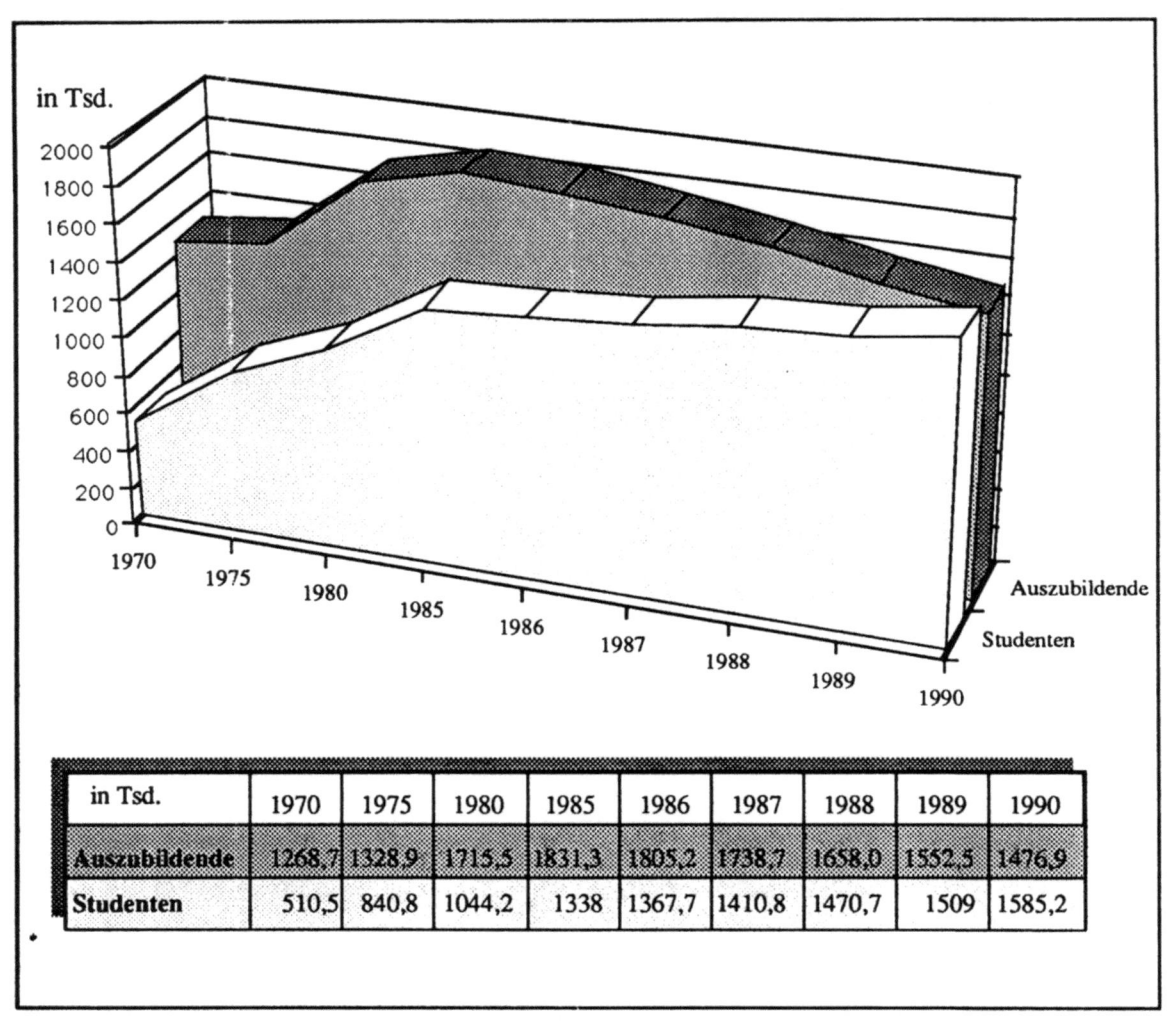

in Tsd.	1970	1975	1980	1985	1986	1987	1988	1989	1990
Auszubildende	1268,7	1328,9	1715,5	1831,3	1805,2	1738,7	1658,0	1552,5	1476,9
Studenten	510,5	840,8	1044,2	1338	1367,7	1410,8	1470,7	1509	1585,2

"Wenn Du ein Schiff bauen willst,

so trommle nicht Männer zusammen,

um Holz zu beschaffen, Aufgaben zu vergeben

und die Arbeit einzuteilen, sondern lehre

die Männer die Sehnsucht nach dem

weiten, endlosen Meer."

24. IPA-Arbeitstagung
Weg zur Fraktalen Fabrik

Navigation für die „Fraktale Fabrik" – Neuausrichtung des Controllings

P. Horváth

Navigation für die Fraktale Fabrik
- Neuausrichtung des Controlling -

0. **Zusammenfassung**

1. **Neuanforderungen an den Controller als Navigator in der Fraktalen Fabrik**

2. **Flexibilität und Schlankheit in der Organisation**
   - 2.1 Statt Kostenstellen Prozesse
   - 2.2 Selbststeuerung statt Fremdkontrolle
   - 2.3 Markt- und serviceorientierte Einheiten statt starren und komplexen Strukturen

3. **Steuerung im magischen Dreieck Zeit, Qualität, Kosten**
   - 3.1 Kundenfokussierung mit Target Costing und Total Quality Management
   - 3.2 Konkurrenz im Auge mit Benchmarking
   - 3.3 Reaktionszeit gewinnen mit Time Based Management
   - 3.4 Wirtschaftlichkeit sichern mit Prozeßkostenrechnung
   - 3.5 Steuerungssprache ohne Übersetzung: Nicht-monetäre Kennzahlen

4. **Die neue Instrumententafel des Navigators**

Literaturhinweise

Zusammenfassung

Neuartige Führungs- und Organisationskonzepte wie die fraktale Fabrik erfordern eine Neuausrichtung der betriebswirtschaftlichen Steuerungssysteme. Veränderte personelle und informationelle Strukturen beeinflussen die Art und Menge der wirtschaftlichen Steuerungsinformationen. Die Rolle des Controllers als Navigator wandelt sich somit einerseits selbst, andererseits fördert und unterstützt der Controller den Wandel.

Das Informationsbedürfnis über wirtschaftliche Sachverhalte war bisher allein durch das Management definiert. Entsprechend wurden durch diese Anforderungen auch die Datenkategorien und Dateninhalte bestimmt. Diese leiteten sich aus stark verdichteten, monetären Größen ab, die das gesamte Unternehmen darstellten.

Hieraus ergeben sich mehrere **Probleme** für die Steuerung dezentraler Einheiten:

- vertikal heruntergebrochene Informationen (durch funktionale Organisation bestimmt), die auf unteren Ebenen die horizontale Dimension (Prozesse) und somit Koordinationsmöglichkeiten vermissen ließen,
- mangelnde Konkurrenz- und Wettbewerbsorientierung solchermaßen nach funktionalen Kriterien gebildeter und intern ausgerichteter Kosteninformationen,
- ungeeignete bzw. unverständliche operative Steuerungsinformationen,
- zu starre Vorgabe der Datenkategorien sowie keine oder sehr eingeschränkte Autonomie bei Festlegung der relevanten Dateninhalte und -kategorien,
- Motivationseinbußen aufgrund der Fremdbestimmung durch das Informationssystem bzw. aufgrund vorherrschender Fremdkontrolle,
- Entwicklung zweier Informationssysteme (zum einen mit eher technisch orientierten Daten, zum anderen mit den betriebswirtschaftlichen Daten) mit der Gefahr von Inkompatibilität und Redundanzen.

Insgesamt ergaben sich damit äußerst komplexe und starre Strukturen, die zwangsläufig jede Adaption an den stetigen und permanenten Wandel verhindern. Die Dimensionen der Wirtschaftlichkeit wurden auf eine fast ausschließliche Betrachtung der Kosten beschränkt. Zeit- und Qualitätsaspekte fehlen.

Mit der Entwicklung zur fraktalen Fabrik ergeben sich folgende **Veränderungen**, die schwerpunktmäßig die Neuausrichtung des Controlling bedingen:

- Fraktale besitzen Autonomie und einen höheren Grad der Selbstorganisation,
- horizontale Organisations- sowie Informations- und Kommunikationsbeziehungen herrschen vor,
- die Selbstähnlichkeit der Fraktale wird als Perspektive für deren Ausrichtung an dem Unternehmenszielsystem gesehen.

Diese Merkmale der fraktalen Fabrik sowie die oben genannten Mängel traditioneller Organisationskonzepte und -strukturen bedingen drei zentrale **Anforderungen** an eine neuartige und den Fraktalen gerecht werdende Steuerungskonzeption:

- Fokussierung auf die Kundenwünsche,
- Schaffung selbststeuernder und -abrechnender dezentraler Einheiten,
- mehrdimensionale, prozeßorientierte Steuerung im magischen Dreieck von Zeit, Qualität und Kosten.

Folgende **Instrumente** des Controlling sind dabei einzusetzen:

- Target Costing für eine bewußte Kundenfokussierung,
- Benchmarking für die permanente Orientierung an der Konkurrenz und zur Schaffung leistungsfähiger Geschäftsprozesse,
- Time-based management und entsprechende Kennzahlen zur Gewinnung von Reaktionszeit,
- Prozeßkostenrechnung zur Sicherung der Wirtschaftlichkeit in indirekten Bereichen,
- nicht-finanzielle Kennzahlen als Garant für eine für alle leicht verständliche Steuerungssprache.

Aus diesen Ansätzen ergibt sich eine neue **Instrumententafel des Controllers**. Auch sind für die **Konzeption** des Controlling neue "Spielregeln" zu formulieren.

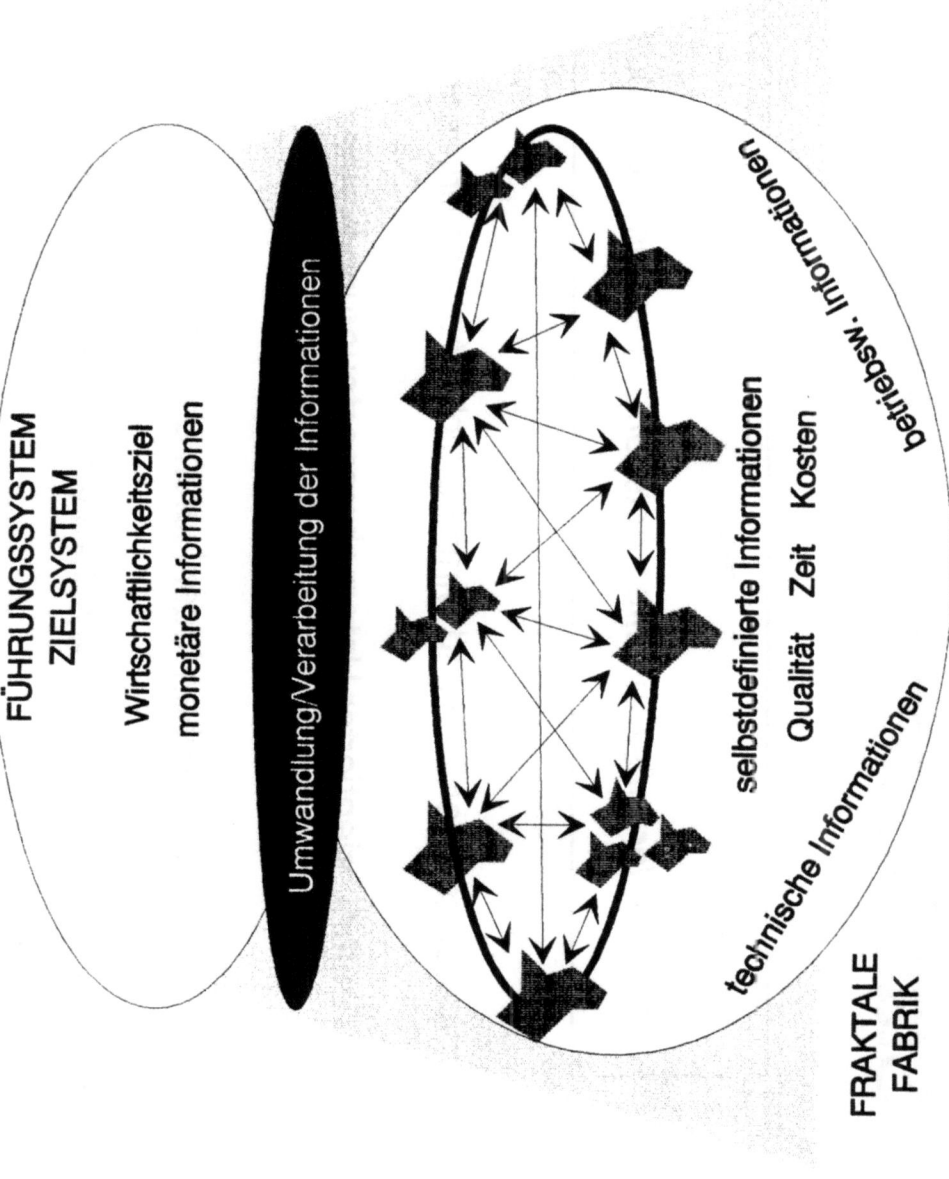

Statt Kostenstellen PROZESSE

ZIEL:

"Controller müssen helfen Abteilungsgrenzen überwinden"

- Einsparungspotentiale und wirtschaftliche Abläufe erkennen

- Statt aufbauorientierter Unternehmenssteuerung besser ablauforientierte Steuerung anhand von Prozessen

- Hilft Feinbilder zwischen Ingenieuren und Kaufleuten abzuschaffen

- Hilft Konkurrenzdenken zwischen einzelnen Funktionsbereichen überbrücken

- Statt Controlling des "kontrollierenden Nachrechnens" ist ein effizientes und marktorientiertes Kostenmanagement über die Funktionsbereiche hinweg sicherzustellen

Prof. Dr. P. Horváth   Betriebswirtschaftliches Institut   Universität Stuttgart
Lehrstuhl Controlling

Selbststeuerung statt Fremdkontrolle

ZIEL:

"Kontinuierliche Effizienzsteigerung aller Prozeßbeteiligter am Ort des Geschehens"

- Information darf nicht "Herrschaftswissen" sein

- Wichtige Strategieinformationen an alle Mitarbeiter weitergeben

- Horizontale und vertikale Informationstransparenz schaffen

- Funktionsbereichsmitarbeiter werden mittelfristig die Funktionsbereichscontroller ersetzen und sich anhand einfacher, originärer Kennzahlen selbst steuern

- Controller werden verstärkt "Trainer" und Prozeßgestalter

Prof. Dr. P. Horváth — Betriebswirtschaftliches Institut, Lehrstuhl Controlling — Universität Stuttgart

Markt- und serviceorientierte Einheiten statt starren und komplexen Strukturen

ZIEL:

"Kunde im Mittelpunkt"

- Kundenwünsche bzgl. Zuverlässigkeit, Qualität und Produktfunktionen kontinuierlich ermitteln, sie konsequent in allen Unternehmensbereichen verinnerlichen und stets unmittelbar reagieren

- Marktnahe, dezentrale und selbsteuernde Unternehmenseinheiten forcieren

- Optimieren der gesamten unternehmensübergreifenden Wertschöpfungskette zum Wohle aller Beteiligten (Zulieferer, eigenes Unternehmen, Kunden)

- Controlling hilft beim Identifizieren der unternehmensübergreifenden Prozeßketten und den jeweilgen Kostentreibern

Prof. Dr. P. Horváth Betriebswirtschaftliches Institut Universität Stuttgart
Lehrstuhl Controlling

Kundenfokussierung

durch

Target Costing   Total Quality Management

- Zielkosten eines Produktes

- Integration der Produktmerkmalsanforderungen

- Kostenplanung der "frühen Phase"

- Alle am Wertschöpfungsprozeß Beteiligte wirken mit

- Kundenzufriedenheit durch Qualität

- Durchzieht alle Unternehmensbereiche

- Qualitätsverantwortung aller Mitarbeiter

- Abteilungs- und unternehmensübergreifende Zusammenarbeit

- "Never-Ending Improvement"

Prof. Dr. P. Horváth   Betriebswirtschaftliches Institut   Universität Stuttgart
Lehrstuhl Controlling

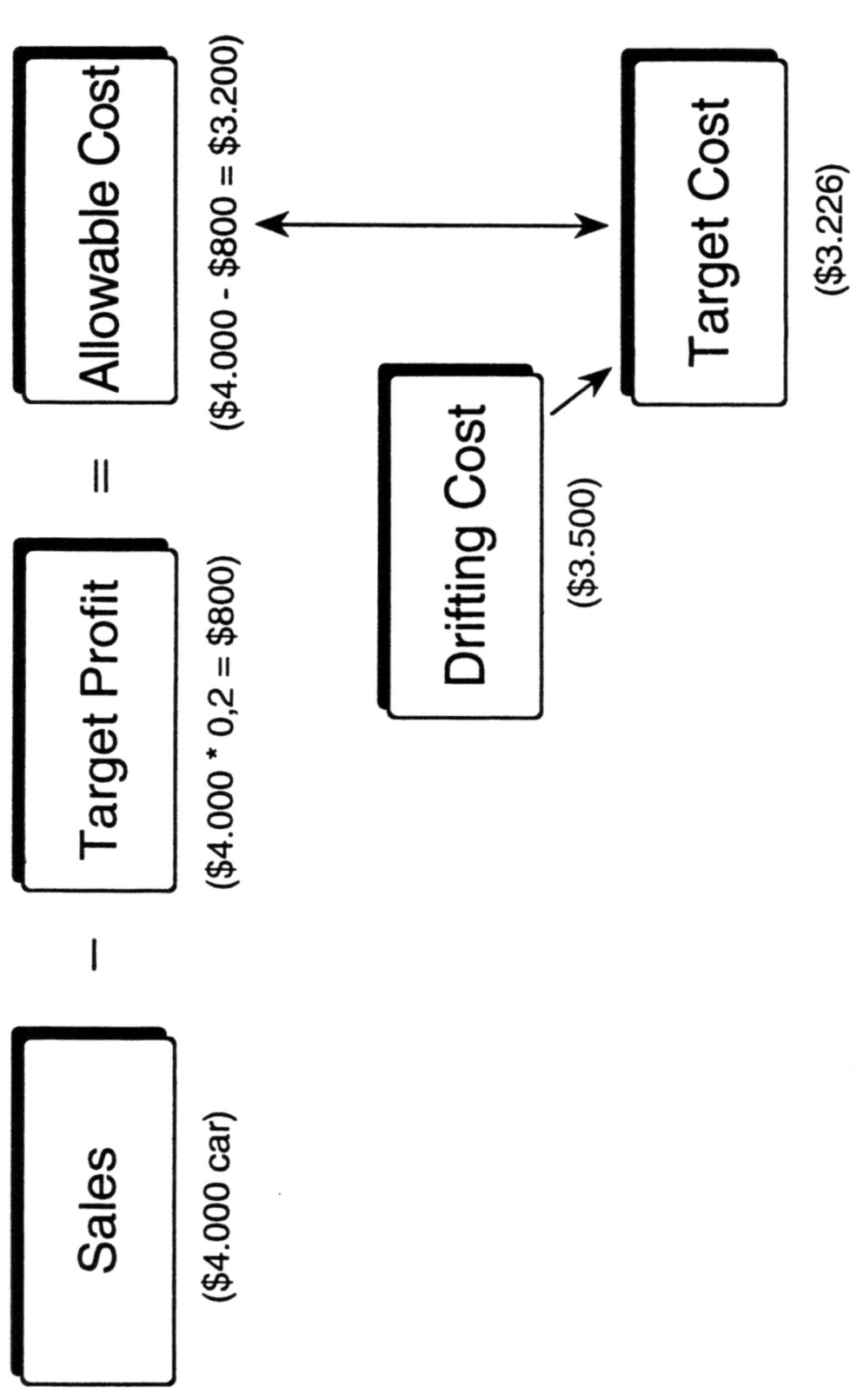

Sakurai, Michiharu: Target Costing and How to Use it, in: Journal of Cost Management, 3 (1989) Summer, S. 39-50

Konkurrenz im Auge mit Benchmarking

- Unternehmensübergreifende Vergleiche von Produkten, Dienstleistungen, Prozessen und Methoden

- Orientierungen am "Klassenbesten" in der eigenen oder in einer anderen Branche

- Kontinuierliche Vergleiche anstreben

- Ziel: Mit einem "close the gap"-Programm zum "BESTEN DER BESTEN" avancieren

Prof. Dr. P. Horváth Betriebswirtschaftliches Institut Universität Stuttgart
Lehrstuhl Controlling

Reaktionszeit gewinnen

mit

Time Based Management

- Zeitdauer der Abläufe steuern

- Schnelles, marktnahes Reagieren fördern

- Durchlaufzeiten der gesamten Prozeßkette minimieren

- Strukturen und Abläufe im Unternehmen und zu Kunden und Lieferanten hinterfragen

- Controlling muß Zeitmoment in Berichterstattung integrieren um Fortschritte zu dokumentieren und Ziele zu setzen

Prof. Dr. P. Horváth Betriebswirtschaftliches Institut Universität Stuttgart
Lehrstuhl Controlling

Wirtschaftlichkeit sichern

mit

Prozeßkostenrechnung

- Gemeinkostenbereiche kostenmäßig transparent und damit steuerbar machen

- Abteilungsübergreifende Prozesse (Hauptprozesse) und deren Einflußgrößen (Cost Driver) zu identifizieren und kostenmäßig zu bewerten

- Teilprozesse in einzelnen Kostenstellen und Abteilungen zu analysieren und zu Hauptprozessen zusammenzubinden

- Ineffizienzen aufzudecken, Einsparungspotentiale zu finden, Maßnahmen zu definieren, besser zu kalkulieren, strategische Entscheidungen zu unterstützen

Prof. Dr. P. Horváth   Betriebswirtschaftliches Institut
                      Lehrstuhl Controlling   Universität Stuttgart

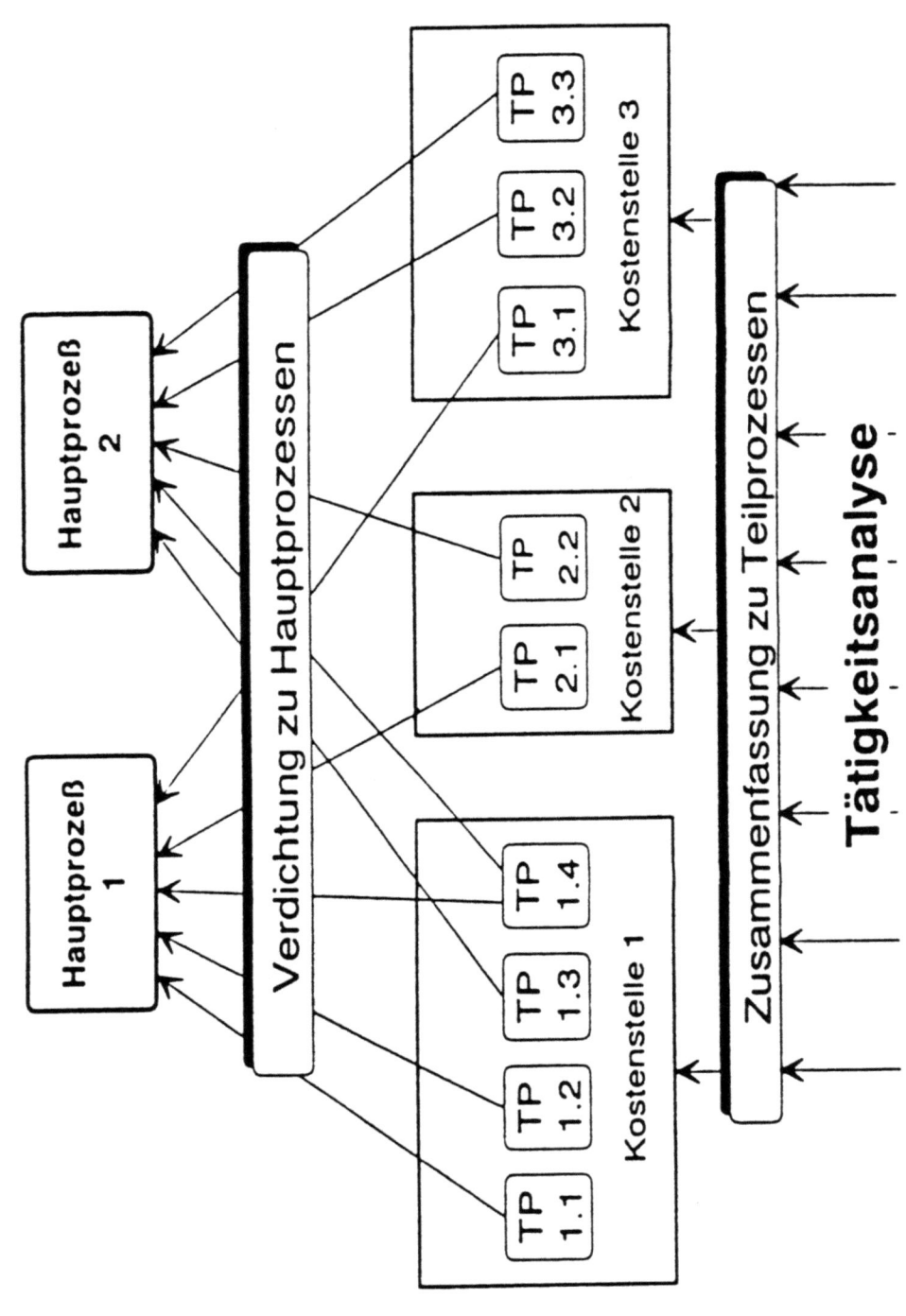

Mayer, R.: Die Prozeßkostenrechnung als Instrument des Schnittstellenmanagements, in: Horváth, P. (Hrsg.), Synergien durch Schnittstellencontrolling, Stuttgart 1991, S. 218

Prof. Dr. P. Horváth Betriebswirtschaftliches Institut Universität Stuttgart
Lehrstuhl Controlling

Steuerungssprache ohne Übersetzung

mit

Nicht-monetären Kennzahlen

- Statt Kennzahlenverdichtung einfache Steuerungsgrößen zur Selbststeuerung

- Umwandlung von operationalen in monetäre Größen bewirkt Übertragungsverluste und Interpretationsschwierigkeiten

- Fehlerursachen und daraus folgende Maßnahmen sind aus verdichteten, oft nur monetären Steuerungsgrößen nur noch schwer abzuleiten

- Kennzahleninformationstransfer auch an Maschinenbediener und Sachbearbeiter

Prof. Dr. P. Horváth   Betriebswirtschaftliches Institut   Universität Stuttgart
Lehrstuhl Controlling

Die neue Instrumententafel des Navigators

Finanzwirtschaftliche Perspektive

Ziele	Leistungsmaßstäbe
Ertragskraft	Cash Flow
	Profit vs. Ziele
Wachstum	Umsatzwachstum
Shareholder Value	Erhöhung Eigenkapitalrendite vs. Fortune 500

Kundenperspektive

Ziele	Leistungsmaßstäbe
Neuprodukte	Umsatzanteil Neupr. Umsatzanteil geschützter Produkte
Schneller Vertrieb	Lieferpünktlichkeit
Vorzugslieferant	Anteil der Verkäufe an Stammkunden
Partnerschaft zum Kunden	Umfang gemeinsamer Entwicklung

Innovations- und Wissensperspektive

Ziele	Leistungsmaßstäbe
Technologieführerschaft	Entwicklungszeit der neuen Produktgeneration
Lernprozeß in der Fertigung	Bearbeitungzeit bis zur Produktreife
Konzentration auf Kernprodukte	Anteil Produkte die 80% Umsatz bringen
Zeit bis zur Marktreife	Eigene Neuprodukteinführung vergleichen

Unternehmensinterne Perspektive

Ziele	Leistungsmaßstäbe
Technologie-Kapazität	Standard der eigenen Fertigungstechnik
Produktions-Know-How	Durchlaufzeiten Stückkosten, Ertrag
Leistungsfähige Produktentwicklung	Effizienz der Entwicklung
Einführung neuer Produkte	Geplanter vs. tatsächlicher Verlauf der Einf.

(nach Kaplan/Norton 1992)

Prof. Dr. P. Horváth Betriebswirtschaftliches Institut Universität Stuttgart
Lehrstuhl Controlling

Literaturhinweise

Horváth, P. (1992), Effektives und schlankes Controlling, Stuttgart 1992

Horváth, P., Herter, R. (1992), Benchmarking, in: Controlling 4 (1992) 1, S. 4-11

Horváth, P., Seidenschwarz,W., Sommerfeldt, H. (1993), Warum die Schildkröte gewinnt - Wettbewerbsfaktor japanisches Controlling, erscheint demnächst im Harvard Manager

Kaplan, R.S., Norton, D.P. (1992), In Search of Excellence - der Maßstab muß neu definiert werden, in: Harvard Manager (1992) 4, S. 37-46

Mayer, R. (1991), Die Prozeßkostenrechnung als Instrument des Schnittstellenmanagements, in: Horváth, P. (Hrsg.), Synergien durch Schnittstellencontrolling, Stuttgart 1991, S. 211-226

Sakurai, M. (1989), Target Costing and How to Use it, in: Journal of Cost Management 3 (1989) Summer, S. 39-50

Seidenschwarz, W. (1993), Target Costing, München 1993

Warnecke, H.J. (1992), Die Fraktale Fabrik: Revolution der Unternehmenskultur, Berlin, Heidelberg 1992

24. IPA-Arbeitstagung
Weg zur Fraktalen Fabrik

Geschäftsprozeßmanagement für „Fraktale Fabriken"

H.-J. Bullinger

1 Wirkungspotentiale von Informations- und Kommunikationstechniken

Unternehmen sehen sich in zunehmendem Ausmaß turbulenten Veränderungen ihrer Umwelt ausgesetzt und alle Anzeichen deuten darauf hin, daß diese Turbulenzen in den kommenden Jahren eher zu- als abnehmen werden. Informations- und Kommunikationssystemen wird eine wesentliche Rolle bei der Bewältigung der Komplexität der Unternehmensumwelt zugeschrieben. Obwohl Unternehmen in den letzten Jahren beachtliche Summen in die Hard- und Software neuer Informations- und Kommunikationssysteme investiert haben, ergibt sich kein eindeutiger Beleg dafür, daß die neuen Technologien die Produktivität beziehungsweise die Rentabilität entscheidend anheben konnten.

Heute setzt sich mehr und mehr die Erkenntnis durch, daß Verbesserungspotentiale neuer Informations- und Kommunikationstechniken im Rahmen traditioneller Organisationskonzepte weitgehend erschöpft sind und eine weitergehende Ausschöpfung nur in enger Verbindung mit grundsätzlicheren Veränderungen der betrieblichen Organisationsstrukturen – Aufbau- und Ablauforganisation – realisierbar ist.

Zentrales Element der weiteren Ausführungen ist die Annahme, daß der Einsatz von Informations- und Kommunikationstechniken mit grundlegenden Veränderungen der Art und Weise der betrieblichen Aufgabenerledigung einhergehen müssen. Dies gilt vor allem für die Bedeutung von Informationsverarbeitung und Kommunikation für die inner- und überbetrieblichen Koordinationsaufgaben. Dabei sind vor allem diejenigen Eigenschaften von Informations- und Kommunikationssystemen von Interesse, die die Wirtschaftlichkeit und Funktionsfähigkeit der Koordinationsprozesse beeinflussen [1] [2]:

- Soweit Information betroffen ist, verlieren räumliche Entfernungen an Bedeutung. Es ergeben sich neue Freiräume bei der Wahl des Arbeitsortes (z.B. Telearbeit, disloziierte Unternehmensstrukturen) und bei der Auswahl potentieller Geschäftspartner.
- Durch Electronic Mail-Systeme (Store-and-Forward-Prinzip) kann der Synchronisationsbedarf zwischen einzelnen Partnern – auch über unterschiedliche Zeitzonen hinweg – optimiert werden.
- Informationen aus der gesamten Organisation können in Form gemeinsamer Datenbanken („organisatorisches Gedächtnis") über die Zeit bewahrt und allen Organisationsmitgliedern bei Bedarf verfügbar gemacht werden.

- Durch Informations- und Kommunikationssysteme können mehr Informationen pro Zeiteinheit übertragen werden. Kommunikationskosten lassen sich dadurch drastisch senken.

Diese Eigenschaften neuer Informations- und Kommunikationstechniken bilden die Ausgangsbasis für die Gestaltung innovativer Unternehmensstrukturen.

2 Innovative Unternehmensstrukturen

"Ende der Arbeitsteilung", "Aufgabenintegration", "Von der Funktionsorientierung zur Prozeßorientierung", "Lean Production", "Lean Management", "Outsourcing", "Dezentralisierung", "Make or Buy" sind nur einige Bezeichnungen unter denen die Diskussionen über innovative Unternehmensstrukturen heute geführt werden.

2.1 Hierarchien versus Marktmechanismen

Ausgangspunkt der Überlegungen ist dabei häufig die Analyse von Veränderungen in den Austauschbeziehungen zwischen Unternehmensteilen und zwischen Unternehmen.
Die vorherrschende inner- und zwischenbetriebliche Arbeitsteilung setzt die Koordination des Informations-, Güter- und Dienstleistungsaustausches zwischen den einzelnen Stufen der Wertschöpfungsketten voraus. Grundsätzlich können zwei idealtypische Koordinationsformen unterschieden werden [1] [3]:

- Bei der *Koordination mittels Hierarchien* werden die Austauschbeziehungen zwischen einzelnen Stufen von Wertschöpfungsketten über festgelegte Entscheidungen geregelt, die vorab ausgehandelt worden sind. Informationssysteme rechtlich selbständiger Unternehmen werden längerfristig integriert. Andere Unternehmen können an dem Kommunikationsverbund nicht unmittelbar partizipieren.
- Bei *Marktmechanismen* erfolgt die Koordination über Angebot und Nachfrage. Verbindungen zwischen den Informationssystemen unterschiedlicher Unternehmen werden nicht längerfristig implementiert, sondern kurzfristig bei Bedarf aufgebaut.

Die Bedeutung von hierarchischen Beziehungen und Marktmechanismen für die Koordination der Austauschbeziehungen zwischen den einzelnen Stufen von Wertschöpfungsketten verschiebt sich durch den Einsatz von Informations- und Kommunikationssystemen zunehmend in Richtung von Marktmechanismen.

Die Priorisierung von Marktmechanismen wird im wesentlichen darauf zurückgeführt, daß durch die Informations- und Kommunikationstechniknutzung der Koordinationsaufwand und damit die Kosten reduziert werden können.

"Elektronische Hierarchien" werden typischerweise über leistungsfähige Festverbindungen realisiert, wohingegen "elektronische Märkte" eine gleichwertige Leistungsfähigkeit in gewählten Kommunikationsverbindungen erfordern.

Über diesen übergreifenden Trend hinaus können innovative Unternehmensstrukturen dahingegehend unterschieden werden, ob sie sich auf Struktur- und Prozeßänderungen innerhalb eines Unternehmens oder auf die Beziehungen zwischen verschiedenen Unternehmen konzentrieren [4] (siehe Bild 1).

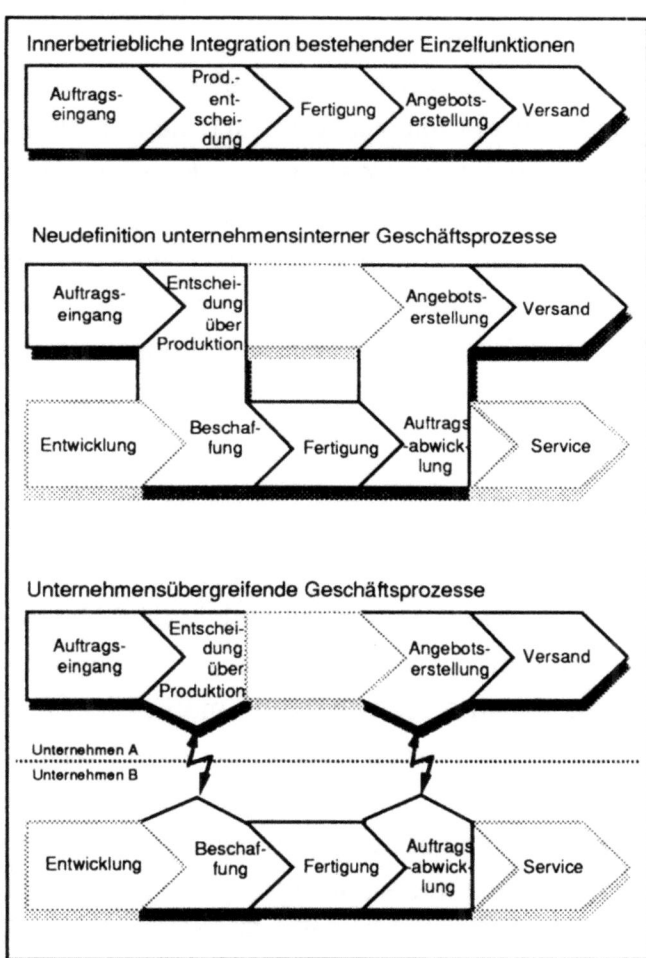

Bild 1: Geschäftsprozeßintegration

2.2 Integration innerhalb der Wertschöpfungskette eines Unternehmens

2.2.1 Integration bestehender Prozesse

Für die Realisierung unternehmensspezifischer CIB-Systeme (Computer Integrated Business Systeme) liegt ein Stufenmodell vor, dessen einzelne Integrationsstufen von „Stand-alone"-Informationssystemen über bereichsintegrierte und bereichsübergreifende Lösungen bis hin zu unternehmensweiten Informationssystemen mehr oder weniger zu durchlaufen sind [5]. Reorganisations- und Technikintegrationsanforderungen sind dabei abteilungs- und funktionsbereichsübergreifend und weisen zumindest in den beiden letzten Realisierungsstufen eine starke *Prozeßorientierung* auf.

Beispiel für eine solche Prozeßorientierung ist die Integration betrieblicher Einzelfunktionen wie Planung, Disposition, Beschaffung, Steuerung etc., die für die Auftragsabwicklung notwendig sind, in die Produktlinie.

Die prozeßorientierte Integration innerhalb der Wertschöpfungskette eines Unternehmens stellt spezifische Anforderungen an die informations- und kommunikationstechnische Unterstützung. *„Voraussetzung für die Realisierung des Geschäftsprozeßansatzes ist ein unternehmensweit organisierter Informationszugriff sowie eine entsprechende Infrastruktur zur Kommunikation auf elektronischem Weg"* [6]. Unternehmensweit organisierter Informationszugriff heißt dabei aber in der Konsequenz eine Integration heterogener Informations- und Kommunikationssssysteme aus dem Fertigungsbereich (CIM) und dem Bürobereich (Bürokommunikation).

2.2.2 Neudefinition unternehmensinterner Geschäftsprozesse

In vielen Unternehmen werden Informations- und Kommunikationstechniken zur Unterstützung bestehender Abläufe eingesetzt. Weitergehender wirtschaftlicher Nutzen entsteht aber in vielen Anwendungsfällen erst dann, wenn man sich auf die Art und Weise besinnt, wie Aufgaben einer optimaleren Lösung zugeführt werden können. Eine weitere Qualitätsstufe innerbetrieblicher Reorganisationsmaßnahmen ist somit mit der Neudefinition interner Geschäftsprozesse (Business Process Redesign) gegeben [4]. Der Einsatz von Informations- und Kommunikationssystemen beschränkt sich nicht auf die Unterstützung bestehender Geschäftsprozesse im Unternehmen, sondern dient als Basis für deren Infragestellung und Neudefinition.

2.3 Gestaltung der Beziehungen zwischen Unternehmen

Über die unternehmensinterne Prozeßintegration hinaus erhält die unternehmensübergreifende Integration von Aufgaben und Prozessen eine zunehmende Bedeutung.

2.3.1 Integration verschiedener Wertschöpfungsketten

Die Integration von Wertschöpfungsketten verschiedener Unternehmen zielt auf die Ausdehnung der Organisationsgrenzen unter Einbeziehung von Elementen anderer Organisationen. Die MIT-Studie "Corporation of the 1990s" spricht in diesem Zusammenhang von "*virtual corporations*" [4]. Informations- und kommunikationstechnische Integration wird dabei als ernstzunehmende Alternative zu strategischen Optionen der vertikalen und horizontalen Integration in der Form angesehen, daß die benötigten Kapazitäten und Leistungen durch kreative Formen des Informationsaustausches und der Kontrolle ohne wirtschaftliche Besitzübernahme realisiert werden.

Es ist zwischen unterschiedlichen Ausprägungen unternehmensübergreifender Kooperationen zu unterscheiden, die in der Reichweite der Integration variieren und auch unterschiedliche Anforderungen an die Informations- und Kommunikationstechnik stellen:

- **Transaktionsdatenaustausch**:
  Hier sind im wesentlichen die unter dem Akronym "*EDI*" (Electronic Data Interchange) diskutierten Anwendungsvarianten einzuordnen. Der Austausch strukturierter Daten zwischen den Computern autonomer Organisationseinheiten eignet sich im wesentlichen für Routineaufgaben, hohe Datenvolumina oder zeitkritische Vorgänge.
  Anforderungen an die Telekommunikation entstehen zum einen in der Forderung nach leistungsfähigen Datenkommunikationsnetzen und zum anderen nach standardisierten Austauschformaten wie sie beispielsweise im Rahmen von *EDIFACT* definiert werden.

- **Bestandsdatenaustausch**:
Durch den Austausch von Bestandsdaten (z.B. Lagerbestände, freie Kapazitäten) wird zwischen Wertschöpfungsketten unterschiedlicher Unternehmen Transparenz geschaffen. Typische Beispiele sind Just-in-Time-Konzepte oder Buchungssysteme.
Just-inTime-Konzepte verlangen die nach materialflußorientierte Kompletterstellung von Produkten und Leistungen (Übergang von der Massenfertigung zur Gruppenfertigung) [7]. Die starke Arbeitsteilung innerhalb einzelner Arbeitsgänge wird aufgehoben, was sich beispielsweise in niedrigeren Transaktionsraten innerhalb des Produktionsplanungs- und Steuerungssystems eines einzelnen Unternehmens auswirken kann. Fachleute rechnen damit, daß sich in Fertigungszellen das Transaktionsvolumen um bis zu 90 Prozent reduziert [8].
Im unternehmensübergreifenden Bereich führen Just-in-Time-Konzepte dagegen zu wesentlich anderen Anforderungen an die Telekommunikation. *"Wenn sich zum Beispiel ein Sitzhersteller entschieden hat, eine solche Verbindung ... einzugehen, ist eine minütliche Datenkommunikation absolut notwendig, weil jede Minute ein Auto vom Band läuft"* [8].

- **Wertkettensubstitution**:
Auf der Basis einer Integration von Planungs-, Kontroll- und Steuerungssystemen zwischen unterschiedlichen Unternehmen können weiterführende Überlegungen dahingehend angestellt werden, inwieweit Funktionen und Aufgaben komplett auf Marktpartner verlagert werden können. Beispiele hierfür sind die Komponentenentwicklung durch Zulieferbetriebe oder das "Outsourcing" von Datenverarbeitungsaufgaben.

- **Prozeßintegration**:
Eine qualitativ andere Form der Kooperation ist mit einer unternehmensübergreifenden Geschäftsprozeßintegration zur gemeinsamen Leistungserstellung gegeben. Stufen und Komponenten der Wertschöpfungsketten unterschiedlicher Unternehmen werden eng miteinander verwoben.

- **Austausch von Sachkenntnis**:
In sogenannten *"Knowledge Networks"* kommt es zu einem fallweisen Zusammenschluß und Austausch von Spezialfähigkeiten und -wissen unterschiedlicher Unternehmen. Hierbei handelt es sich in der Regel um komplexe Problemstellungen mit geringem Strukturierungsgrad (z.B. Produktgestaltung, Konstruktion). Um diese Aufgaben effizient und effektiv durchführen zu können bedarf es einer Erweiterung der reinen Datenkommunikation in Richtung multimedialer Kommunikation und Face-to-Face-Kommunikation [9].

Unterschiedliche Realisierungsformen für arbeitsplatz- und unternehmensübergreifende Kooperationsunterstützungssysteme werden allgemein als "*Groupware*" bezeichnet und im Rahmen der relativ neuen Disziplin "*Computer Supported Cooperative Work (CSCW)*" diskutiert [10]. Hierbei ist im wesentlichen zu unterscheiden, ob es sich um asynchrone oder synchrone Kooperation handelt.
Asynchrone Kooperation zielt auf die multimediale Unterstützung von gesamten Bearbeitungsprozessen. Vorgänge, die aus einer Vielzahl von Einzeldokumenten in unterschiedlicher medialer Aufbereitung bestehen, müssen zwischen räumlich verteilten Systemen kommuniziert und eventuell zwischengespeichert werden.
Bei *synchroner Kooperation* steht die Echtzeitabstimmung und -bearbeitung von Dokumenten im Mittelpunkt. Dies bedeutet zumindest die Integration verschiedener Medien auf der Darstellungsebene ("What You See Is What I See"), ergänzende Sprach- und Face-to-Face-Kommunikation.

Eng verbunden mit den dargestellten inner- und überbetrieblichen Organisationsformen muß die gesamte Diskussion um "*Lean Management*", "*Lean Production*" gesehen werden. Die Forderung nach "schlanken Unternehmen" stößt in zunehmendem Umfang auf die Frage, welche Teile an organisatorischem Ballast einzelner Wertschöpfungsketten ohne Effizienzverluste innerbetrieblich konzentriert, ganz abgebaut oder ohne Kompetenz- und Qualitätseinbußen auf Dritte übertragen werden können [11]. Hiermit sind auf oganisatorischer Ebene die dargestellten Konzepte angesprochen.
Auf der technischen Ebene sind hier aktuell diskutierte Entwicklungen auf den Gebieten Dokumenten-Management-Systeme/Workflow-Systeme und Kooperationsunterstützungssysteme (Groupware) anzusprechen. Hierbei ist allerdings zu betonen, daß der Einsatz entsprechender Techniksysteme nur dann strategische Vorteile bietet, wenn die Anwendungsfelder entlang der Wertschöpfungskette identifiziert werden und durch geeignete organisatorische Maßnahmen (Geschäftsprozeßumgestaltung/Business Process Management) begleitet werden.

Zusammenfassend können diese neuen Unternehmensstrukturen dadurch beschrieben werden, daß organisatorische Grenzen (zwischen Abteilungen und rechtlich selbständigen Unternehmen) für die Informations- und Kommunikationssysteme durchlässig werden und es somit möglich wird, jedes Segment einer Wertschöpfungskette mit jedem Segment einer anderen Wertschöpfungskette zu verbinden. Diese Entflechtung und Neukombination erlaubt die Schaffung "flexibler

Organisationen", die bei gleicher Leistung kleiner sein werden, flachere Hierarchien und damit verkürzte Kommunikationswege aufweisen und im Kern aus temporären ad-hoc-Teams zusammengesetzt sein werden.

Neben der geschäftsprozeß-orientierten Planung und Einführung von Unterstützungstechnologien setzt sich vor diesem Hintergrund in zunehmendem Umfang die Erkenntnis durch, daß Technologien in ihrer Gesamtheit als Infrastrukturen anzusehen sind (Informationsarchitekturen). Dokumenten-Management-Systeme müssen so beispielsweise in Zusammenhang mit optischen und/oder elektronischen Speichern, Systemen zum elektronischen Dokumentenaustausch (EDI), Groupware-Systemen und inner- und überbetrieblichen Kommunikationssystemen gesehen werden.

3 Telekommunikationstechnische Unterstützung

Wesentliche Voraussetzung für die Realisierung innovativer Unternehmensstrukturen ist die Verfügbarkeit leistungsfähiger Hard- und Software-Komponenten sowie innerbetrieblicher und unternehmensübergreifender Kommunikationsinfrastrukturen. Die Anforderungen an die Leistungsfähigkeit variieren dabei im Detail für die einzelnen Integrationskonzepte.

Leistungsfähigkeit bezieht sich allgemein auf die Bewältigung der Datenvolumina und auf die wirtschaftliche Nutzung kommunikationstechnischer Infrastrukturen.

Bezogen auf die Übertragungskapazitäten geben die dargestellten Integrationsszenarien Hinweise auf einen generell steigenden Bedarf an *höheren Übertragungsraten*. Dieser Bedarf resultiert sowohl aus Entwicklungen der einzelnen Anwendungen als auch aufgrund der generellen Zunahmen kommunikationstechnischer Vernetzungen (siehe Bild 2).

Anwendung	Heute	Zukünftig
E-Mail	< 19,2 KBit/s	64 KBit/s
Datenbankzugriff	< 64 KBit/s	1 MBit/s
Electronic Document Interchange	< 19,2 KBit/s	20 MBit/s
hochauflösende Computer Grafiken	1 MBit/s	10 MBit/s
File-Transfer	1 MBit/s	2-100 MBit/s
LAN-Verbindungen	9,6/64 KBit/s	2-140 MBit/s
Verteilte Verarbeitung	64 KBit/s	50-100 MBit/s
Video	2 MBit/s	150 MBit/s

Bild 2: Bandbreitenanforderungen

Ein wesentlicher Punkt ist allerdings, daß bei Datenraten über 100 Mbit/s derzeit nicht mehr die Kommunikationsnetze, sondern die Operationsgeschwindigkeit der Prozessoren die Engpässe darstellen.

Berücksichtigt man den grundsätzlichen Trend zunehmender Koordination der Austauschbeziehungen über Marktmechanismen, so bezieht sich der Bedarf nach steigenden Übertragungskapazitäten ganz wesentlich auch auf Wählverbindungen, da die Kooperationspartner nicht feststehen und nur temporär eingebunden werden.

Eine weitere Anforderung, die aus den Integrationsszenarien indirekt abzuleiten ist, besteht in der *internationalen Verfügbarkeit* leistungsfähiger Kommunikationsinfrastrukturen. Wettbewerbsvorteile lassen sich sehr häufig gerade durch die Überwindung räumlicher Beschränkungen bei der Inanspruchnahme von Ressourcen realisieren ("*Global Sourcing*").

Eine weitere Anforderung resultiert aus dem Bedarf an *variablen Bitraten* bei der Inanspruchnahme von Kommunikationsinfrastrukturen. Die Forderung nach Variabilität ergibt sich einerseits daraus, daß bei multimedialer Kommunikation die Bitrate für die Übertragung unterschiedlicher Einzelmedien um mehr als den Faktor 1000 variieren kann (siehe Bild 2). Andererseits sind bis heute leistungsfähige lokale Netze Kommunikationsinseln. Die Vernetzung über bestehende X.25-Paketvermittlungsnetze (bis 64 KBit/s) ist zu langsam, die Inanspruchnahme von Festverbindungen bis 2 MBit/s für die meisten Anwendungen unrentabel, da die Daten in lokalen Netzen schubweise übertragen werden. Informationsverarbeitung und Kommunikation kann vor dem Hintergrund der beschriebenen Entwicklungen von Unternehmensstrukturen immer weniger auf lokale Netze begrenzt gesehen werden. Unternehmensübergreifende Kommunikationsinfrastrukturen setzen eine hohe Leistungsfähigkeit und Verfügbarkeit auch standortübergreifend voraus. Hochgeschwindigkeits-MANs (Metropolitan Area Networks) und WANs (Wide Area Networks) müssen dazu beitragen, daß der Nutzer letztendlich keinen Unterschied feststellen kann, wenn er lokal oder weltweit Informationen austauscht. Diese Kombination von Leistungsfähigkeit von LANs und weltweiter Verfügbarkeit wird in dem Begriff "*Global LAN*" ausgedrückt [12].

Eine wirtschaftlich sinnvolle Lösung stellen hier voll digitalisierte Breitbandnetze mit variablen Bitraten dar, bei denen nach Übertragungsvolumen tarifiert wird. Dies ist aus heutiger Sicht mit dem ATM-Prinzip (Asynchronous Transfer Mode) realisierbar. Die Übertragungsleistung kann besser an die variierenden Anforderungen der Nutzer angepaßt und gleichzeitig das Netz optimaler ausgelastet werden, weil nicht wie bei der Leitungsvermittlung Transportkanäle fester Kapazität für die gesamte Dauer der Verbindung, sondern nur für den Zeitraum der tatsächlichen Datenübertragung bereitgehalten werden müssen [13].

Die beschriebenen flexiblen Organisationsstrukturen müssen nicht notwendigerweise auf feste Standorte beschränkt werden. Zusätzlicher Nutzen kann aus einer mobilen Nutzung von Informations- und Kommunikationssystemen abgeleitet werden. Die hieraus abzuleitende Anforderung an die Telekommunikationsinfrastruktur geht in Richtung hybrider Netzarchitekturen, die eine Integration von terrestrischen Netzen und funkgestützten Netzen (Mobilfunk, Bündelfunk, Satellit) verfügbar machen.

4 Ausblick

Die bisherigen Ausführungen haben gezeigt, daß innovative Unternehmensstrukturen in engem Zusammenhang mit dem Einsatz von Informations- und Kommunikationstechniken stehen. Allerdings lassen sich Wettbewerbsvorteile nur dann realisieren, wenn der Telekommunikationsmarkt insgesamt transparenter wird, damit sich die vorhandenen Potentiale in konkreten Anwendungen niederschlagen können. Dies ist eine der wesentlichen Herausforderungen an öffentliche und private Netzbetreiber und Diensteanbieter, die zukünftig in weit größerem Ausmaß nicht nur als technische Experten am Markt agieren dürfen, sondern als Dienstleistungsunternehmen organisatorische Unterstützung, qualifizierten Nutzer-Service und anwendungsorientiertes Marketing betreiben müssen. Erst in dieser Kombination von organisatorisch-technischem Know How werden die Voraussetzung für eine breite Innovationswelle in den Unternehmen geschaffen.

5 Literatur

[1] Malone, T. W.; Yates, J.; Benjamin, R. I.: Electronic Markets and Electronic Hierarchies. Communications of the ACM, Vol. 30, Nr. 6, 1987, S. 484 - 497

[2] Morton, M. S. S. (Hrsg.): The Corporation of the 1990s. New York • Oxford: Oxford University Press, 1991, S. 61 - 92

[3] Picot, A.; Neuburger, R.; Niggl, J.: Erfolgsdeterminanten von EDI: Strategie und Organisation. Office Management, H. 7 - 8, 1992, S. 50 - 54

[4] Venkatraman, N.: IT-Induced Business Reconfiguration. Morton, M. S. S. (Hrsg.): The Corporation of the 1990s. New York • Oxford: Oxford University Press, 1991, S. 122 - 158

[5] Bullinger, H.-J.; Niemeier, J.: Informationsmanagement und CIB - Eine Einführung. Bullinger, H.-J. (Hrsg.): Handbuch des Informationsmanagements im Unternehmen. München: Beck, 1991, S. 23 - 46

[6] Pissot, H.: Prozeßorientierte Bürokommunikation. Office Management, H. 7 - 8, 1991, S. 41 - 43

[7] Womack, J. P.; Jones, D.; Roos, D.: Die zweite Revolution in der Autoindustrie. Frankfurt • New York: Campus, 1991

[8] Schneider, S.: Lean Production zwingt die Datenverarbeitung zur Diät. Computerwoche, H. 33, 1992, S. 7 - 10

[9] Bullinger, H.-J.; Fröschle, H.-P.; Hofmann, J.: Multimedia: Von der Medienintegration über die Prozeßintegration zur Teamintegration. Office Management, H. 6, 1992, S. 6 - 13

[10] Syring, M.: Möglichkeiten und Grenzen kommunikationsorientierter Systeme zur Unterstützung arbeitsteiliger Prozesse im Büro. Wirtschaftsinformatik, H. 2, 1992, S. 201 - 211

[11] Bullinger, H.-J.; Wasserlos, G.: Innovative Unternehmensstrukturen. Office Management, H. 1 - 2, 1992, S. 6 - 14

[12] Boell, H.-P.: High-Speed-Netze zwischen Realität und Wunschtraum. Online, H. 3, 1992, S. 24 - 31

[13] Tenzer, G.: Die Zukunft der Netze. Online, H. 7, 1992, S. 22 - 30

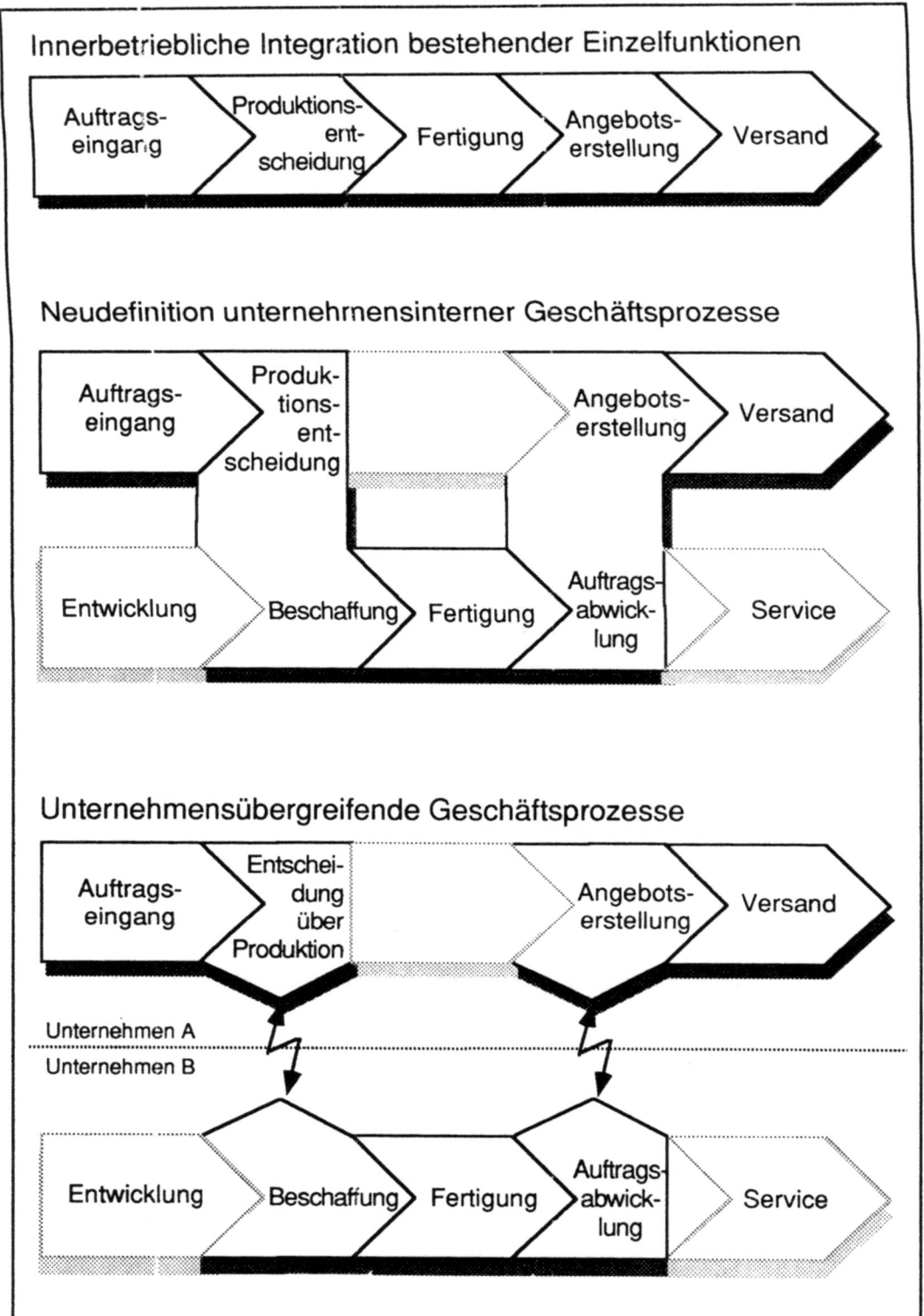

Anwendung	Heute	Zukünftig
E-Mail	< 19,2 KBit/s	64 KBit/s
Datenbankzugriff	< 64 KBit/s	1 MBit/s
Electronic Document Interchange	< 19,2 KBit/s	20 MBit/s
hochauflösende Computer Grafiken	1 MBit/s	10 MBit/s
File-Transfer	1 MBit/s	2-100 MBit/s
LAN-Verbindungen	9,6/64 KBit/s	2-140 MBit/s
Verteilte Verarbeitung	64 KBit/s	50-100 MBit/s
Video	2 MBit/s	150 MBit/s

24. IPA-Arbeitstagung
Weg zur Fraktalen Fabrik

Zukunftsorientierte Konzepte steigern die Effizienz der Unternehmen

P. Wilfert

IPA-Arbeitstagung "Die fraktale Fabrik"
4. und 5. Mai 1993

**ZUKUNFTSORIENTIERTE KONZEPTE STEIGERN
DIE EFFIZIENZ DER UNTERNEHMEN**

Dr. Peter Wilfert

1. Die Markt- und Wettbewerbssituation vieler deutscher Unternehmen ist geprägt von

    - steigendem Kostendruck
    - engen Terminen
    - kleinen Losgrößen
    - hohen Qualitätsanforderungen

2. Eine dauerhafte Sicherung der Wettbewerbsfähigkeit erfordert eine deutliche Effizienzsteigerung und Kostensenkung durch Maßnahmen in den Bereichen

    - neue Märkte
    - rasche flexible Marktanpassung
    - Produktentwicklung
    - Fertigungsstrukturen und
    - Arbeitsorganisation

3. Notwendig sind

    - Rationalisierung und Automation zur Senkung der Produktionskosten

- Flexible Produktion zur raschen Anpassung an sich ändernde Verhältnisse

    + technisch
    + organisatorisch
    + personell

4. Aus internationalen Vergleichen gewonnene Erkenntnisse zu den Gründen für Wettbewerbsnachteile und dazu, wann Unternehmen als "schlank" anzusehen sind, können dabei hilfreich sein.

    Erforderlich ist das Erkennen eines eigenen deutschen Weges, die Unternehmen schlank werden zu lassen und dessen konsequente Umsetzung.

    Genutzt werden sollten jedoch auch durchaus schon bisher bekannte Wege und Maßnahmen.

5. Entscheidendes Gestaltungselement zukunftsorientierter Konzepte ist die Nutzung menschlicher Kreativität und Innovationskraft auf allen Ebenen des Unternehmens. Der Mitarbeiter ist konsequent als Leistungsträger im Zentrum betrieblicher Prozesse zu sehen. Seine Einbindung und Beteiligung bei der Prozeßgestaltung werden seine Leistungsbereitschaft und Motivation fördern.

    Nur die uneingeschränkte Erkenntnis der Bedeutung dieses Gestaltungselements wird neue Organisationsstrukturen verwirklichen lassen.

6. Japanische Erfahrungen zeigen die tragende Rolle des japanischen Mitarbeiters für den Erfolg und die Wettbewerbsfähigkeit Japans. Die Rolle des Mitarbeiters in Japan ist jedoch aus historischen, kulturellen, weltanschaulichen und gesellschaftlichen Gründen nicht auf Deutschland übertragbar.

- 3 -

Deutsche Unternehmen werden einen eigenen Weg der Gestaltung der Rolle des Mitarbeiters im Rahmen betrieblicher Abläufe und der Gestaltung der Beziehungen Mitarbeiter - Unternehmen gehen müssen.

7. Dieser deutsche Weg wird unter Berücksichtigung eines Wertewandels im Verhältnis Mensch - Arbeit und orientiert an neuen Organisationsformen das Ziel verfolgen müssen, hohe Mitarbeiterqualifikation zu erreichen und die Mitarbeiter unter Übernahme von Eigenverantwortung zu selbständiger, qualitätsbewußter Leistung, zu einem ständigen Verbesserungsverhalten zu motivieren.

8. Hierzu wird ein deutlicher Bewußtseinswandel bei den Mitarbeitern, vor allem aber auch bei Vorgesetzten erforderlich sein.

   Voraussetzung sind neue Personalführungs- und Personalentwicklungskonzepte, die

   - Förderung von Teamarbeit
   - Problemlösungen durch Einbeziehung der Mitarbeiter
   - Förderung von Selbstverwirklichung, Autonomie und Verantwortungsbereitschaft
   - konsensorientierte Führungspraxis

   zum Inhalt haben.

   Eine übergreifende gesamtheitliche Unternehmenskultur ist erforderlich, die

   - den Menschen als wichtigsten Produktionsfaktor, nicht als Kostenfaktor, sondern als Erfolgsfaktor sieht,

- 4 -

- eine Informationskultur und Kommunikation auch von unten nach oben verwirklicht,

- ein Management der Konsens- und Beteiligungsorientierung mit verändertem Entscheidungsverhalten, d. h. Delegation auch im Sinne der Aufgabe von Machtpositionen, praktiziert und

- eine Vertrauens- statt Mißtrauenspolitik verfolgt.

9. Der Prozeß der Neugestaltung muß begleitet werden von Maßnahmen im Bereich der Entgeltfindung. Aufgerufen sind hierzu vor allem auch die Tarifparteien. Die Rolle des Entgelts als Leistungsanreiz im Verhältnis zu anderen Leistungsmotivatoren ist zu überdenken. Zu überdenken sind die Ansatzpunkte der bisherigen klassischen Entgeltfindung.

Wesentlicher Lösungsansatz sind einheitliche Entgeltfindungsregeln für Arbeiter und Angestellte. Entgeltfindungssysteme müssen an neuen Organisationsformen orientiert sein und den veränderten Leistungsanforderungen aus dezentralen Strukturen entsprechen. Die Entgeltfindung muß Teil eines neuen Personalführungskonzeptes sein, darf nicht an tayloristische Prinzipien ausgerichtet und in diesem Zusammenhang vorrangig Kontrollinstrument sein.

Eine neuverstandene Rolle des Mitarbeiters im Sinne der Einbindung und Beteiligung bei Entscheidungsprozessen erfordert ein Überdenken von kollektiven Arbeitnehmervertretungs- und Mitbestimmungsrechten.

10. Neue Wege werden nur zum Erfolg führen, wenn gesamtheitliche, integrierte, sich über einen längeren Zeitraum eines Entwicklungsprozesses erstreckende Lösungen in Angriff genommen

werden. Teillösungen nur im organisatorischen Bereich oder nur im personellen Bereich bringen den gewünschten Erfolg nicht. Insbesondere werden Maßnahmen der Entgeltfindung Teil eines umfassenden Konzepts der Neuorganisation sein müssen.

Entscheidend ist rasches Handeln. Die Zeit wird mehr denn je zum Feld der Auseinandersetzung und zum Lösungsansatz im Wettbewerb werden.

Stuttgart, 26. April 1993
II/Dr.Wi/kü-2223

24. IPA-Arbeitstagung
Weg zur Fraktalen Fabrik

Dynamische Organisationsstrukturen in der „Fraktalen Fabrik"

H. Kühnle

Inhaltsverzeichnis:

1. Einleitung 3

2. Herleitung eines ganzheitlichen Zielsystems 5

3. Bildung autonomer Einheiten 5

4. Bildung von Teams 7

5. Frage des adäquaten Entlohnungssystems 9

6. Beibehalten von Querschnittsfunktionen 11

7. Praxiserfahrung seit der Implementierung 12

1. Einleitung

Die Bedingungen, unter denen die Unternehmen heute auf den Märkten tätig sind, haben sich noch nie so nachhaltig und in so vielen Dimensionen gleichzeitig verändert, wie es in den letzten Jahren der Fall war. Die ständig zunehmende Komplexität der Unternehmensumwelt wirkt sich zwangsläufig auf die Unternehmensabläufe aus und läßt diese immer beziehungsreicher und unübersichtlicher werden. Die Auseinandersetzung um die Beherrschbarkeit dieser Komplexität hat die Frage nach der geeignetsten Organisationsstruktur zu einem wesentlichen Diskussionsgegenstand in der Wirtschaft und Wissenschaft werden lassen - zumal auch die in der Praxis dominierenden hierarchischen und tayloristischen Organisationsleitbilder heute an ihre Grenzen zu stoßen scheinen. Zentralisierung, Spezialisierung und Bürokratie haben in den Unternehmen nicht nur zu Unübersichtlichkeit und Schwerfälligkeit geführt, sondern auch zu einer weitestgehenden Inflexibilität der Geschäftsabläufe. Die derzeitigen Anforderungen des Marktes und des Wettbewerbs können unter solchen Voraussetzungen jedoch schwer bewältigt werden. Ziel muß deshalb sein, das Dogma festgefügter, unbeweglicher, zentralistischer Organisationskonzepte zu brechen. Die heute benötigte Flexibilität - im Sinne von Anpassungsfähigkeit an sich wechselnde Bedingungen - kann nur durch dezentrale, dynamische Organisationsstrukturen gewährleistet werden.

Die Notwendigkeit für neue Organisationsstrukturen ist in den Unternehmen erkannt. Dennoch stellt die Umsetzung moderner Organisationsstrukturen in der betrieblichen Praxis oft ein Problem dar. Es sind sicher keine Gesetzmäßigkeiten zu finden, aus denen sich für bestimmte Rahmenbedingungen und Einflußgrößen eindeutig eine optimale Organisationsstruktur ableiten läßt. Man kann aber doch wesentliche Einflußgrößen wie Menge oder Fertigungsvolumen einerseits und Vielfalt des Leistungsangebots andererseits identifizieren und daraus Leitlinien ableiten. Es gibt keinen Königsweg für das Finden einer Organisationsstruktur, sondern die Struktur muß letztlich immer aufgrund der Gegebenheiten eines Betriebes individuell gefunden werden. Zudem kann als sicher gelten, daß Unternehmenen aufgrund der Komplexität und der sich schnell veränderten Umwelt nie aus dem Optimierungsprozeß und dem Bekämpfen gerade besonders störender Nachteile herauskommen werden.

Wenn wir Situation und Entwicklungstendenzen zusammenfassen, entsteht das Bild und Ziel der "Fraktalen Fabrik", angelehnt an die Mathematik der Fraktale zur Beschreibung natürlicher Strukturen. Drei Eigenschaften fraktaler Objekte haben für uns besondere Bedeutung: Selbstorganisation, Selbstähnlichkeit und Dynamik. Sie stellen einen Ansatz dar, Produktionsstrukturen im Sinne der beschriebenen Erfordernisse zu gestalten (Bilder 1, 2, 3, 4).

In einem kürzlich in der Elektrowerkzeugindustrie durchgeführten Projekt war es vor diesem Hintergrund die Aufgabenstellung, den Montageablauf nachhaltig zu beschleunigen und damit zu Flexibilitätsgewinnen und erheblichen Bestandsreduzierungen zu kommen. Gleichzeitig sollte die Effizienz des Leistungserstellungsprozesses gesteigert werden. Die Vorgehensweise innerhalb des Projektes gliederte sich in folgende Projektabschnitte (vgl. Bild 5):

- Herleitung eines ganzheitlichen Zielsystems
- Bildung autonomer Einheiten
- Bildung von Teams
- Festlegung des Entlohnungssystems
- Festlegung der Querschnittsfunktionen
- Ausgestaltung und Einführung eines Pilotfraktals

Der Schwerpunkt dieser Vorgehensweise liegt auf einer ganzheitlichen, zielorientierten Betrachtungsweise, die sowohl technische und wirtschaftliche als auch personelle Aspekte behandelt und die Gestaltungsaufgaben in hierarchisch abhängige Teilaufgaben strukturiert.

Zur Bearbeitung dieser Teilaufgaben wurde eine Projektorganisation aufgebaut, die entsprechend der Detaillierung der Gestaltungsaufgabe die Mitarbeiter des Unternehmens zunehmend als aktiv Beteiligte in das Projekt miteinbezog. Dazu wurden auf einem Strategieteam aufbauend Planungs- und Realisierungsteams initiiert, die sowohl sukzessiv als auch simultan die einzelnen Projektphasen bearbeiteten.

2. Herleitung eines ganzheitlichen Zielsystems

Die Ausgangssituation in Unternehmen ist in der Regel aufbauend von inkonsistenten Zielsystemen gekennzeichnet. Dies führt zu erheblichen Energieverlusten auf dem Weg zu höherer Kundenorientierung. Im ersten Projektschritt wurde daher in Zusammenarbeit mit den Mitarbeitern aus unterschiedlichen Unternehmensebenen im Haus zunächst die strategische Zielausrichtung des Unternehmens aufgestellt (vgl. Bild 6).

Neben der Zielstellung hoher Produktqualität wurde die Zeitführerschaft in der Branche hinsichtlich Durchlauf- und Lieferzeit anvisiert. Hier wurde im Unternehmen noch erheblicher Nachholbedarf gesehen, der in Zusammenarbeit mit dem IPA wettgemacht werden sollte. Selbstverständlich sollten die weniger hoch bewerteten Unternehmensziele wie Produktivität, Soziabilität und Ökologie entsprechend ihrer Präferenz in die Betrachtung miteinfließen (vgl. Bild 7).

3. Bildung autonomer Einheiten

Die Produktionsstruktur beschreibt die personellen, organisatorischen, technischen und informationstechnischen Zusammenhänge für die betriebliche Wertschöpfungskette und stellt damit eine Schlüsselfunktion für den Erfolg des Unternehmens dar. Um eine den heutigen und zukünftigen Anforderungen angepaßte effiziente Produktionsstruktur aufzubauen, empfiehlt sich eine Strukturierung der Produktion in autonome Bereiche, die hinsichtlich des Zielsystems des Unternehmens selbstähnlich sind. Um eine umfassende Prozeßverantwortung zu erhalten, sind dabei die indirekten Bereiche weitestgehend in die einzelnen Strukturen zu integrieren. In der Praxis existieren eine Vielzahl von Ordnungskriterien für die Strukturbildung. Die fünf wesentlichsten Strukturierungsansätze sind

- Produktorientierung
- Produktstrukturorientierung
- Material-/Informationsflußorientierung
- Mitarbeiterorientierung
- Betriebsmittelorientierung.

Diese werden abhängig vom Unternehmenstyp und von den Rahmenbedingungen des Unternehmens parallel und sukzessiv zur Bildung der autonomen Einheiten eingesetzt. Ergebnis sind Mischformen aus den verschiedenen Strukturierungsansätzen, um so die spezifischen Vorteile der unterschiedlichen Strukturtypen ausnutzen zu können (vgl. Bild 8). Die Grundlage für die Strukturierung bilden Informationen über die aktuelle Unternehmenssituation, die vorgelagert ermittelt werden müssen.

Als Basis für die durchzuführende Montagestrukturierung wurden daher zunächst Analysen im Unternehmen durchgeführt. Neben Produkt-, Absatz-, Materialfluß- und Bestandsanalysen wurden der Informationsfluß und der Auftragsdurchlauf untersucht, um einen ganzheitlichen Überblick über die aktuelle Unternehmenssituation zu gewinnen (vgl. Bild 9). Wichtigstes Ergebnis der Analyse war, daß die bisher nach dem Werkstattprinzip organisierte Montage auf Basis der Produkt- und Absatzstruktur mit den heute im Einsatz befindlichen Betriebsmitteln und Arbeitsplätzen in eine flußorientierte, marktgerechte Montagestruktur umgewandelt werden kann. Zudem stellte sich heraus, daß aufgrund der verfügbaren Mitarbeiterpotentiale eine Aufgabenverlagerung aus den indirekten Bereichen direkt in die Montage möglich ist.

Das entwickelte Konzept zur Montagestrukturierung sieht daher eine Entflechtung und Straffung des Montageablaufs durch Bildung von flußorientierten Montageeinheiten sowie eine Reduzierung der Planungstiefe durch Verlagerung der Verantwortung in die Montage vor. Dadurch kann der Montageablauf nachhaltig beschleunigt werden. Für die Umsetzung des Konzepts wurden unterschiedliche Lösungsalternativen erarbeitet, die sich hinsichtlich Arbeitsaufgabe und -umfang der Montageeinheiten, räumlicher Anordnung im Gesamtlayout sowie informations- und materialflußtechnischer Integration in einen Gesamtablauf unterscheiden. Nach der Vorstellung und anschließenden Diskussion der Lösungen mit den beteiligten Mitarbeitern aus allen Unternehmensebenen wurde eine der Lösungsalternativen als zukünftiges Organisationskonzept des Unternehmens präferiert. Diese Alternative sieht im wesentlichen statt bisher acht Werkstattbereichen, vier flußorientierte Montageeinheiten und zwei verrichtungsorientierte Einheiten vor (vgl. Bild 10).

4. Bildung von Teams

Neben der Beschreibung der Grundstrukturen autonomener Einheiten hinsichtlich technischer Aspekte müssen die personellen und organisatorischen Rahmenbedingungen wie:

- Führungsmodell
- Arbeitsorganisation
- Entlohnungsmodell
- Modelle zum Personalcoaching

festgelegt werden (vgl. Bild 11). Hierfür wurden unter Berücksichtigung der unternehmensspezifischen Gegebenheiten praktikable und wirtschaftliche Lösungsalternativen erarbeitet. Wie in Bild 12 dargestellt, können hinsichtlich des Arbeitsplatzeinsatzes drei Grundmodelle der Arbeitsorganisation unterschieden werden:

- Die konventionelle Arbeitsorganisation ist durch eine hohe Arbeitsteilung gekennzeichnet. Die Arbeitsplätze stellen Einzelarbeitsplätze dar, die in der Regel einen abgegrenzten, kleinen Arbeitsumfang aufweisen. Ziel dieser Organisationsform ist eine hohe Produktivität.

- Die Arbeitsorganisation mit Teamarbeit zeichnet sich durch eine geringere Arbeitsteilung aus. Dementsprechend sind den einzelnen Arbeitsplätzen größere Arbeitsumfänge zugeordnet. Innerhalb der Gruppe gibt es unterschiedliche Qualifikationsprofile der einzelnen Mitarbeiter, d.h. nicht jeder Mitarbeiter beherrscht alle Tätigkeiten. Ziel dieser Organisationsform ist eine höhere Anpassungsfähigkeit hinsichtlich marktbedingter Nachfrageschwankungen und personalbedingter Angebotsschwankungen durch einen flexiblen Personaleinsatz.

- Die Arbeitsorganisation mit Gruppenarbeit ist durch Arbeitsplatzstrukturen mit hohen Arbeitsinhalten sowie einem einheitlichen Qualifikationsprofil der einzelnen Mitarbeiter in der Gruppe gekennzeichnet. Ziel dieser Organisationsform ist die Maximierung der Flexibilität als Voraussetzung für einen effizienten Produktionsablauf.

Der Anpassungsspielraum zur Erfüllung betrieblicher Zielstellungen sowie der Gestaltungsfreiraum zur Selbstorganisation innerhalb der Gruppe ist in der Arbeitsorganisation nach dem Gruppenprinzip am größten. Die praktische Erfahrung in diesem und auch anderen Industrieprojekten hat jedoch gezeigt, daß diese Organisationsform die Individualität der einzelnen Mitarbeiter zwanghaft unterdrückt und den Mitarbeiter oft überfordert. Im Gegensatz dazu wird der Mitarbeiter in konventionellen, tayloristischen Organisationsformen unterfordert. Arbeitsstrukturen, die nach dem Teamprinzip organisiert sind, sind daher zu präferieren.

Im vorliegenden Anwendungsfall wurde beispielsweise der komplette Arbeitsinhalt von der Vormontage der Baugruppen über die Endmontage, Prüfung und Verpackung bis zum verkaufsfähigen Endprodukt produkttypenbezogen den einzelnen autonomen Einheiten zugeordnet (vgl. Bild 13). Die Qualifikationsanforderungen an die Mitarbeiter für die Einführung einer Gruppenarbeit konnten jedoch nur von einem kleinen Teil des Personalstamms erfüllt werden. Die Bereitschaft und die Qualifikation für eine Arbeitserweiterung (Job-Enlargement) und eine Arbeitsbereicherung (Job-Enrichment) waren dennoch vorhanden. Dementsprechend wurde im Rahmen der Ausgestaltung des Pilotfraktals eine Arbeitsplatzstruktur mit Teamarbeit realisiert.

Wie in Bild 14 dargestellt, kann ein Führungsmodell im Extremfall entweder aufgabenzentriert (autoritärer Führungsstil) oder personenzentriert (demokratischer Führungsstil) geprägt sein. Die Bandbreite zwischen diesen beiden Extremen ist vielfältig und läßt sich nur schwer quantifizieren. Das hier betrachtete Unternehmen ist gekennzeichnet durch offene Kommunikationsstrukturen und eine große Vertrauenbasis zwischen Vorgesetzten und Mitarbeitern. Das hier zum Einsatz kommende Führungsmodell kann daher als partizipativer Führungsstil bezeichnet werden, in dem die Vorgesetzten und Mitarbeiter im Sinne eines dialogischen Managements gemäß der Devise "reversibel kommunizieren statt informieren" im Rahmen gemeinsamer Zielabsprachen und Zielregeln das Miteinander im Unternehmen bestimmen.

Das eingeführte Teamkonzept sieht im einzelnen einen erweiterten Handlungsspielraum des Meisters (Personalentwicklung, Betriebszeiten-, Auftragspoolplanung der einzelnen autonomen Einheiten) und die Position eines Teamsprechers vor. Der Teamsprecher ist verantwortlich für die Aufgabenverteilung sowie die Arbeitszeitregelung im Team. Zudem ist er Ansprechpartner für auftretende Probleme und Störungen (vgl. Bild 14).

5. Frage des adäquaten Entlohnungssystems

Voraussetzung für eine erfolgreiche Einführung neuer Arbeitsorganisationen ist die Festlegung eines adäquaten Entlohnungssystems. Der Gestaltungsspielraum wird dabei durch den Tarifvertrag der Branche und der Region festgelegt. Die Tarifverträge der Metall- und Elektroindustrie unterscheiden zwischen Grundlohn und einer Leistungszulage. Es stellt sich nun die Frage, wie im Rahmen des Tarifvertrags die Arbeit in einer autonomen Einheit leistungsorientiert entlohnt werden kann. Nach den Tarifverträgen der Metall- und Elektroindustrie können die Mitarbeiter nach Akkord-, Prämien- und Zeitlohnsystemen entlohnt werden (Bild 15).

Die Verbreitung der einzelnen Entlohnungssysteme in der Metall- und Elektroindustrie ist in Bild 16 dargestellt. Danach ist seit Anfang der 70er Jahre der Zeitlohn etwa konstant geblieben, der Akkordlohn hat um 10% abgenommen und der Prämienlohn nur um etwa 6% zugenommen. Der Akkordlohn hat aufgrund seiner Nachteile wie beispielsweise einseitige Beeinflußbarkeit der Mengenleistung und proportionale Leistungszulage ohne Beschränkung nach oben ausgedient.

Heute werden Entlohnungssysteme verlangt, die auch die Eigenverantwortung der Mitarbeiter berücksichtigen. Dazu können beispielsweise im Rahmen der Tarifverträge Prämienlohnsysteme eingesetzt werden, die dem Unternehmen die Möglichkeit geben, ihre Mitarbeiter entsprechend der Unternehmensziele wie z.B. Produktqualität und Arbeitseinsatzflexibilität über Prämien zu belohnen (vgl. Bild 17). Diese Prämien enthalten kollektive und individuelle Leistungszulagen. Prämienlohnsysteme zeigen in der betrieblichen Praxis jedoch oft einige wesentliche Schwachstellen:

- Prämienlohnsysteme als Anreizsysteme decken in der Regel nur einen kleinen Ausschnitt des Unternehmenszielsystems ab. Es ist unmöglich, ein Unternehmenszielsystem völlig in einem Prämienlohnsystem zu quantifizieren. Prämienlohnsysteme wirken daher einseitig und fördern nicht zwingend den Unternehmenserfolg.

- Prämienlohnsysteme sind starre Entlohnungssysteme, die nicht beliebig auf veränderte Unternehmenszielstellungen adaptiert werden können.

- Das Prämienlohnsystem ist prinzipiell ein selbstregelndes Anreizsystem, ein neuzeitliches Entlohnungssystem, um Motivationsreserven zu wecken. Das Entlohnungssystem wird damit zum Führungsinstrument, um mangelnde Führungsstärke der Führungskräfte zu kompensieren.

- Prämienlohnsysteme verursachen einen hohen Aufwand für die Ermittlung der Leistungszulage, der in keinem wirtschaftlichen Aufwand/Nutzen-Verhältnis steht.

Abschließend kann festgehalten werden, daß Prämienlohnsysteme optimal als Keimzellen für die Rückverlagerung von Verantwortlichkeiten in den Wertschöpfungprozeß genutzt werden können. Die veränderte gesellschaftliche Wertevorstellung als Folge des steigenden Wohlstands hat jedoch ein neues Verhältnis zur Arbeit gebildet und fordert eine Abkehr von abzielenden Anreizsystemen wie es das Prämienlohnsystem ist. Dementsprechend ist ein Entlohnungssystem zu fordern, das durch eine größere Mobilisierung der Mitarbeiter im Unternehmen neben der Produktivität die Kreativität fördert und nicht das menschliche Handeln in eine Zwangsjacke zwängt.

Vor diesem Hintergrund wurde im hier betrachteten Unternehmen ein leistungsgerechtes Zeitlohnsystem auf Basis der analytischen Arbeitsbewertung und der summarischen Leistungsbewertung zur Entgeltfindung eingeführt. Danach wird der Grundlohn eines Mitarbeiters entsprechend seiner Berufserfahrung und der Belastungen am Arbeitsplatz über Lohngruppenmerkmale festgelegt. Ein variabler Leistungszuschlag wird auf Basis einer Leistungsbewertung ermittelt. Gemäß Manteltarifvertrag Nordwürttemberg/ Nordbaden kann die Leistungsbewertung hinsichtlich:

- Arbeitsquanität, d.h. Intensität, Wirksamkeit und Arbeitsweise
- Arbeitsqualität, d.h. Einhaltung der Arbeitsvorschriften, Umfang und Häufigkeit von Beanstandungen, Nacharbeit, Ausschuß
- Arbeitssorgfalt, d.h. Umgang mit Betriebsmitteln (Werkzeugen, Vorrichtungen,

Maschinen) und Materialien, Nutzung von Roh-, Hilfs- und Betriebsstoffen
- Arbeitseinsatz, d.h. Einsatz außerhalb der üblichen Arbeitsaufgabe
- Arbeitssicherheit, d.h. Beachtung der Vorschriften und zusätzlicher Sicherheitsanordnungen.

durchgeführt werden. Die Leistungsbewertung der Mitarbeiter erfolgt halbjährlich rollierend durch die Meister, den Fertigungsleiter und Vertreter des Betriebsrates. Die Ergebnisse der Leistungsbewertung werden im Einzelgespräch zwischen Meister und Mitarbeiter besprochen. Diese Vorgehensweise stellt sicher, daß dem Mitarbeiter Stärken und Schwächen seines Arbeitseinsatzes sowie Perspektiven für seine zukünftigen Weiterentwicklungsmöglichkeiten plausibel dargestellt werden. Die hohe Akzeptanz dieser Vorgehensweise beweist, daß die subjektive Beurteilung nicht nachteilig zu sehen ist, wenn eine Vertrauensbasis zwischen Vorgesetzten und Mitarbeitern besteht.

6. Beibehalten von Querschnittsfunktionen

Der durch die Strukturierung erzielbare Nutzen wird entscheidend durch die Integration und Koordination der indirekten Funktionen - im Sinne durchgängiger Informationsachsen - bestimmt. Die Informationsachse stellt sowohl das technische als auch das zwischenmenschliche Gerüst für das Funktionieren der vorher gestalteten Produktionsstruktur dar.

In diesem Arbeitsschritt wurde die Einbettung der definierten autonomen Einheiten in ein unternehmensübergreifendes Informations- und Kommunikationskonzept erarbeitet. Dazu wurden Koordinations-, Synchronisations- und Kontrollmechanismen definiert, die gewährleisten, daß die autonomen Einheiten sich nicht auseinander entwickeln und dennoch Freiheitsgrade zur Teilautonomie nutzen können.

Die Montagesteuerung erfolgt statt bisher programm- bzw. lagerbestandsorientiert zukünftig kundenauftragsorientiert. Das Konzept einer kundenorientierten Montagesteuerung auf Basis des vorhandenen PPS-Systems mit MRP-Logik sieht zum einen eine Verlagerung von Steuerungsaufgaben direkt in die Montagesegmente und zum anderen ein modifiziertes Konzept zur Auftragseinplanung vor (Bild 19, Bild 20).

Stücklistenorganisation

Die Stücklistenorganisation sah im Ausgangszustand vier Stufen vor. Für die Teile jeder Stufe wurden im PPS-System getrennte Betriebsaufträge angelegt. Ihre Durchführung wurde terminiert und überwacht, wobei die Koordination der Mengen und Termine der Teile der gleichen Stücklistenstufe über ein großes Zwischenlager erfolgte. Diesem Zustand wurde mit einer Abflachung der Stücklisten, d.h. einer Reduzierung der Stufenzahl durch Eliminierung der Baugruppen, begegnet (Bild 21). Diese Baugruppen sind ab sofort nicht mehr identifizierbar - sprich lagerungsfähig - und besitzen keine eigenen Betriebsaufträge mehr. Die betroffenen Montagearbeitsgänge werden in die Betriebsaufträge der nächst niedrigeren Stücklistenstufe transferiert. Für die Segmente bedeutet dies, daß mehr Arbeitsinhalte in Folge ohne nennenswerte Unterbrechung durchgesteuert werden müssen.

Arbeitsplanorganisation

Ziel der Montagestrukturierung ist es, die Schärfe, mit der der Montageprozeß geplant, koordiniert, kontrolliert bzw. überwacht werden muß, durch eine Straffung und Entflechtung des Montageablaufs zu reduzieren, um dadurch nachhaltig den Montageablauf zu beschleunigen. Die Anzahl der Arbeitsgänge im Arbeitsplan bestimmt wesentlich die Schärfe, mit der ein Montageprozeß geplant und überwacht wird. Ziel muß es daher sein, durch Zusammenfassung von Arbeitsinhalten auf einzelne Arbeitsplätze die Anzahl der zu steuernden Arbeitsgänge zu reduzieren. Etwa 40% der Arbeitsgänge konnten durch Verdichtung zu Arbeitsblöcken wegfallen. Um einen Informationsverlust für die Mitarbeiter zu vermeiden, wurden die Arbeitsunterweisungspläne entprechend erweitert. Die Zahl dieser Pläne ist bei variantenreicher Serienmontage gering und die Pflege entsprechend einfach, da die montierten Produktvarianten eine große Montageähnlichkeit aufweisen.

7. Praxiserfahrung seit der Implementierung

Durch das hier beschriebene Konzept zur Montagestrukturierung werden erhebliche Reduzierungen der Durchlaufzeiten sowie eine maximale Reduzierung der im Montageprozeß notwendigen Lagerstufen als Synchronisationspunkte zwischen den

Montagebereichen erreicht (Bild 22). Damit werden die Voraussetzungen geschaffen, die Fettpolster vor, in und nach der Montage in Form von Beständen im Roh-, Halbfabrikate- und Fertigwarenlager zu minimieren. Für den hier betrachteten Montagetyp - eine variantenreiche Serienmontage - ist aufgrund des hohen Materialdurchsatzes ein reibungsloser Montageablauf, der eine hohe Lieferbereitschaft bei niedrigen Beständen erlaubt, wettbewerbsentscheidend.

Eine wesentliche Voraussetzung für den durchgreifenden Erfolg dezentraler Organisationskonzepte ist die Akzeptanz der Mitarbeiter. Es zeigte sich, daß dabei die optimale Vorbereitung der Mitarbeiter den Schlüssel zum Erfolg darstellt. Zeigten die Mitarbeiter im Rahmen der Gesamtkonzeption des Projekts zunächst Skepsis, so entwickelte sich letztendlich während der Planung des Pilotfraktals Akzeptanz auf breiter Front. Durch frühe Information und Beteiligung der Mitarbeiter während der Gesamtkonzeption wurden die Mitarbeiter hinsichtlich der Ziele, Möglichkeiten und dem Nutzen der richtigen Organisation sensibilisiert. Bei der Planung des Pilotfraktals wurden aus anfänglich passiv Beteiligten schließlich aktive Planer und Gestalter. Die Mitarbeiter erkannten, daß sich hier die Möglichkeit bietet, die Leistungsfähigkeit des Unternehmens sowie die Qualität des Arbeitslebens und damit ihren eigenen Lebensraum zu verbessern.

Das Pilotfraktal weist in seiner heutigen Ausprägung im Vergleich zur übrigen Montage erweiterte Gestaltungs- und Handlungsfreiräume in den Bereichen Arbeitsstrukturierung, Produktionssteuerung und Produktionslogistik für seine Mitarbeiter auf. Die damit übertragene Mehrverantwortung wird dankbar angenommen, und die Mitarbeiter beweisen täglich, daß sie dieser Verantwortung auch gewachsen sind. Die Kollegen aus den benachbarten Montagebereichen haben die Zeichen der Zeit erkannt und fordern inzwischen die gleichen Arbeitsbedingungen. Das Pilotfraktal stellt daher heute im Unternehmen eine Keimzelle dar, die wachsen und sich vermehren will.

HERKÖMMLICHE SICHT	FRAKTALE SICHT
• Das Unternehmen ist die Summe seiner Aktivitäten und strategischen Geschäftsbereiche.	• Das Unternehmen ist ein ganzheitliches System mit all seinen Abläufen und Strukturen.
• Das Unternehmen entwickelt sich in einer linearen, stabilen und voraussagbaren sowie kontroll- und steuerbaren Art und Weise.	• Das Unternehmen entwickelt sich nicht linear, sondern mit nach Wahrscheinlichkeitsgesetzen entstehenden Entwicklungssprüngen und Umwandlungen, die gesteuert aber nicht vorausbestimmt werden können.
• Die Organisationsform ist die (Matrix-) Hierarchie.	• Die Organisationsform ist eine übergeordnete vernetzte Struktur, die den Fabrik-Fraktalen den Rahmen bildet.
• Geschäftsbeziehungen mit Lieferanten, Kunden und Konkurrenten sind von der Art des "Nullsummen-Spiels" (was ich gewinne, verlierst du).	• Alle Geschäftsverbindungen sind tatsächlich oder potentiell von der Art des "Kooperativen Spiels" (zusammen gewinnen wir).

Herkömmliche Sicht - Fraktale Sicht 1   Bild 1

HERKÖMMLICHE SICHT

- Es gibt klar definierte Grenzen sowohl zwischen den Firmenbereichen als auch zwischen dem Unternehmen und der Umwelt.

- Informationen werden bedingt durch Hierarchie und momentane Notwendigkeit gezielt und arbeitsteilig aufbereitet (Bring-Prinzip).

- Gewisse Abweichungen vom Plan werden periodisch durch weitere Planungen nachgefahren/korrigiert und durch Vorhalten von Ressourcenbeständen kompensiert.

FRAKTALE SICHT

- Grenzen sind unscharf (fuzzy), durchlässig für Informationen und gekennzeichnet durch ablauffunktionale Verbindungen.

- Informationen sind für alle zugänglich und werden unter Nutzen-Gesichtspunkten eigenständig ausgewertet und aufbereitet (Hol-Prinzip).

- Die Vorgaben/Ergebniserfüllungen werden nicht bis ins Detail geplant. Sich selbst organisierende und selbständig agierende Einheiten stellen die Zwischenergebnisse sicher.

Herkömmliche Sicht - Fraktale Sicht 2

Bild 2

HERK/HSB

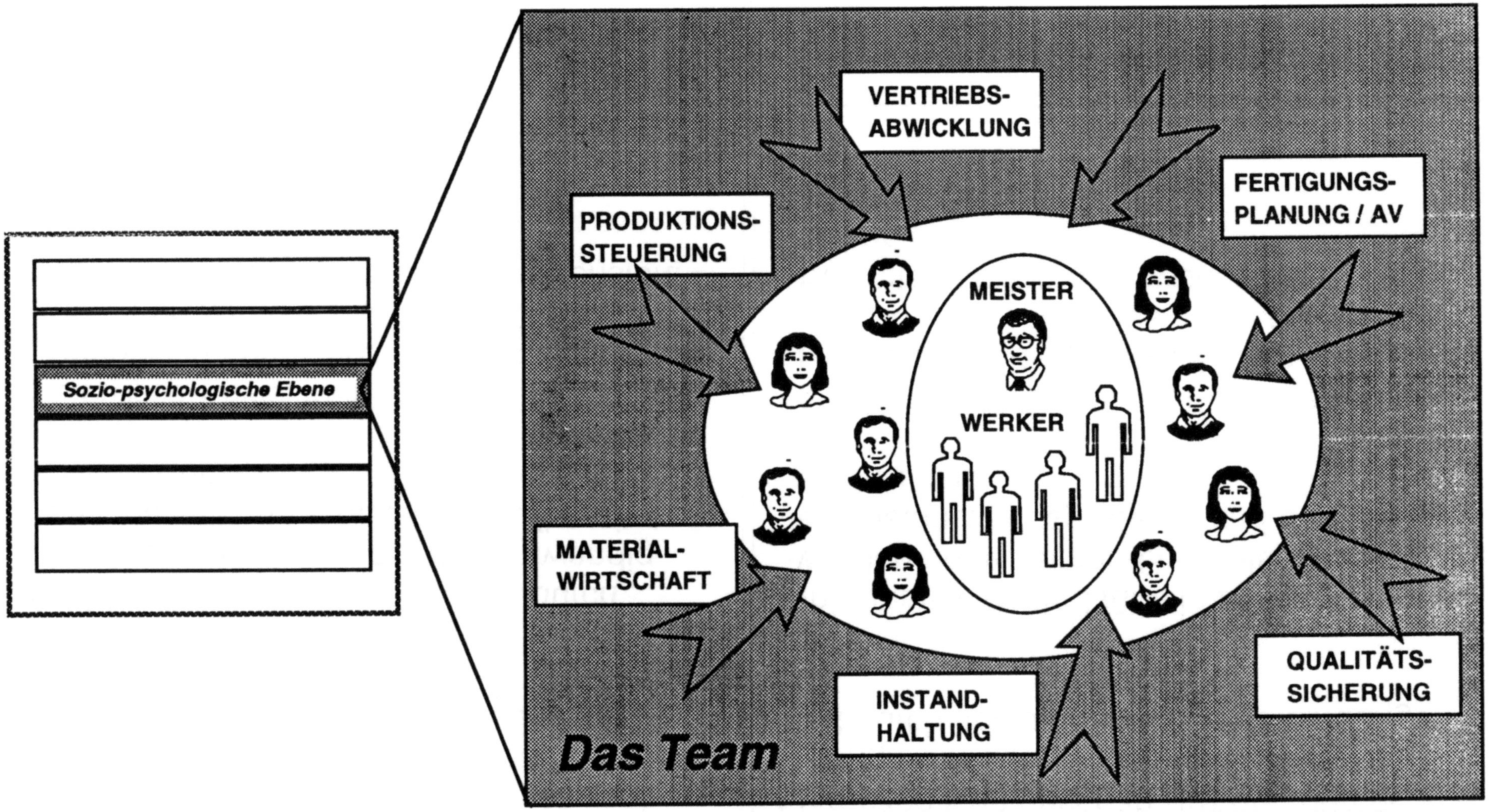

IPA FhG	Sozio-psychologische Ebene	Bild 3 / HERK/HSB

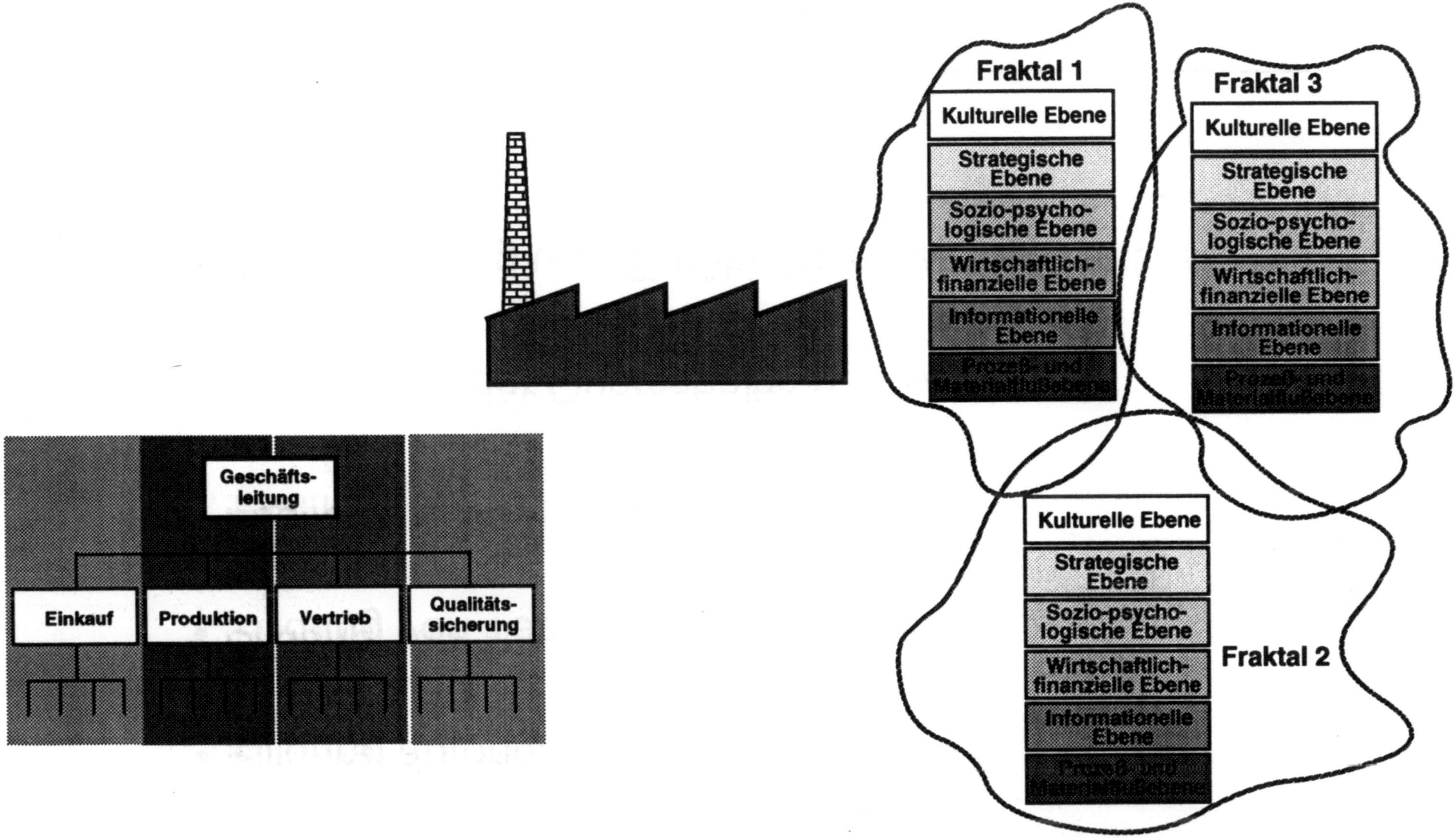

Bild 4 HERK/HSB

Komplexitätsreduzierung: Tayloristisch - Fraktal

- Herleitung eines ganzheitlichen Zielsystems
- Bildung autonomer Einheiten
- Bildung von Teams
- Festlegung des Entlohnungssystems
- Festlegung der Querschnittsfunktionen
- Ausgestaltung und Einführung eines Pilotfraktals

IPA FhG	Projektvorgehensweise	Bild 5 / HERK/HSB

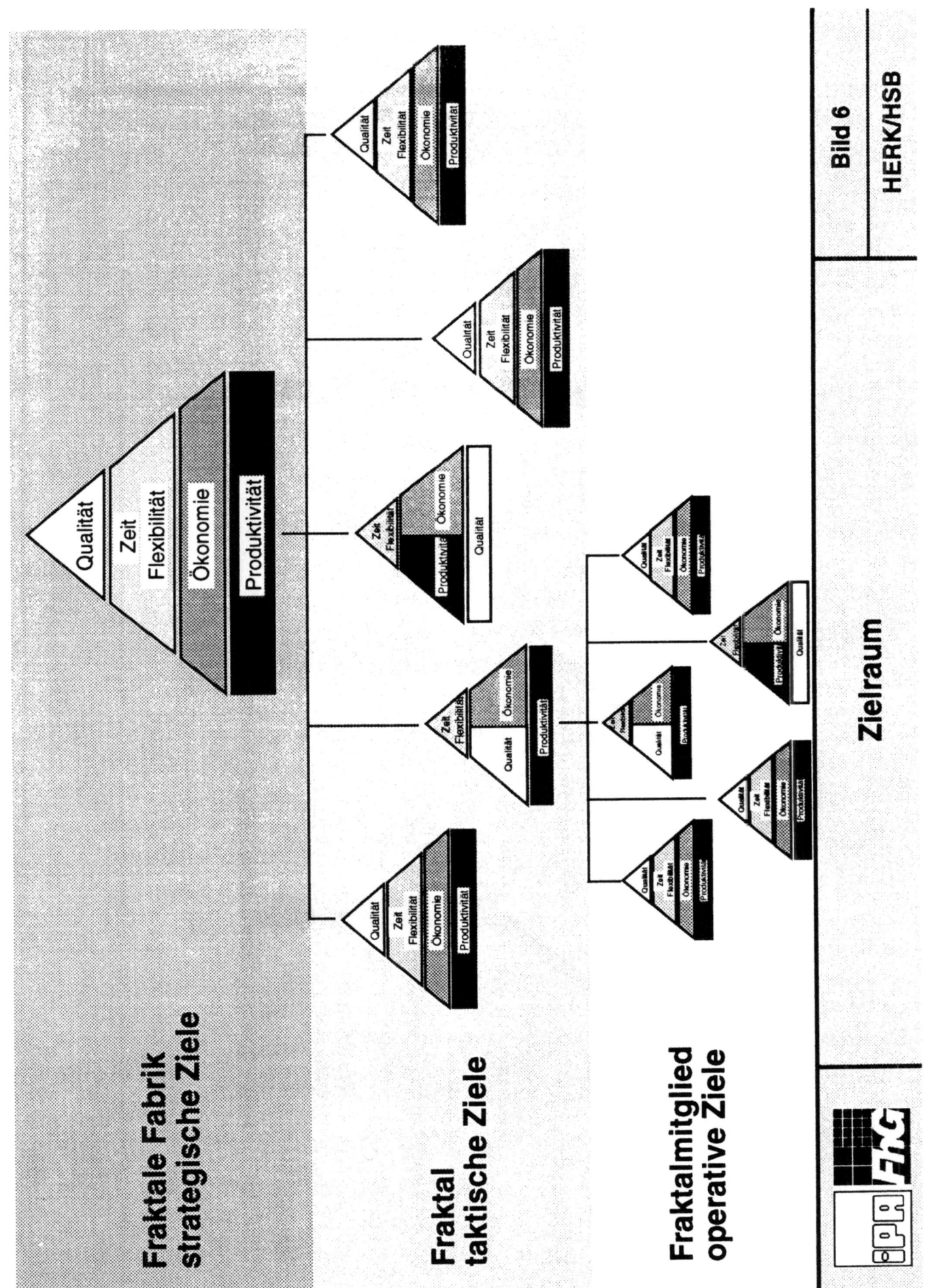

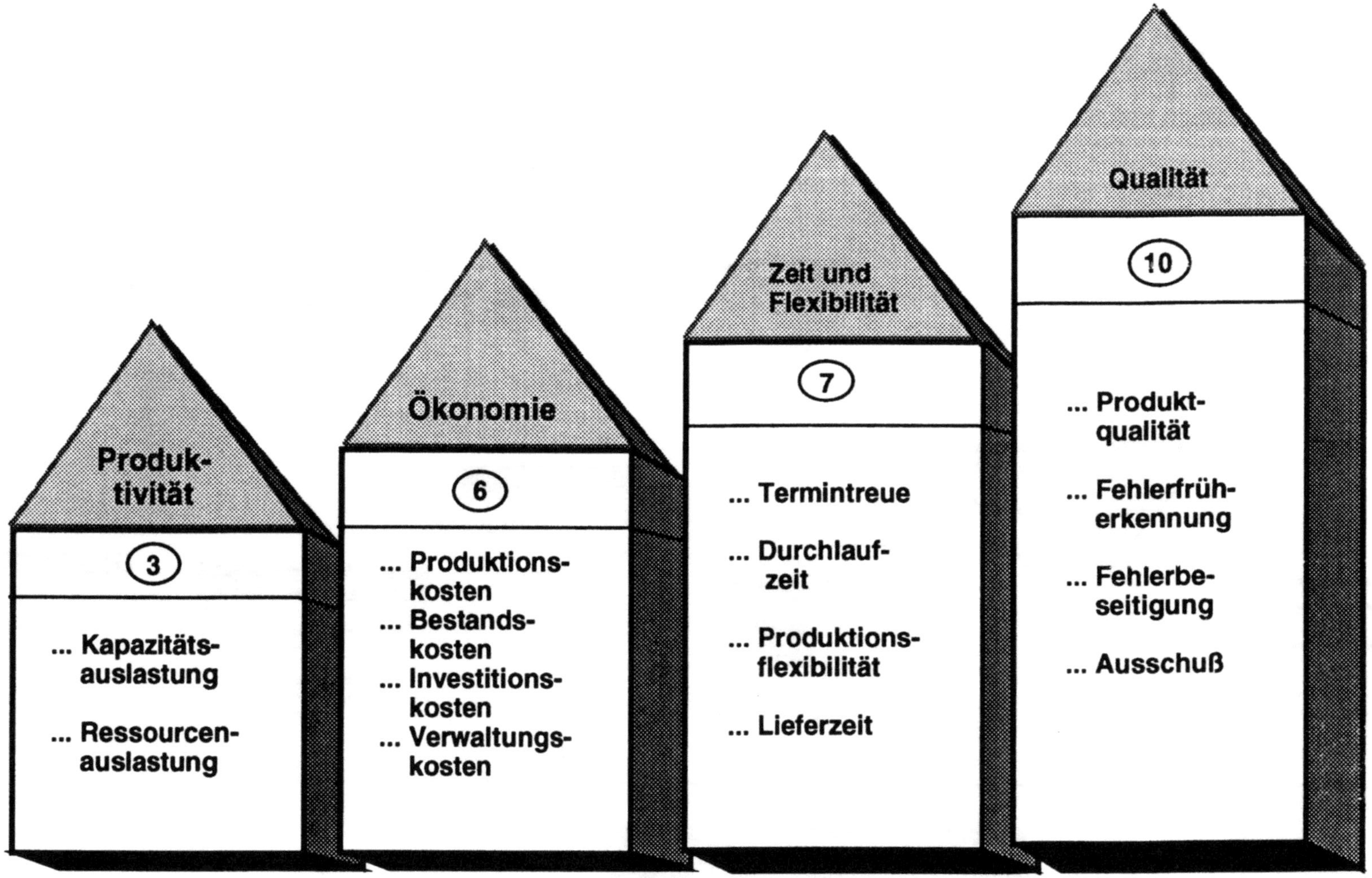
Produk-
tivität
3
... Kapazitäts-
auslastung
... Ressourcen-
auslastung
Ökonomie
6
... Produktions-
kosten
... Bestands-
kosten
... Investitions-
kosten
... Verwaltungs-
kosten
Zeit und
Flexibilität
7
... Termintreue
... Durchlauf-
zeit
... Produktions-
flexibilität
... Lieferzeit
Qualität
10
... Produkt-
qualität
... Fehlerfrüh-
erkennung
... Fehlerbe-
seitigung
... Ausschuß

IPA FhG	**Zielsystem**	Bild 7 HERK/HSB

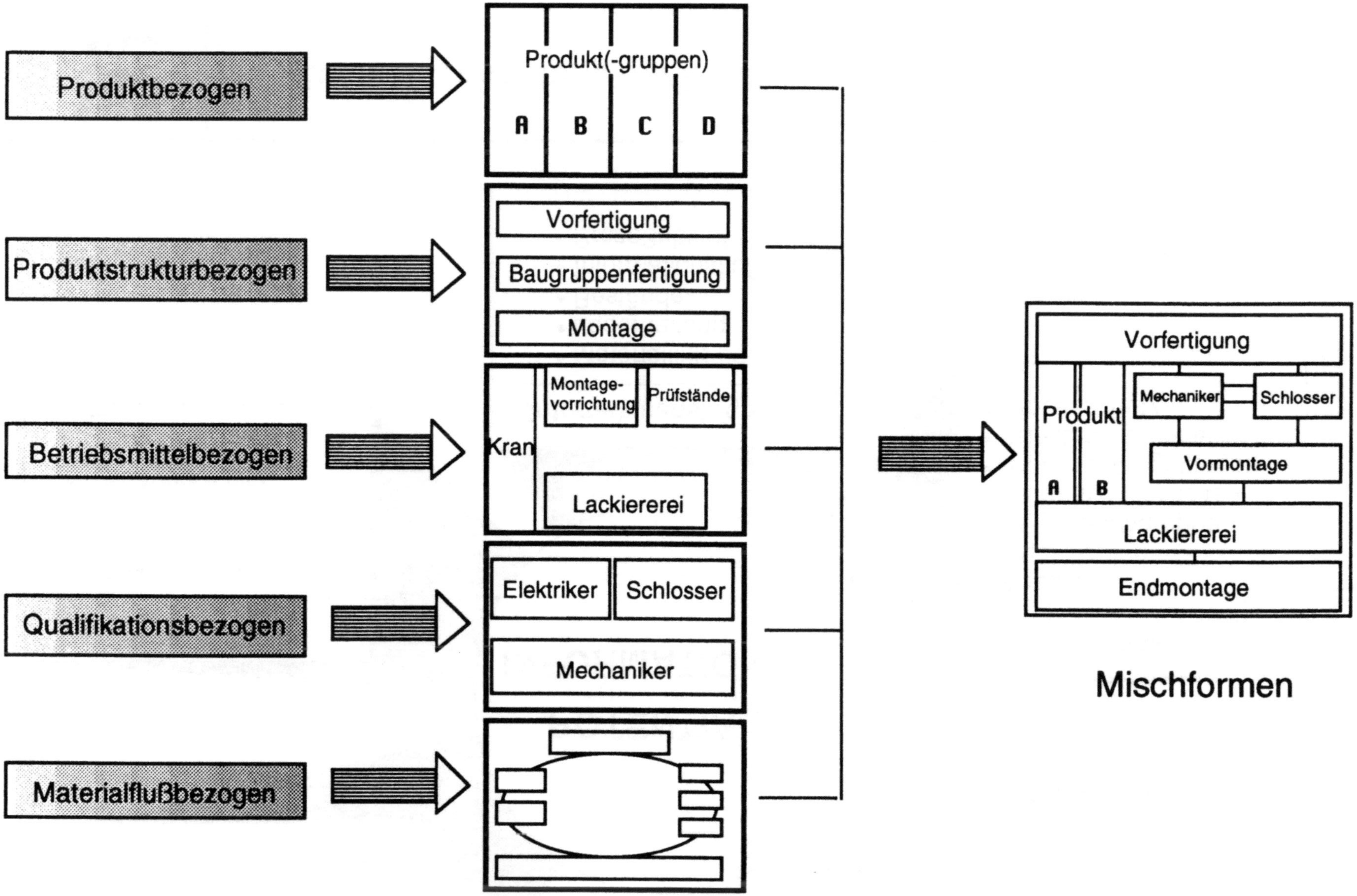

Gliederungsprinzipien der Produktionsstrukturierung

Mischformen

- Produktbezogen
- Produktstrukturbezogen
- Betriebsmittelbezogen
- Qualifikationsbezogen
- Materialflußbezogen

Bild 8

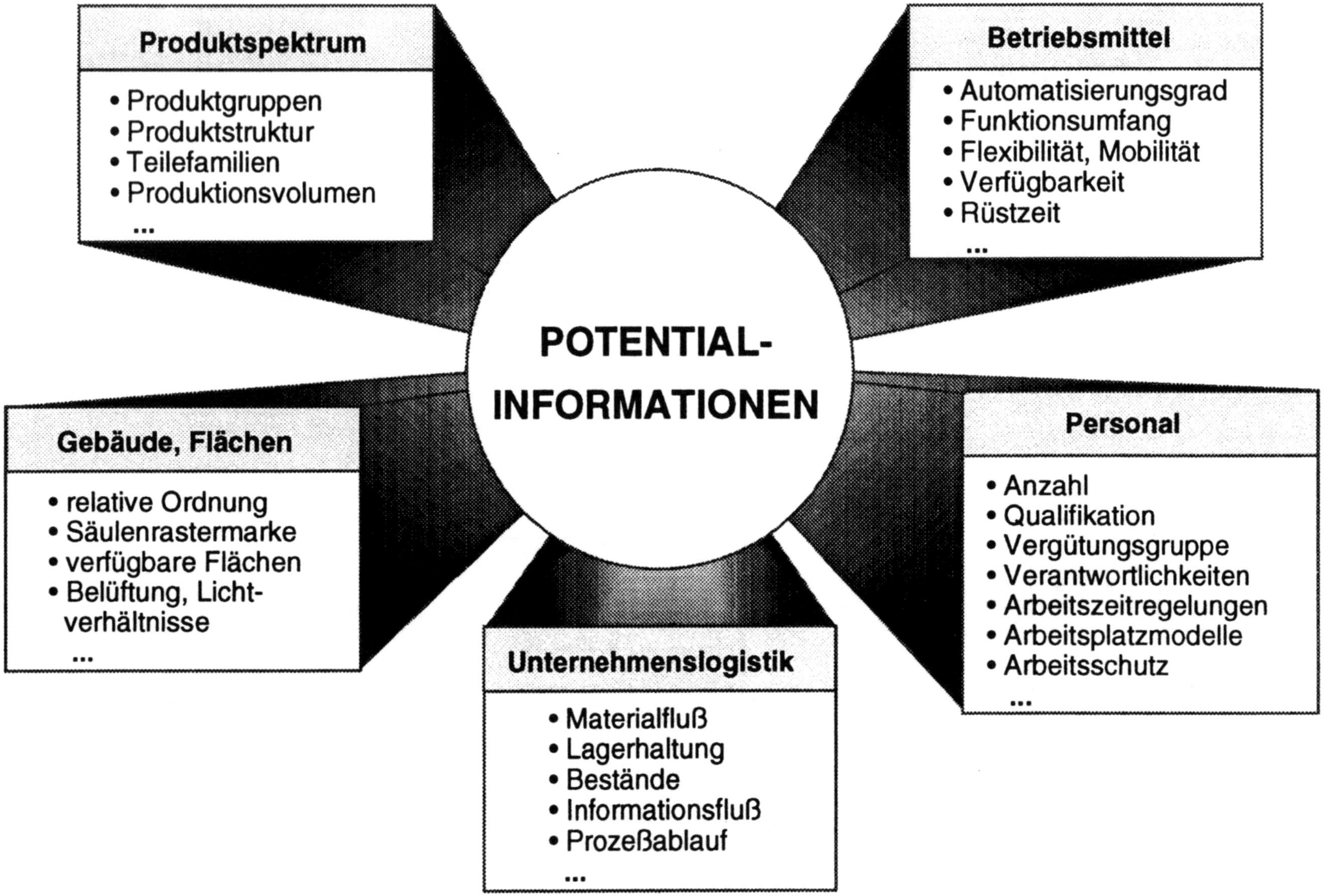

POTENTIAL-INFORMATIONEN

Betriebsmittel
- Automatisierungsgrad
- Funktionsumfang
- Flexibilität, Mobilität
- Verfügbarkeit
- Rüstzeit
- ...

Personal
- Anzahl
- Qualifikation
- Vergütungsgruppe
- Verantwortlichkeiten
- Arbeitszeitregelungen
- Arbeitsplatzmodelle
- Arbeitsschutz
- ...

Unternehmenslogistik
- Materialfluß
- Lagerhaltung
- Bestände
- Informationsfluß
- Prozeßablauf
- ...

Gebäude, Flächen
- relative Ordnung
- Säulenrastermaße
- verfügbare Flächen
- Belüftung, Lichtverhältnisse
- ...

Produktspektrum
- Produktgruppen
- Produktstruktur
- Teilefamilien
- Produktionsvolumen
- ...

Bild 9 — Zusammenstellung der Potentialinformationen

HERK/HSB

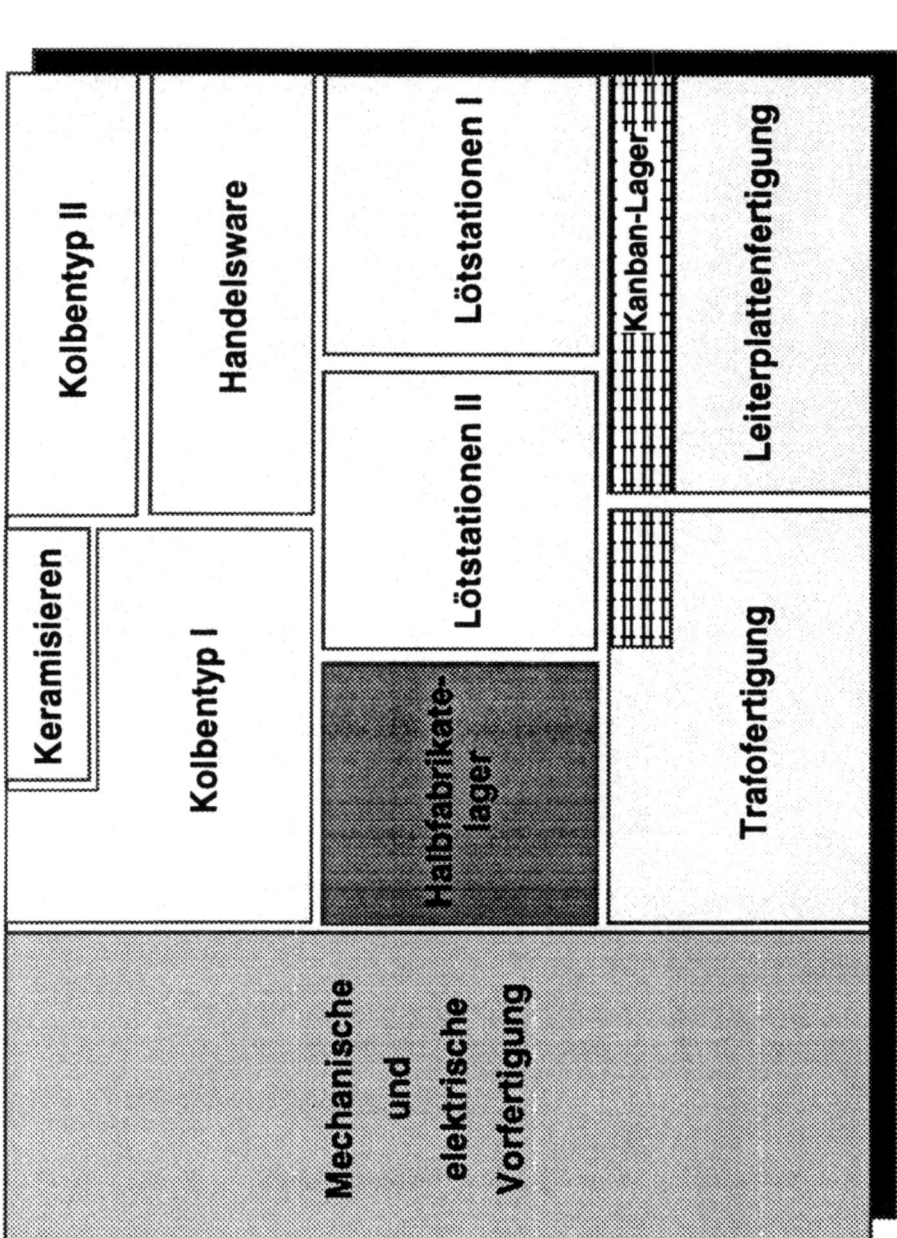

Bild 10: Gesamtlayout mit autonomen Bereichen

Gestaltungs- und Handlungsspielräume

GESTALTUNGS- UND HANDLUNGS-SPIELRÄUME

Entlohnungsmodelle
- Akkordlohn
- Prämienlohn
- Zeitlohn mit Leistungszulage

Personalcoaching
- Weiterbildungsmodelle
  - Kommunikationstraining
  - Gesprächsführung
  - etc.
- Schulungsmodelle
  - arbeitsplatznah
  - arbeitsplatzfern
- Qualifikationsmodelle
  - Job-rotation
  - Job-enlargement
  - Job-enrichment

Führungsmodelle
- aufgabenorientiert
- personenorientiert

Arbeitsorganisation
- Arbeitsplatzmodelle
  - Gruppenarbeit
  - Teamarbeit
- Arbeitszeitmodelle
  - Vollzeitarbeit
  - Teilzeitarbeit
  - Zeitmodelle mit Schwankungsbereich

Bild 11
HERK/HSB

Grundmodelle der Arbeitsorganisation

Steigerung der Flexibilität →

Konventionelle Arbeitsorganisation

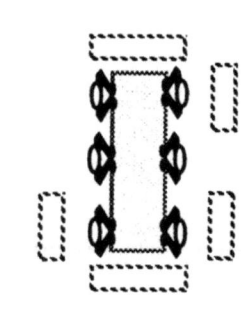

- Arbeitssystem mit hoher Arbeitsteilung
- Einzelarbeitsplätze mit abgegrenztem Arbeitsumfang

Arbeitsorganisation mit Teamarbeit

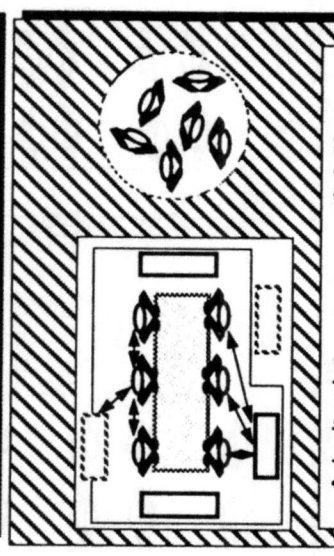

- Arbeitsplatzgruppen mit höheren Arbeitsinhalten
- Unterschiedliche Qualifikationsprofile
- Unterschiedlicher Arbeitsumfang für einzelne Teammitglieder

Arbeitsorganisation mit Gruppenarbeit

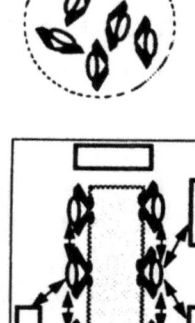

- Jeder Mitarbeiter beherrscht alle Tätigkeiten
- Alle Mitarbeiter arbeiten im gleichen Umfang
- Selbstorganisierter Aufgabenwechsel

Steigerung des Grades zur Selbstorganisation →

Bild 12 — HERK/HSB

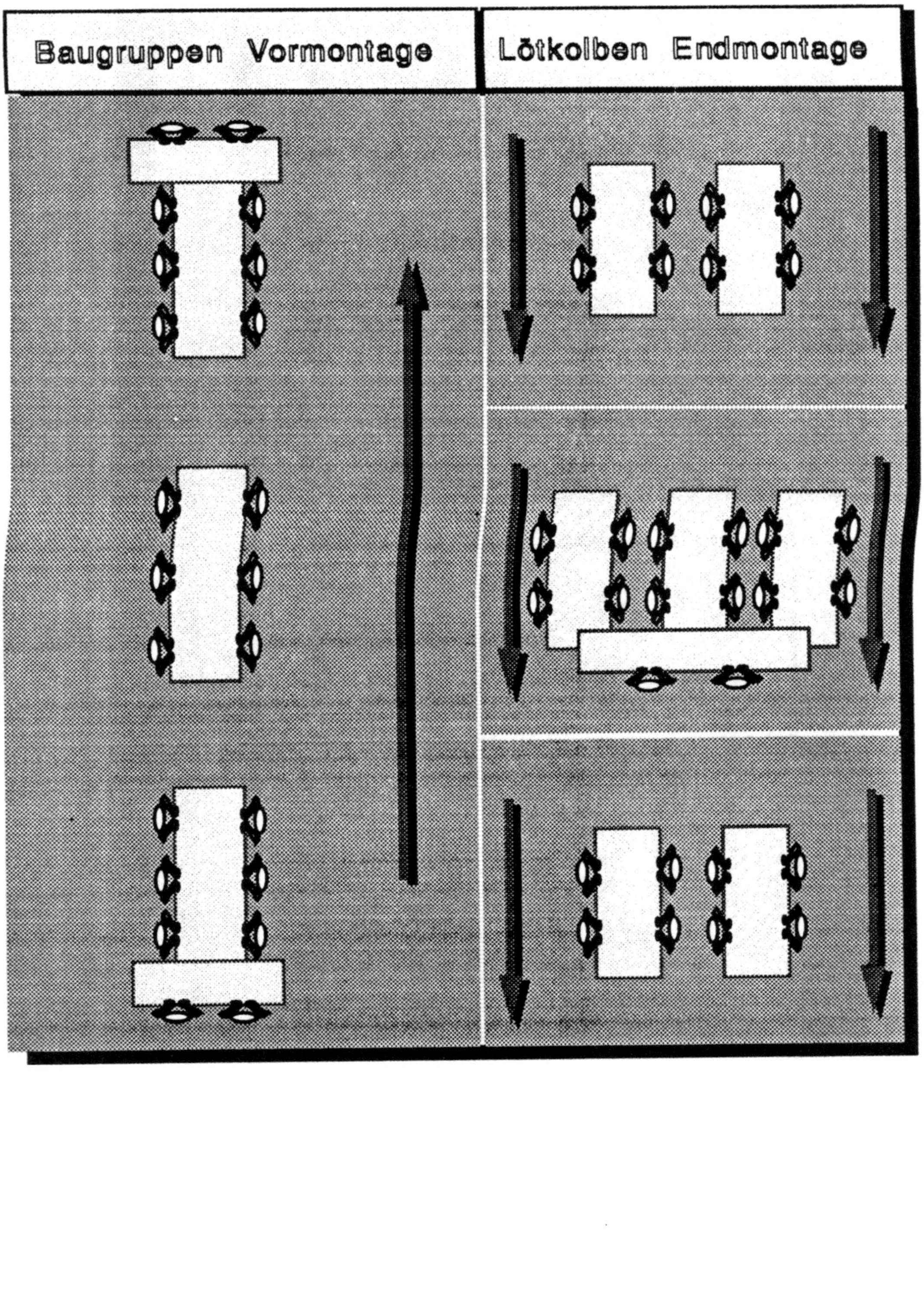

Pilotfraktal Lötkolbentyp I — Bild 13

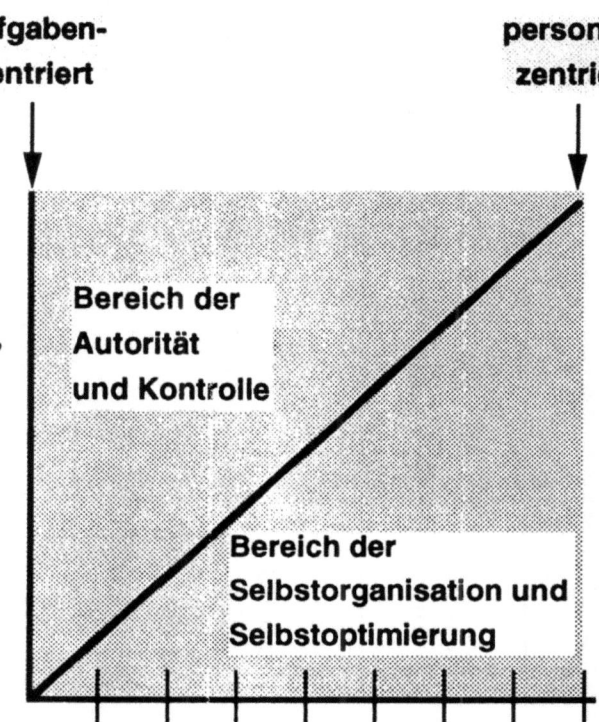

- Mitarbeiter sind unqualifiziert, verantwortungslos
- Mitarbeiter haben keine Bedürfnisse nach Autonomie
- Mitarbeiter kennen Ihre Ziele nicht
- Führung ist autoritär

- Mitarbeiter sind qualifiziert und verantwortungsvoll
- Mitarbeiter zeigen Initiative und Eigendynamik
- Mitarbeiter arbeiten zielorientiert
- Führung ist demokratisch

Im hier betrachteten Anwendungsbeispiel wurde ein partizipatives Führungskonzept umgesetzt, wonach:

- **die Personalentwicklung, Betriebszeit des Bereichs, Auftragspool, Rationalisierungsprojekte etc. der Meister betreut,**

- **der Teamsprecher nicht gewählt, sondern aufgrund seiner fachlichen Qualifikation ernannt wird,**

- **die Arbeitszeit und die Aufgabenverteilung vom Teamsprecher koordiniert werden,**

- **der Teamsprecher Ansprechpartner für auftretende Probleme und Störungen ist.**

Führungsmodell	Bild 14
	HERK/HSB

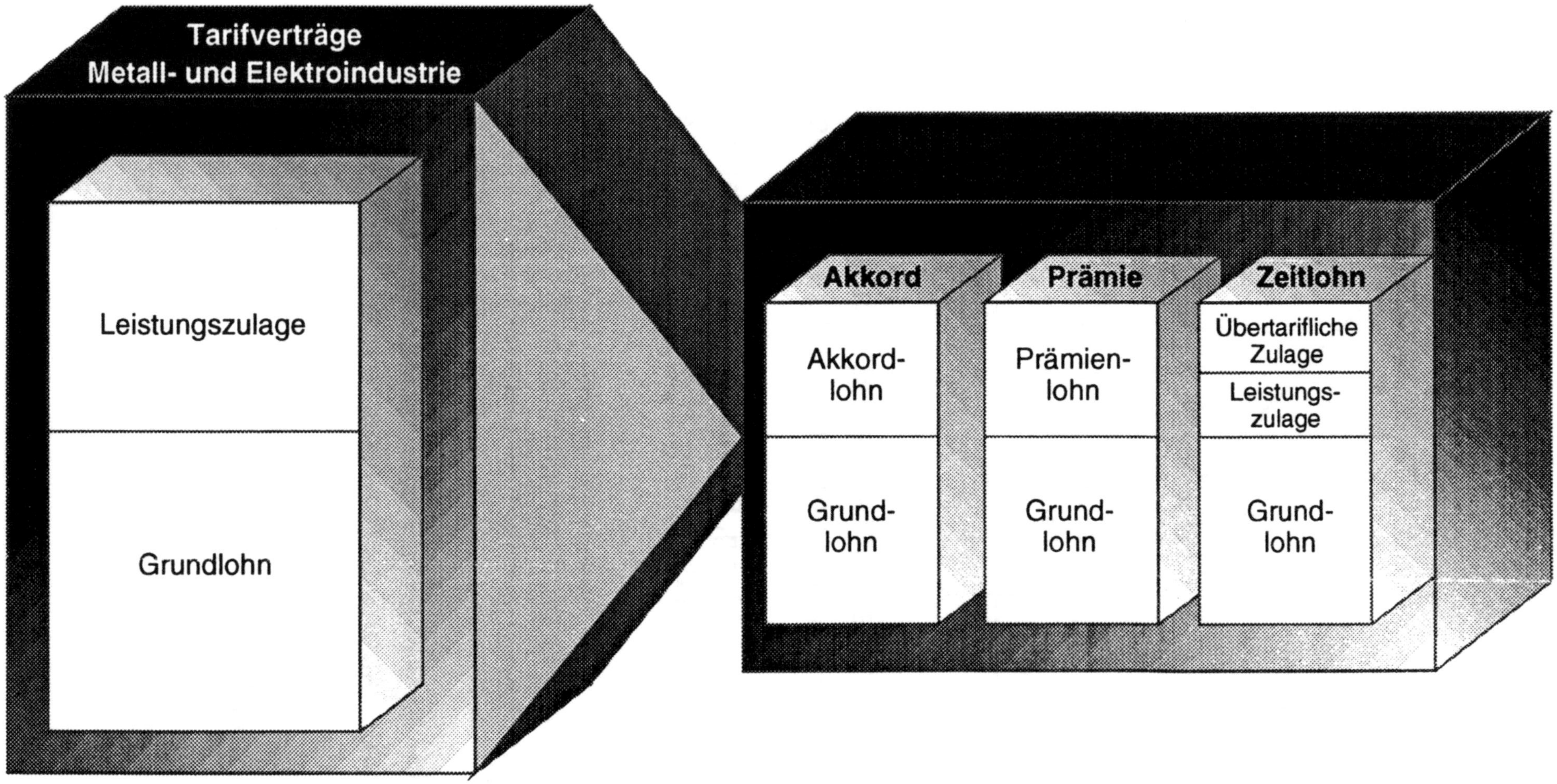

Bild 15: Entlohnungssysteme

Tarifverträge Metall- und Elektroindustrie: Leistungszulage, Grundlohn

- Akkord: Akkordlohn, Grundlohn
- Prämie: Prämienlohn, Grundlohn
- Zeitlohn: Übertarifliche Zulage, Leistungszulage, Grundlohn

HERK/HSB

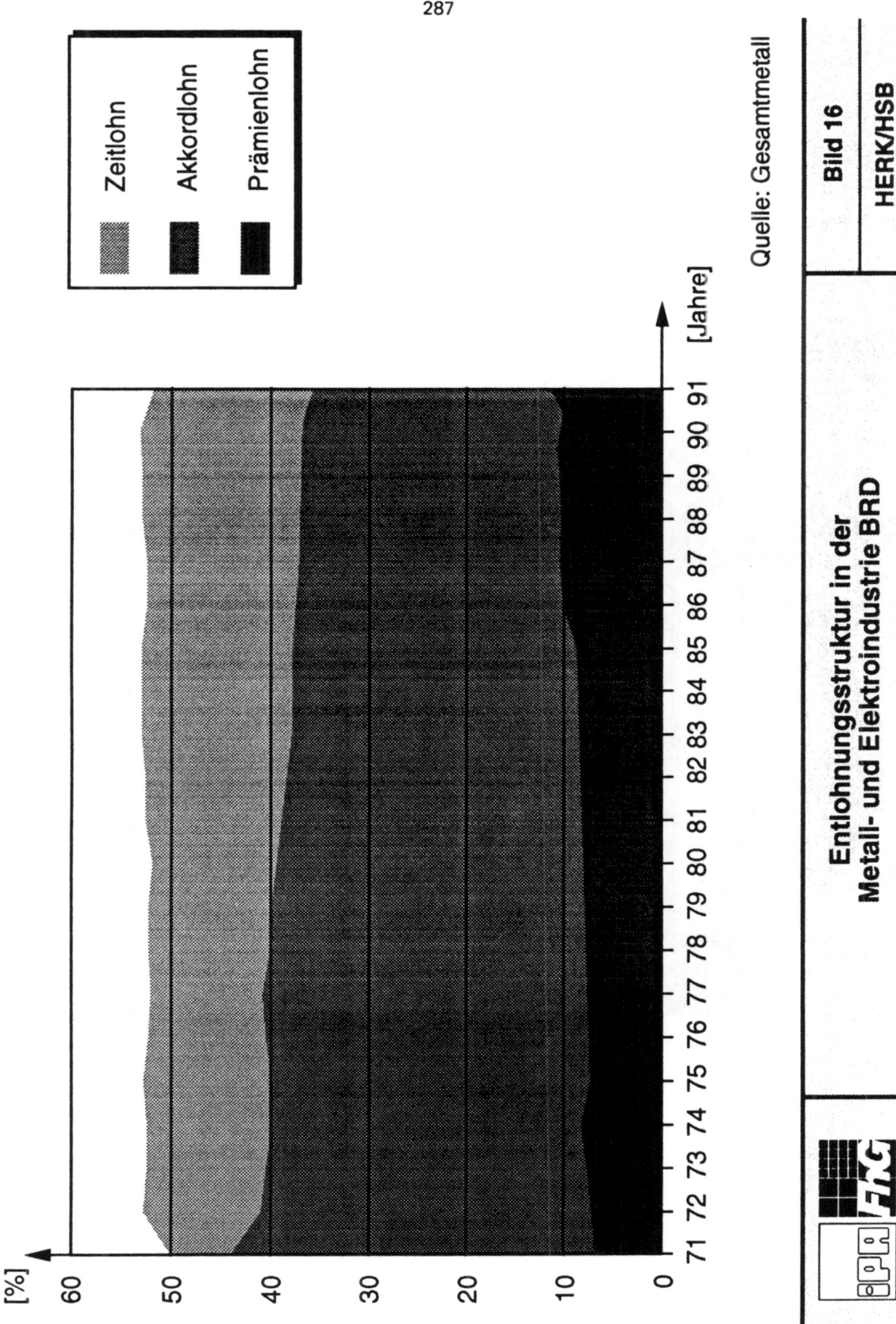

Entlohnungsstruktur in der Metall- und Elektroindustrie BRD

Bild 16

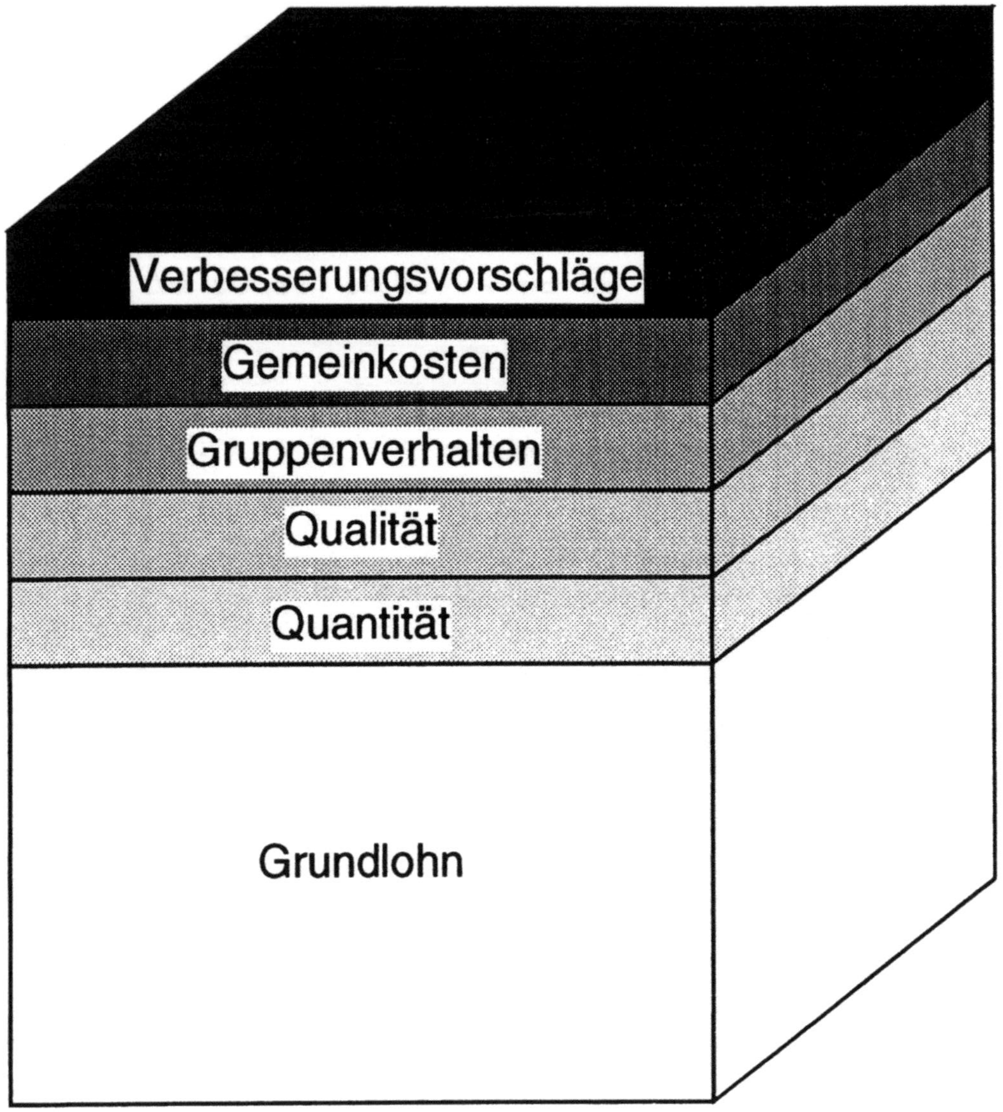
Verbesserungsvorschläge
Gemeinkosten
Gruppenverhalten
Qualität
Quantität
Grundlohn

IPA FhG

Prämienlohnsystem

Bild 17

HERK/HSB

Leistungszulage
(20 - 30 % vom Grundlohn)

- **Arbeitsquantität**
  (Intensität, Wirksamkeit, Arbeitsweise)
- **Arbeitsqualität**
  (Umfang und Häufigkeit von Beanstandungen wie Nacharbeit, Ausschuß, Funktionsfähigkeit)
- **Arbeitssorgfalt**
  (Umgang mit Betriebsmitteln)
- **Arbeitseinsatz**
  (Beachtung von Vorschriften, Sicherheitsanforderungen)

Grundlohn
(Lohngruppe)

☐ Beurteilung erfolgt halbjährlich durch Fertigungsleiter, Meister und Betriebsrat

☐ Leistungsgruppe wird nach einem analytischen Gewichtungsverfahren festgelegt

☐ Meister und Mitarbeiter legen in einem persönlichen Gespräch eine zielorientierte Einsatzstrategie fest

⟶ durchgängige individuelle Entlohnung

⟶ persönlicher Einsatz wird gefördert

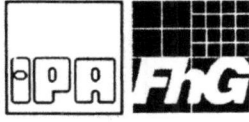

	Zeitlohnsystem mit Leistungsbeurteilung	Bild 18
		HERK/HSB

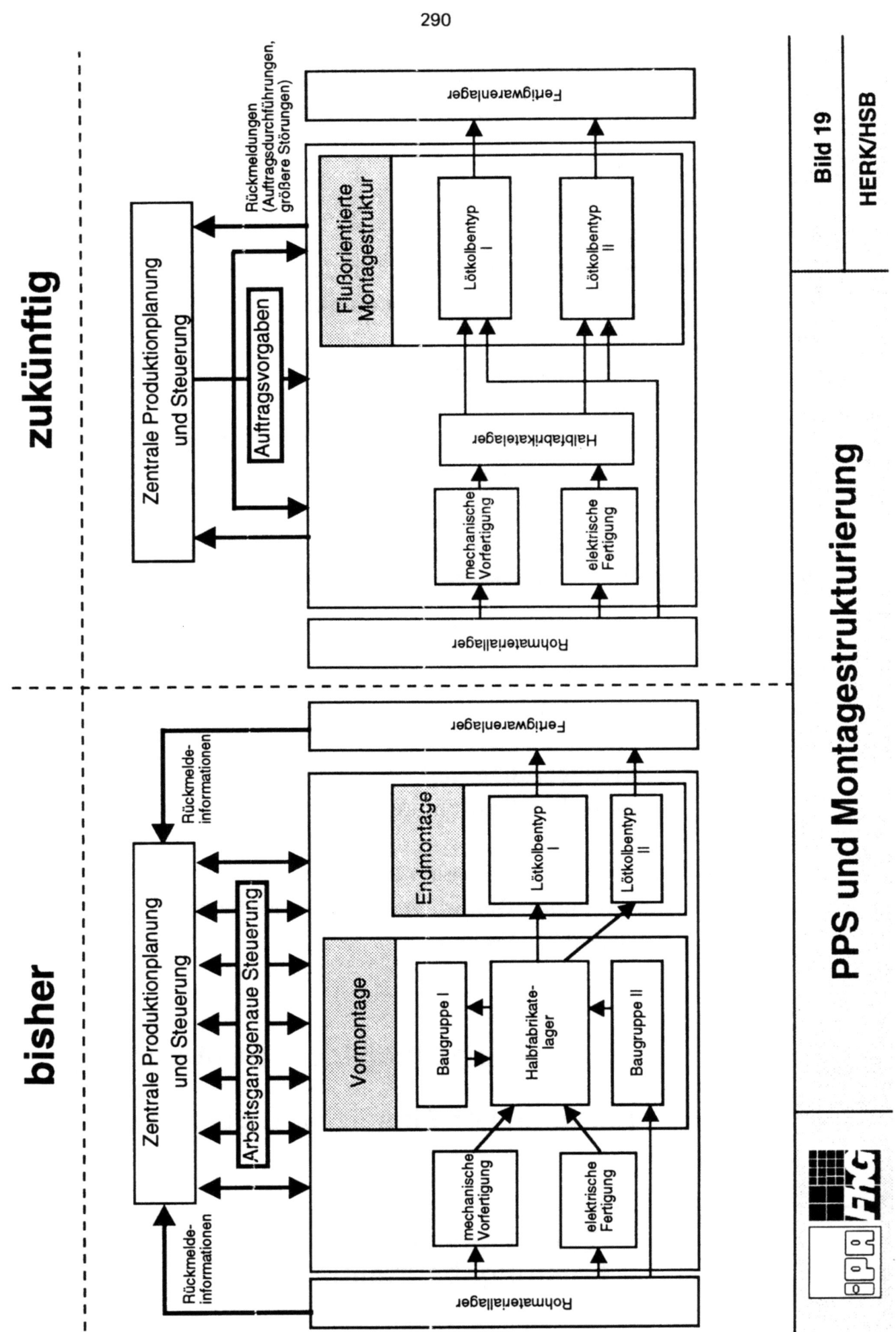

Fraktalauftrag	
Bez.: W 61	Menge: 500 Stück
FAZ: 10.10.	SEZ: 30.10.92
AFO 010 Vormontage BG 1	
AFO 080 Kolben montieren	
AFO 090 Kolben prüfen und verpacken	

FAZ = Frühester Anfangszeitpunkt
SEZ = Spätester Endtermin

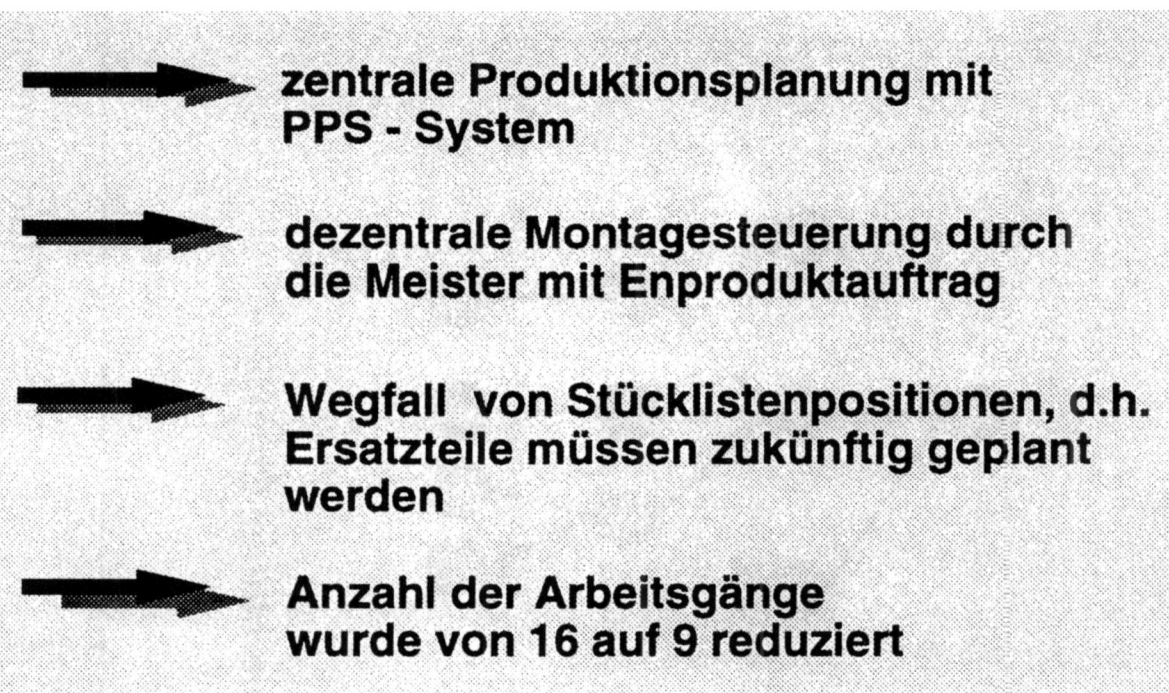

- zentrale Produktionsplanung mit PPS - System
- dezentrale Montagesteuerung durch die Meister mit Enproduktauftrag
- Wegfall von Stücklistenpositionen, d.h. Ersatzteile müssen zukünftig geplant werden
- Anzahl der Arbeitsgänge wurde von 16 auf 9 reduziert

Beauftragung des Fraktals — Bild 20 — HERK/HSB

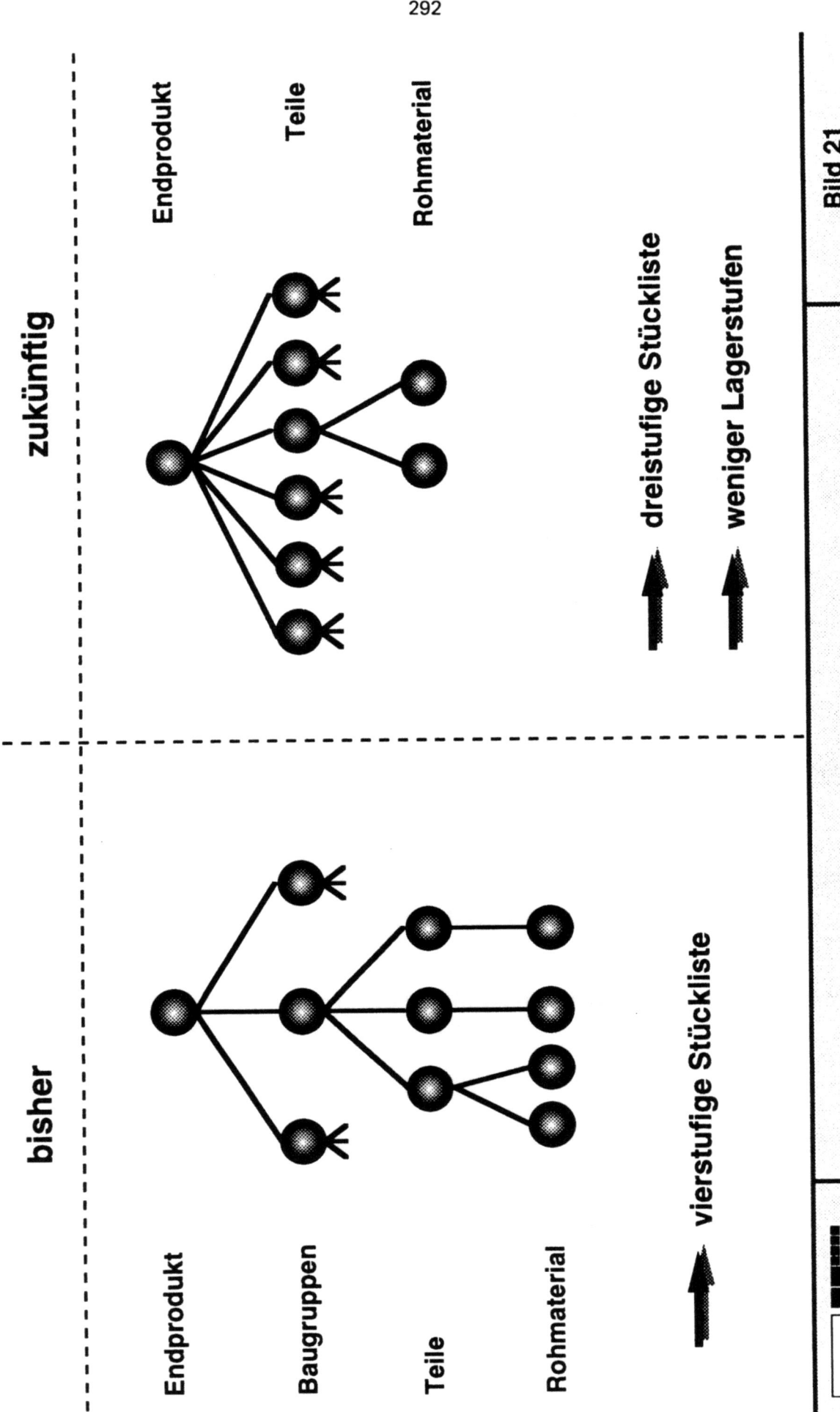

Projektumfang

- Untersuchung der Unternehmenssituation
  (Produktspektrum, Absatzmarkt, Lagerbestand, Fertigungsstruktur)
- Fertigungsstrukturplanung
  (Fraktalbildung, Layoutplanung, Material- und Informationsfluß)
- Ausgestaltung eines Pilotfraktals

Projektergebnis

- Durchlaufzeitverkürzung von 38 auf 15 Tage im Pilotfraktal erzielt
- Bestandsreduzierung von 120 000.- DM im Pilotfraktal erreicht
- Bestandsreduzierungspotential gesamt 760 000.- DM

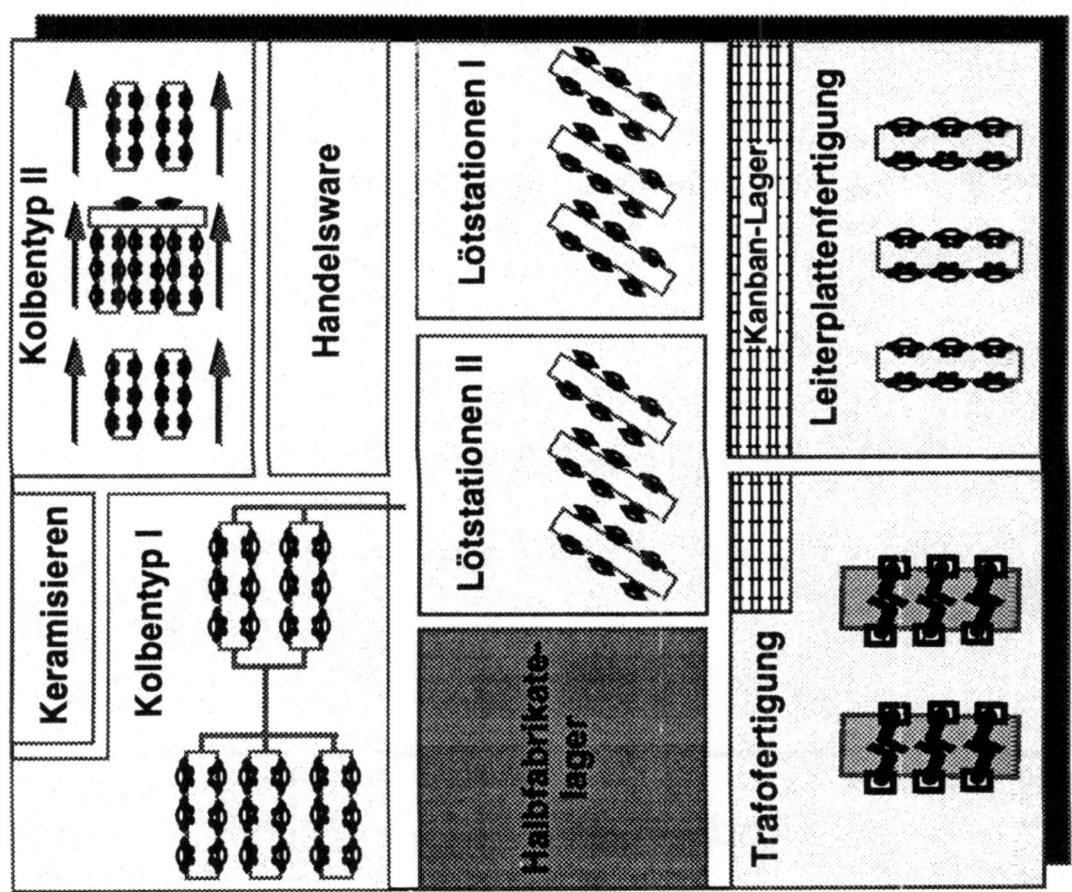

Unternehmenslogistik

- **Produktanalyse, Produktstrukturanalyse, Absatzanalyse, Portfolioanalyse führten zur**

  - Bereinigung des Produktspektrums
    durch Eliminierung von veralterten Produkten

  - Festlegung von Wachstumsbereichen
    aufgrund der prognostizierten Absatz- und Umsatzentwicklung bzw. der stückzahlmäßigen Dominanz der Produkte

  - Reduzierung der Baugruppenvarianten
    durch Verzicht auf produktspezifische Kennzeichnung oder konstruktive Änderung von Baugruppen

  - Festlegung von Zulieferkomponenten.

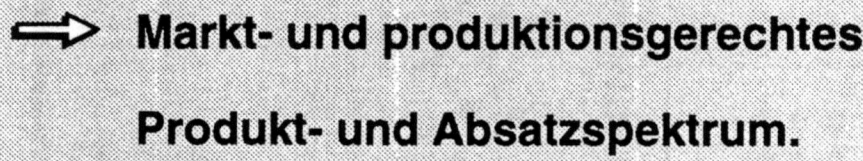

⇒ Markt- und produktionsgerechtes Produkt- und Absatzspektrum.

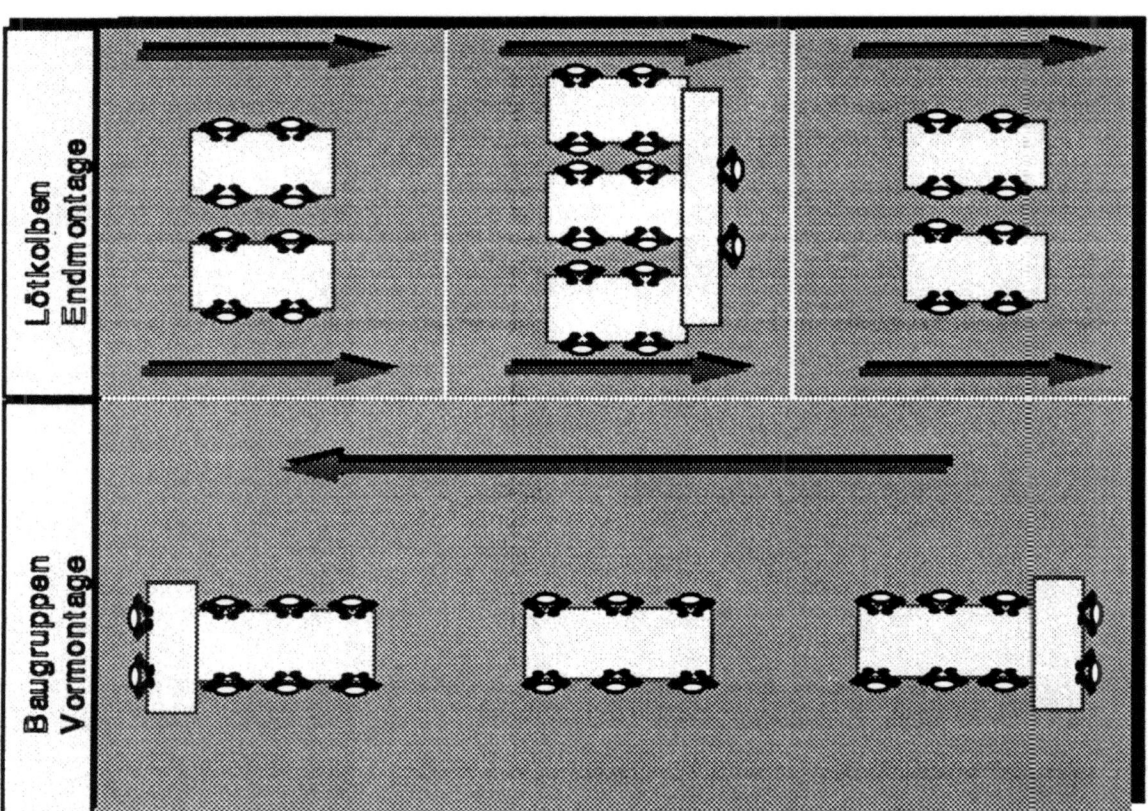

- Die ursprünglich 7 Meisterbereiche wurden auf 6 Meisterbereiche reduziert.

- Jedem Meisterbereich sind 2-3 Teams zugeordnet.

- Jedes Team hat einen Teamsprecher, der die Verantwortung für
  - Arbeitszeit und Aufgabenverteilung
  - Lösung von Problemfällen

  trägt und der zu etwa 90% mitarbeitet.

- Erhöhung der Produktivität (Reduzierung der Nacharbeit, höhere Leistungsausbringung durch erhöhte Motivation).

- Verbesserung der Arbeitszufriedenheit.

- Verbesserung der Anpassungsflexibilität durch:
  - Personaleinsatzflexibilität (Teamarbeit in Baugruppen, Vormontage und in Lötkolbenendmontage, Generalisten die alle Tätigkeiten beherrschen)
  - Arbeitszeitflexibilität (Teilzeit- und Vollzeitarbeit mit wochen-, monats- und quartalsweisen Schwankungsbereichen).

Personal

24. IPA-Arbeitstagung
Weg zur Fraktalen Fabrik

Gesamtheitliches Produktions- und Logistiksystem nach fraktalen Gesichtspunkten

H. Jaberg

Gesamtheitliches Produktions- und Logistiksystem nach fraktalen Gesichtspunkten

H. Jaberg, KSB Aktiengesellschaft/Pompes Guinard S. A.

- Ist deterministisch immer gut und chaotisch immer schlecht?

- Durch Situationsanalyse zur Marktorientierung

    - Unternehmensziele
    - Produktstruktur
    - Produktionsstruktur und Materialfluß
    - Informationsfluß

- Zielvorgaben des Projektes

- Neustrukturierung

    - autonome Gruppen
    - über Segmentierung zum neuen Layout
    - synchroner Materialfluß oder Ordnung in Chaos
    - Lagersystem
    - Fertigungs- und Ablauforganisation

- Resumé und Wirkung

Ist determistisch immer gut und chaotisch immer schlecht?

In einem determistischen System bestimmt ein Subjekt genau die Art und Weise der nachgeordneten Objekte, die ihrerseits wiederum als Subjekte genaue Arten und Weisen weiterer Objekte festlegen. Solange die Ausgangsgrößen also genau festliegen, kann ganz im Sinne von Laplace die Auswirkung im voraus genau festgelegt werden. Auch in einer Fabrik oder in einem Unternehmen funktioniert dieses deterministische System zufriedenstellend, aber eben nur so lange die Ausgangsgrößen genau bestimmt sind. Die Erfahrung lehrt, daß bereits bei geringer Veränderung der Ausgangsgröße das Objekt sich in mehr oder weniger starkem Ausmaß von dem gewünschten Zustand entfernt, worauf das Subjekt durch Gegensteuern reagiert. Bei einigen ungewünscht reagierenden Objekten werden dann mehrere gleichzeitige Korrekturmaßnahmen des Subjektes erforderlich, was in aller Regel zu dem häufig in den Betrieben zu beobachtenden Chaos führt. Die Firmen und Unternehmen brechen nur deshalb nicht schlagartig zusammen, weil die Mitarbeiter nach dem Motto "Die da oben haben sowieso keine Ahnung." sich selbst organisieren und ihren eigenen Bereich nach eigener Maßgabe weiter betreiben, in der Summe aller Bereiche somit das ganze Unternehmen.

Macht man aus der Not eine Tugend und kultiviert gerade dieses "Nicht-Vorhersagbare", indem das Ziel, nicht aber die Art und Weise der Zielerreichung festgelegt werden, so können überraschenderweise sehr viel bessere Ergebnisse erzielt werden. Im militärischen Bereich wurde diese Lehre schon früh beherzigt, so wird Napoleon der Satz nachgesagt, ein Befehl müsse kurz und ungenau sein. Andererseits konstatierte Napoleon, daß der Feldherr, der zur rechten Zeit am rechten Ort mehr Gewehre hat, eine Schlacht gewinnt. Da ihm dieses bis auf Ausnahmen in der Mehrzahl der Fälle gelang, ist davon auszugehen, daß er beide Prinzipien erfolgreich kombinieren konnte, was bedeutet, daß den Generälen aufgegeben wurde, zu einer bestimmten Zeit an einer bestimmten Stelle mit ihrer Truppe zu sein (kurz), wie sie dieses bewerkstelligen, aber ihnen selbst obliegt (ungenau). Als Kenner von Management by objectives setzen wir voraus, daß die so definierten Ziele auch immer erreichbar waren.

Weitere Beispiele, daß im Mikroskopischen chaotische Systeme sich im Makroskopischen überlegen verhalten, finden wir in der Natur. So löst eine in der Mikrostruktur chaotische turbulente Strömung beim Umströmen eines Zylinders oder eines Tragflügels erheblich später ab als eine wohlgeordnete laminare Strömung, verhält sich also stabiler, bewirkt höheren Auftrieb und niedrigeren Widerstand. Außerdem: trotz ihrer Unordnung im kleinen strebt die turbulente Strömung offensichtlich in eine bestimmte Richtung.

Betrachtet man die kleinsten Wirbel einer turbulenten Strömung, so verläuft die Strömung innerhalb dieser kleinsten Wirbel sehr wohl laminar. Die Turbulenz und somit das Chaotische kommen erst ins Spiel, wenn man in einem größerem Rahmen die Strömung als ganzes betrachtet. Somit hängt es von dem gewählten charakteristischen Größenmaßstab ab, ob es sich um ein chaotisches oder ein deterministische System handelt. Auch die napoleonische Armee zog insgesamt in eine bestimmte Richtung und setzte sich dabei aus (vermeintlich) chaotischen Einheiten zusammen, die aber ihrerseits dank der napoleonischen Korporale eher deterministisch aufgebaut waren.

Beim Übergang von den großen über die mittleren zu den kleineren Wirbeln bzw. von den großen über die mittleren zu den kleineren Einheiten, sei es in unserem militärischen Beispiel oder auch in unserem Unternehmen, stellen wir also immer wieder die gleichen Gesetzmäßigkeiten fest, in anderen Worten, das Gesamtsystem und seine Teilsysteme weisen das Merkmal der Selbstähnlichkeit auf.

Gibt man diesen Teilsystemen (Objekten) die Möglichkeit zur Selbstorganisation, weil die übergeordneten Systeme (Subjekte) sich sowieso nicht a priori auf alle möglichen Bedingungen einstellen können, so ergibt sich die Dynamik, nämlich die selbständige Anpassung an sich ändernde Randbedingung, von selbst. Ein System, das diese drei Charakteristika - Selbstähnlichkeit, Selbstorganisation, Dynamik - besitzt, nennen wir fraktal.

Auch die hier untersuchte Fabrik war im Ausgang deterministisch organisiert und wies einen gesteuerten Materialfluß und festgelegte Auftragsabwicklung auf. Da in diesem festgelegten System aber eine nicht kalkulierbare Größe namens Kunde auftrat, mußte Unwägbarkeiten durch große Lagerbestände an Rohmaterial, Baugruppen und Fertigmaterial vorgebeugt werden, wodurch wir unser Ziel "kurze Durchlaufzeiten" weit verfehlten.

Durch Situationsanalyse zur Marktorientierung

Unternehmensziele

Grundlage für eine erfolgreiche Planung mit minimalem Zeit- und Kostenaufwand, ist ein zielgerichtetes Vorgehen, das jedoch nicht von außen übergestülpt werden darf, sondern vielmehr von dem betroffenen Personenkreis selbst erarbeitet werden muß. Es wurde daher zunächst ein Zielsystem generiert, das von der Unternehmensphilosophie, der strategischen Orientierung sowie der Unternehmenskultur ausgeht. In einem Zielsystem soll festgeschrieben werden, wie das Unternehmen in Zukunft auf die Einflüsse der Unternehmensumwelt reagieren muß, damit dem steigendem Wettbewerbsdruck, der zunehmenden wirtschaftlichen Unsicherheit sowie dem technologischen Wandel begegnet werden kann.

Die Unternehmensziele Qualität, Wirtschaftlichkeit, Flexibilität, Durchlaufzeit und Soziabilität wurden dabei mit Hilfe des paarweisen Vergleiches gegenübergestellt und gewichtet.

Diese Zielstruktur wurde mit den konkreten Geschäftszielen (Bild 1)

    Erhöhung der Ausbringung

    Kostenreduktion für Vorbereitung für Preisverfall in zunehmend wettbewerbsintensivem Umfeld

    Reale Umsatzsteigerung

zur Definition der konkreten Planungsziele des Projektes verwendet (Bild 2).

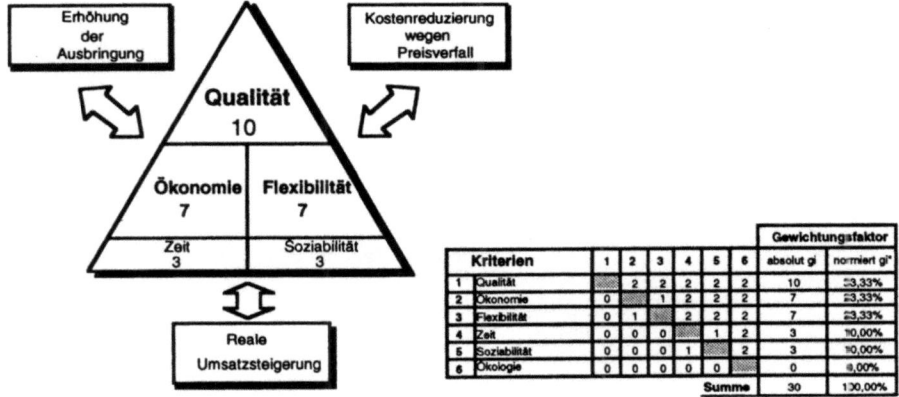

Bild 1: Gewichtete Unternehmensziele

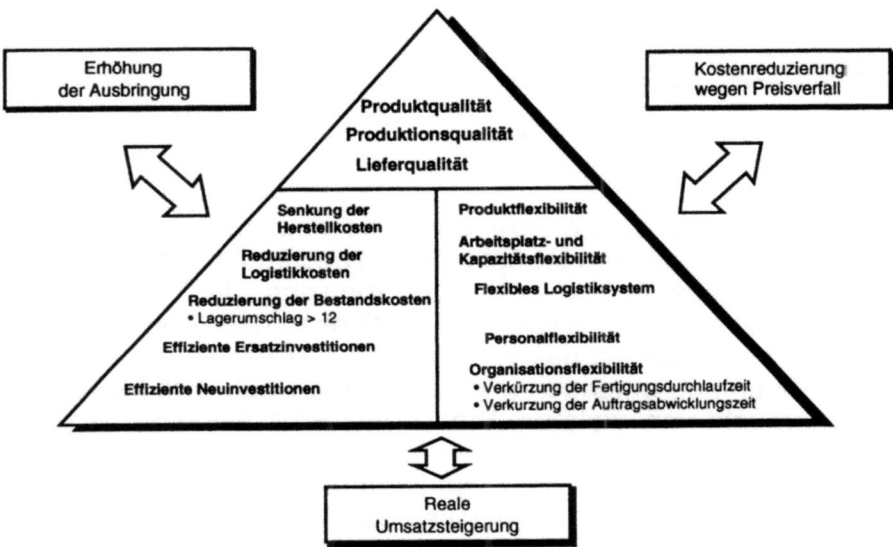

Bild 2: Planungsziele

Produktstruktur

Die einzelnen Produkte unterscheiden sich zwar mehr oder weniger voneinander, es lassen sich jedoch Produktlinien aufgrund übereinstimmender Merkmale bilden. Für die in den Produktlinien enthaltenen Produktgruppen wurden Repräsentative Produkte (RP) ausgewählt, da die Betrachtung jedes einzelnen Fertigfabrikates bei der großen Anzahl an verschiedenen Produkten und deren Varianten nicht durchführbar ist. Auf dieser Basis wurden die produktseitigen Eigenschaften für die Planung erhoben. Mit Hilfe des repräsentativen Produktspektrums kann das gesamte Erzeugnisprogramm abgebildet werden (Bild 3). Diese Produktstrukturtabellen wurden herangezogen, um für die Bestandteile der repräsentativen Produkte im Rahmen der Materialflußuntersuchung die Art, Anzahl und die Belegung der Lager- bzw. Transportbehälter aufzunehmen. Dies bildete den Ausgangspunkt für die in den nachfolgenden Kapiteln beschriebenen Planungsarbeiten, wie z. B. die Ermitt-

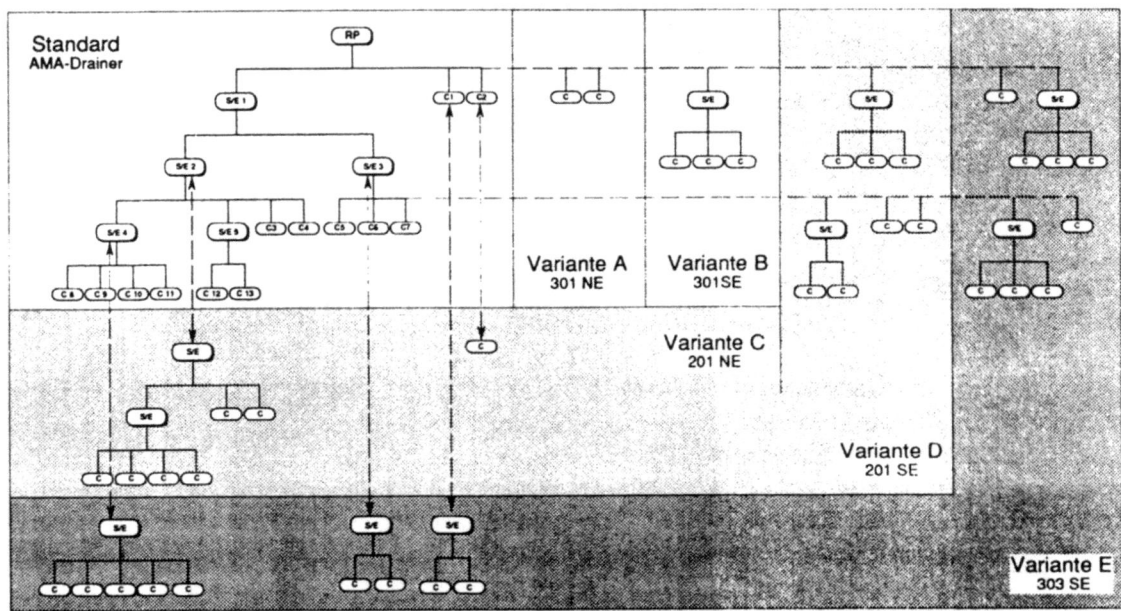

Bild 3: Schema einer Produktionsstruktur

lung des Materiallußaufwandes und darüber die Konzeption des Lager- und Transportsystem. Die Strukturtabelle am Beispiel einer Tauchmotorpumpe zeigt die hohe Variantenkomplexität dieses an sich einfachen Produktes. Die Produkte kommen in verschiedensten Ausführungen hinsichtlich Funktionsaufbau, Form, Farbe und Zubehör vor. Für eine Verbesserung des Produktionsprozesses muß der Variantenflut mit geeigneten Maßnahmen entgegengewirkt werden. Dazu wird für repräsentative Produktlinien untersucht, an welcher Stelle des Produktionsprozesses und in welcher Integrationsstufe durch das Zusammenfließen von alternativen Bestandteilen welche Art und Anzahl von Produktvarianten entstehen. Der Anstieg der Variantenanzahl über den gesamten Produktionsprozeß für die Tauchmotorpumpe im Vergleich mit dem Wertanstieg wird in Bild 4 dargestellt. Es ist zu sehen, daß der Anstieg der Variantenvielfalt erst bei der Montage der Pumpe aus ihren Einzelteilen entsteht, wobei die Einzelteile bereits 60 % des Wertes der fertigen Pumpe darstellen. Dies bedeutet, daß bis zum Beginn der Montage im wesentlichen auf die gleichen Bauteile zurückgegriffen werden kann, ein Umstand, der bei der Auslegung des Materialflußes und der Lagerkapazitäten entscheidend zu berücksichtigen sein wird. Ebenfalls in die spätere Planung werden die Vertriebswege eingehen, weil diese Häufigkeit, Umfang der Bestellungen und Lieferzeit (mehrere Wochen oder ein Tag) definieren sowie eine durch die Einsatzart der Pumpe (Entwässerung bzw. Beregnung) erforderliche Saisonalität (Bild 5). Diese beiden Randbedingungen erforern im wesentlichen die bereits bei den Zielen herausgestrichene Flexibilität der Fertigungseinrichtungen.

Schließlich wurde auf Basis dieser Informationen sowie der Analyse der Verkaufszahlen aus 1990 und der geplanten Stückzahlsteigerung für 1995 eine Vorschau für die starken Saisonmonate Februar, Mai und Juli 1995 sowie innerhalb dieser Zeitspannen für 2 charakteristische Wochen mit hohen Stückzahlen vorgenommen. Somit lag eine realistische Annahme für das Stückzahlenmix der verschiedenen

Produkte für den Produktionszeitraum einer Woche vor, das später die Grundlage für die Simulation des Fertigungsablaufes und der Auftragsabwicklung dienen soll.

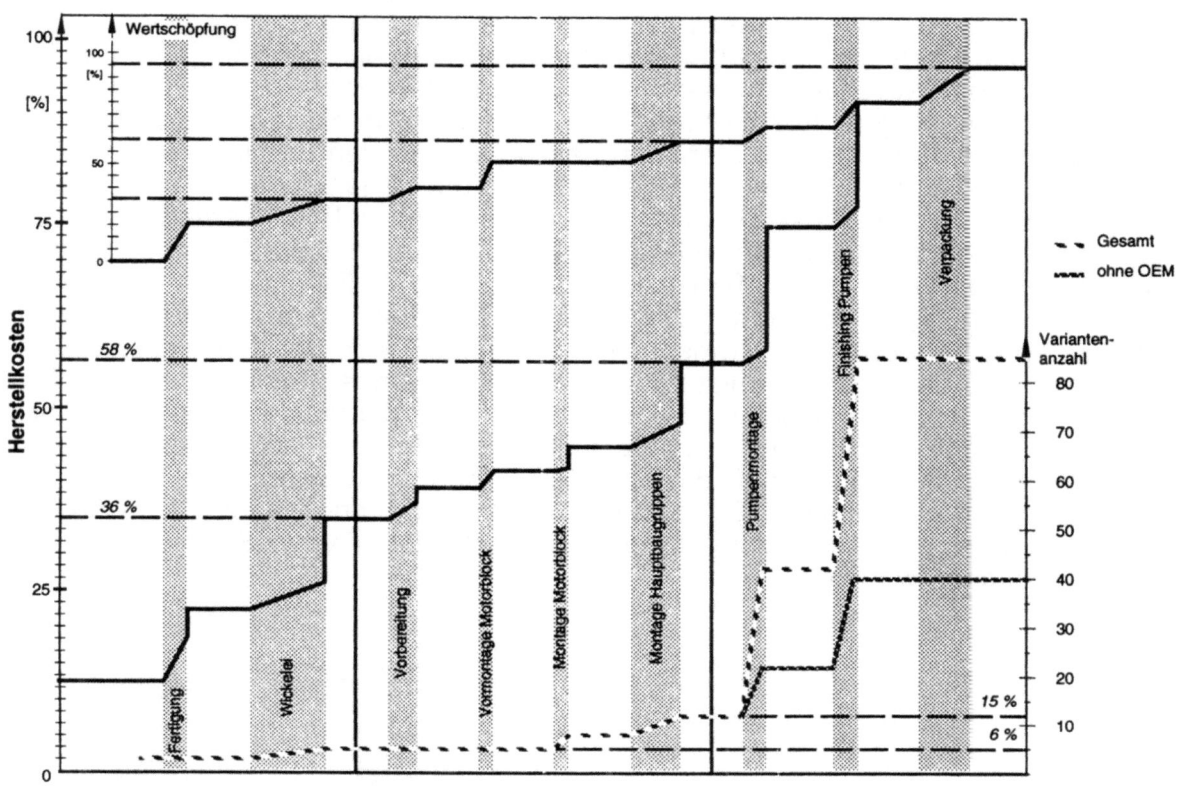

Bild 4: Variantenanzahl und Herstellkosten als Funktion des Herstellprozesses

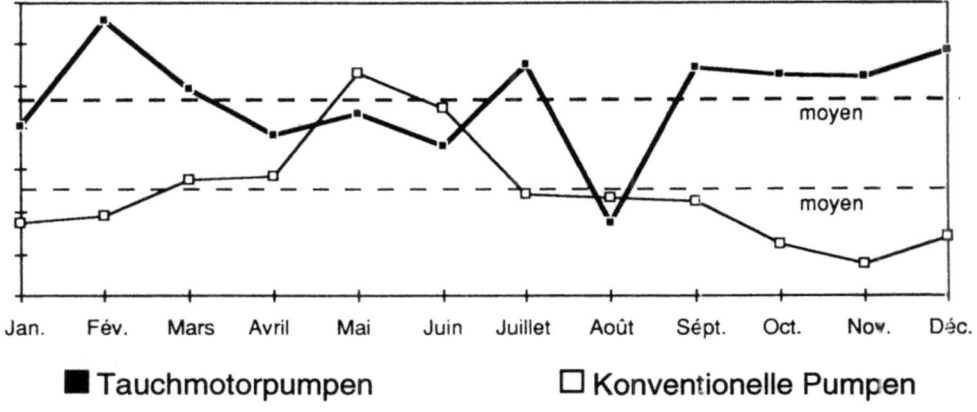

Bild 5: Saisonalität der Verkaufszahlen Tauchmotorpumpen und konventionelle Pumpen

Produktionsstruktur und Materialfluß

Als Grundlage für die Untersuchung der Ausgangssituation der Produktion wurden die Funktionsbereiche innerhalb der Gebäude (Bild 6) aufgenommen. Die Funktionsbereiche werden für die Untersuchung der logistischen Abhängigkeiten als "Black Box" angesehen. Wareneingang und Warenausgang befinden sich im Abschnitt rechts oben des Layout. Der Materialfluß läßt sich grob folgendermaßen skizzieren: Vom Wareneingang werden Bauteile in die Lager 10 und 20 über eine Art I-Punkt eingelagert. Aus diesem Lager werden sie direkt in die einzelnen Arbeitsplätze (Bearbeitung oder Montage) geschoben. An den Endpunkten der Montage werden die Produkte dann in das Auslieferungslager ebenfalls rechts oben gebracht und dort wieder eingelagert bis zur Auslieferung. Erschwerend kommt jedoch hinzu, daß zu diesem an sich schon komplizierten Materialfluß noch zusätzliche Lager existieren für Großteile (Kunststoff, Guß, Wellenmaterial), von denen aus die Fertigungs- und Montagebereiche mit Material versorgt werden. Die im Kreisverkehr angeordneten Transportwege befinden sich an den Hallenaußenseiten, so daß das Transportmittel nur von einer Seite aus Zugriff auf die Produktionsbereiche hat. Von Nachteil ist ebenfalls, daß der Verkehrsweg die wertvollste Produktionsfläche mit direktem Lichteinfall durch die groß angelegten Fensterflächen belegt. Insgesamt läuft der Materialfluß sehr unstrukturiert ab und ist gekennzeichnet durch häufiges Ein- und Auslagern in die Zentrallager. Diese Art des Materialflusses muß als Beispiel für ungewolltes Chaos, das zu Effizienzverlusten führt, angesehen werden.

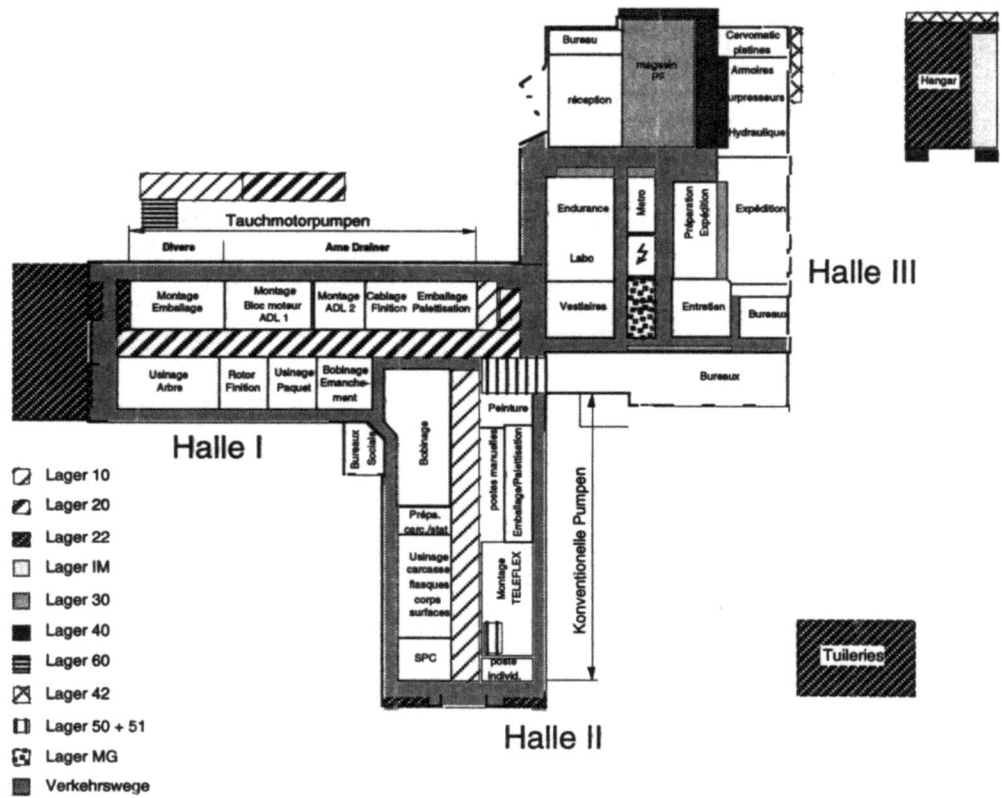

Bild 6: Layout zu Beginn der Studie

Der Fertigungsbereich gliedert sich in die

- Gruppenfertigung der Gußteile mit sehr hohen Umrüstzeiten,
- Fließfertigung des Rotors und
- Fließfertigung des Stators mit Wicklung.

In allen drei Fertigungsbereichen werden Bestandteile für alle Produktfamilien des Werkes hergestellt.

Das Spektrum der Montageorganisation ist weit gefächert und enthält

- Einzelarbeitsplätze, an denen ganze Pumpen endmontiert werden,
- flexible Arbeitsplätze nach dem Fließprinzip mit Arbeitsteilung und
- getaktete Montagelinien, bei denen einzelne Arbeitsstationen voll automatisiert sind.

In der Montage können aufgrund des Montageablaufs und der ausgeführten Arbeiten grundsätzlich zwei Bereiche für die beiden Produktfamilien unseres Werkes (Tauchmotorpumpen und konventionelle Pumpen) unterschieden werden.

Fertigungs- sowie Montagebereich werden durch häufig kreuzenden Materialfluß gekennzeichnet. Die Materialbereitstellung der Teile, die in der Montage benötigt werden, geschieht direkt aus den Zentrallagern heraus. Auf entsprechenden Rollenbahnen warten die Teile und Baugruppen auf ihren Einbauzeitpunkt an den jeweiligen Montageplätzen.

Informationsfluß

Das folgende Bild zeigt den Informationsfluß in der Produktionsplanung und -steuerung im Überblick (Bild 7). Die Planung beginnt mit der Jahresverkaufsprognose aus dem Marketing unter Berücksichtigung der schon vorher gezeigten Saisonalität. Diese Prognose wird umgesetzt in monatliche Verkaufsmengen und anschließend in Monatsproduktionsmengen. Fertigungsaufträge werden jeweils für einen Monat erstellt. Die einzelnen Schritte der Planung wiederholen sich rollierend im Monatsraster. Lediglich die Absatzplanung und die Montageplanung weichen davon ab: Die Absatzplanung erfolgt jeweils für das kommende Jahr, die Montageplanung erfolgt im 2-Wochenrhythmus. Weicht der Ist-Bedarf vom geplanten Bedarf ab, so werden die Belegungspläne innerhalb der üblichen Planungszyklen korrigiert. Die festgestellten langen Planungszyklen sind aufgrund ihres deterministischen Charakters eine weitere Ursache für die hohen Bestände. Die monatliche Planung führt zu großen Losgrößen, damit zu langen Durchlaufzeiten und erhöht die mittleren Bestände. Daß zum Teil hohe Rüstzeiten in der mechanischen Bearbeitung sowie der Statorwicklung zusätzlich zu langen Planungszyklen und hohen Losgrößen beitragen, verändert diese Grundaussage nicht. Auf Basis dieses Produktionsprogramms wird der monatliche Sekundärbedarf an Baugruppen und Tei-

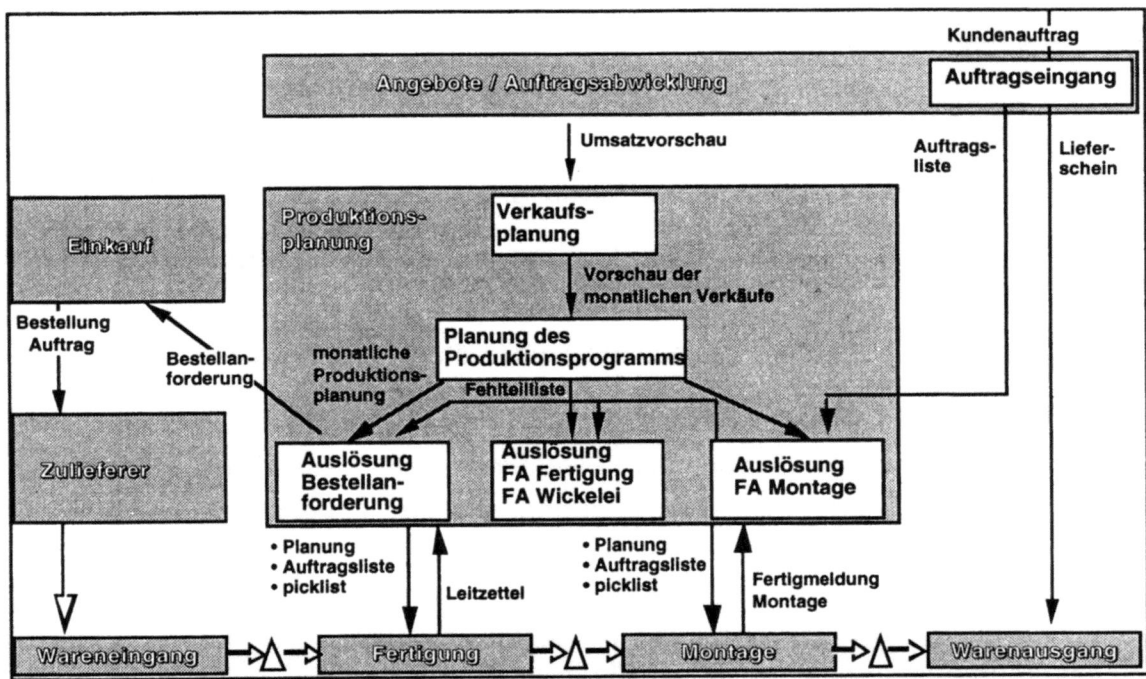

Bild 7: Inormationsfluß vor der Neustrukturierung

len wie an Rohmaterialien ermittelt, und es werden entsprechend der Wiederbeschaffungszeit die Einkaufsaufträge erteilt. Nur im geringen Umfang wird verbrauchsorientiert über Bestellpunkt disponiert. In dem geschilderten Ablauf liegen ebenfalls Gründe für die zu hohen Lagerbestände. Die komplette Ausrichtung der Produktion auf die mit großer Unsicherheit verbundene Verkaufsprognose erfordert hohe Sicherheitsbestände. Da die Verkaufsprognose aufgrund der Wiederbeschaffungszeiten allerdings für die Materiabeschaffung notwendig ist, bleibt die Verbesserung der Verkaufsprognosen auf Dauer eine Herausforderung. Auf Basis des Produktionsprogramms werden in der Fertigungsplanung die Aufträge für den jeweils nächsten Monat erstellt. Entsprechend der Bestandssituation wird für die einzelnen Arbeitsplätze die Reihenfolge festgelegt, in der die Fertigungsaufträge abgearbeitet werden. Diese Planung erfolgt ein bis zweimal pro Monat und wird jeweils für die folgenden 2 Wochen zusammen mit der Belegungsliste dem verantwortlichen Meister übergeben. Der Lagerverantwortliche erhält ebenfalls den Belegungsplan zusammen mit der zu jedem Auftrag gehörenden Kommissionierungsliste (Picklist). Im Lager werden die Aufträge entsprechend des vom Lagerarbeiter beobachteten Fertigungsfortschritts in der Reihenfolge der Belegungsplanung kommissioniert. Mit der Fertigstellung des Auftrages werden die Teile in aller Regel wieder in ein Zwischenlager (siehe Bild 6, Lager 10, 20) eingelagert und mit einem Rückmeldezettel gemeldet. Innerhalb eines Tages wird daraufhin der Auftrag in der EDV abgeschlossen und die entsprechende Mengen dem Lager zugebucht.

Dieser deterministische Ablauf mit der Produktionsplanung als zentralen Dreh- und Angelpunkt bringt das Problem mit sich, daß Materialverbuchungen zeitlich versetzt und streng nach Stückliste vorgenommen werden, so daß Ausschuß und Kommissionierfehler nicht erfaßt werden. Monatliche Planung und die damit verbundenen großen Losgrößen führen zu hohen Werkstattauftragsbeständen und erneut zu hohen mittleren Beständen an Fertigteilen, Baugruppen und Rohmaterialien.

Hier wird klar, daß das wesentliche Ziel der Strukturplanung die Reduzierung der Planungszyklen sowie eine weitgehende Entkoppelung der Fertigungssteuerung von der Prognose sein muß. Mit anderen Worten, die Planungskompetenz muß auf Gruppenebene delegiert werden.

Zielvorgaben der Projekte

Die Bestandsaufnahme bildet den Ausgangspunkt für die nun folgenden Schritte der Strukturplanung. Planungsaufgaben zur logistikorientierten Strukturplanung lassen sich entsprechend der Logistikdefinition in zwei Arbeitsbereiche gliedern:

a) Materialfluß = operative Logistikebene
b) Informationsfluß = dispositive Logistikebene

Die zugehörigen Arbeitsschritte und Ergebnisse sind in Bild 8a und b dargestellt. Nach der Erarbeitung von prinzipiellen Lösungen für die Logistiksysteme, der Planung ihrer strukturellen Zusammenhänge hinsichtlich Materialfluß und Informationsfluß müssen verschiedene Layouts erarbeitet werden, für die die Prinziplösungen weiter ausgearbeitet und detailliert werden. Mit Hilfe der weiter oben definierten Unternehmens- und Bereichziele sowie unter Berücksichtigung der Randbedingungen minimaler Investitionen, minimaler Anpassungskosten sowie minimaler Umzugskosten ist die optimale neue Struktur auszuwählen.

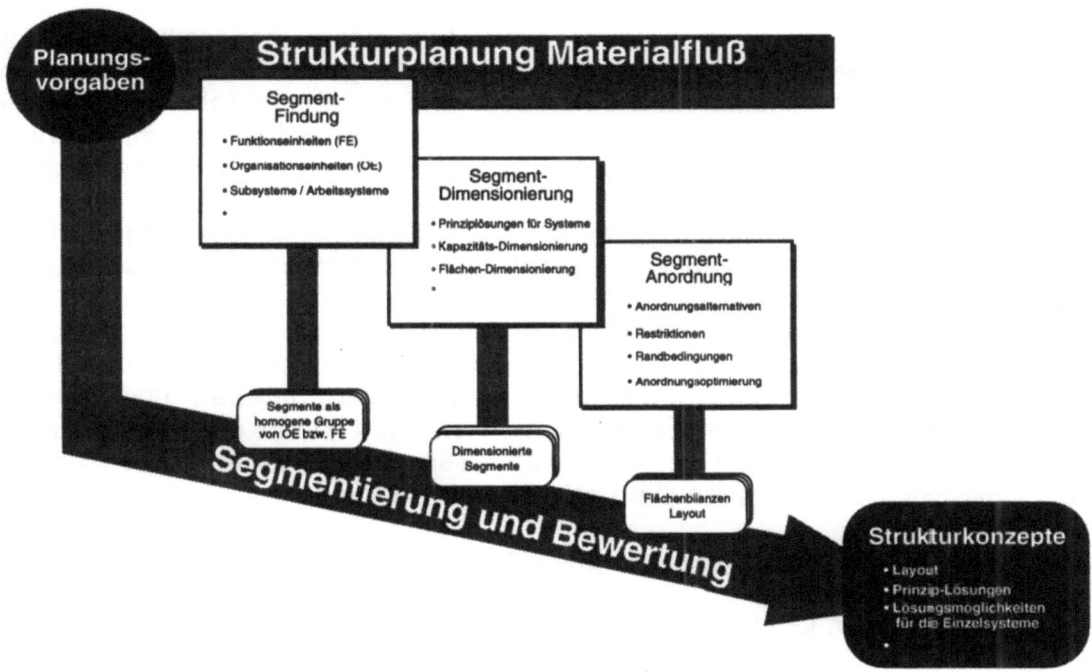

Bild 8a: Grobkonzeption auf Materialflußebene

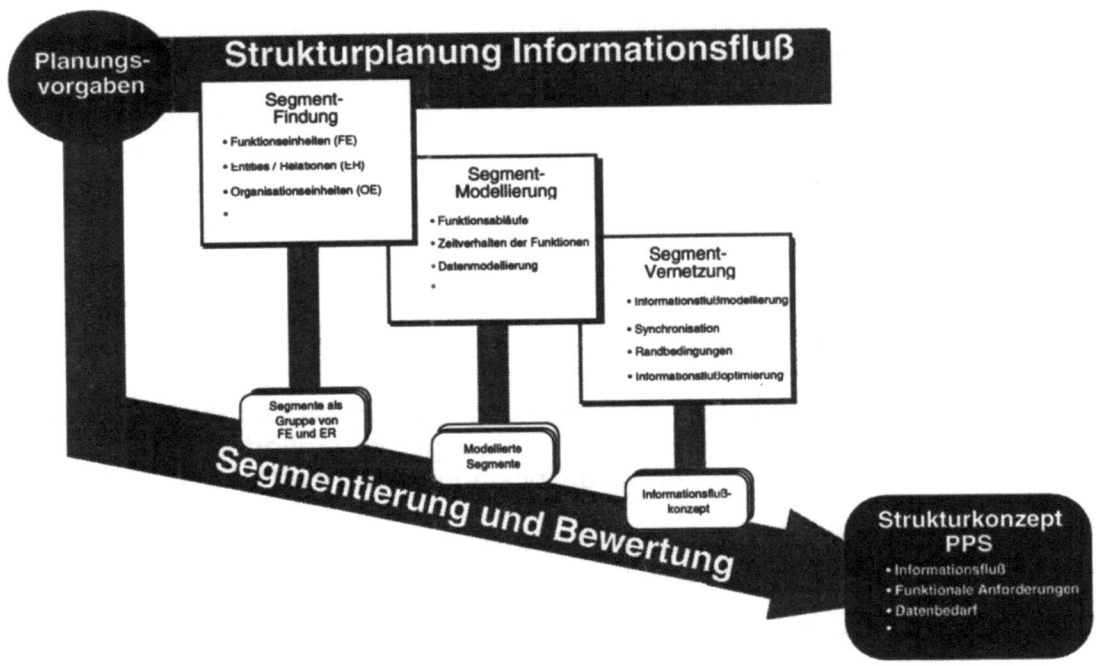

Bild 8b: Grobkonzeption auf Informationsflußebene

Neustrukturierung

Eine effiziente Produktion muß die Erfolgsfaktoren Lieferzeit, Qualität und Preis in dem vom Marketing definiertem Umfang realisieren, um den Markt besser und schneller als der Wettbewerb zu bedienen und um damit die Position des Unternehmens zu festigen. Zur Planung wurde somit die gesamte Logistikkette unter wertanalytischen Gesichtspunkten untersucht und gegebenenfalls umstrukturiert, um nur die nötigsten wichtigen Funktionen zu integrieren. Die gesamte Fertigung wurde zunächst in Segmente unterteilt, die als eigenständige und eigenverantwortliche Einheiten innerhalb der Produktion definiert werden und denen spezifische Aufgaben zugeordnet sind. Jedes Segment konzentriert sich ausschließlich auf die Aktivitäten zur Steigerung der Wertschöpfung, so daß Verschwendungen an Resourcen wie Fläche, Geld und Zeit vermieden werden. Diese Segmente müssen in sich homogen sein und sich von anderen möglichst stark unterscheiden. Würden sich zwei Segmente nicht charakteristisch unterscheiden, so müßten sie zu einem zusammengefaßt werden. Die Aufgaben- und Funktionserfüllung in jedem einzelnem Segment muß sich am Markt orientieren, um den Kunden zufrieden zu stellen und um seinen Beitrag zum Unternehmenserfolg zu leisten. Die Segmentierung resultiert also in der Bildung von

- in sich geschlossenen homogenen Einheiten
- Profit-Center, Cost-Center bzw. Dienstleistungscenter
- Einführung autonomer Gruppen mit Selbstorganisation.

Die Segmente müssen innerhalb der Logistikkette synchronisiert werden, um durch Beherrschen der Fertigungstechnologie Pufferlager weitgehend zu vermeiden. Synchronisation heißt, daß die Leistungserstellung der Segmente aufeinander abgestimmt wird, wobei die Art und Weise der Realisierung der Synchronisation innerhalb des Segmentes diesem selbst überlassen bleibt.

Autonome Gruppen

Die autonomen Gruppen verstehen sich gewissermaßen als Unternehmen im Unternehmen. Im Sinne von Total Quality Management sind sie mit ihren Nachbargruppen in einem Kunden-/Lieferantenverhältnis verknüpft. In dieser Hinsicht besitzen sie also das Merkmal der Selbstähnlichkeit. Die Organisation innerhalb der Gruppen bleibt diesen selbst überlassen. Um, wie weiter unten noch gezeigt wird, auf zentrale Steuerung des Materialflußes mit seinem systemimmanenten vorprogrammierten Fehlern (s. o.) verzichten zu können, wurde die Verantwortung für die bedarfsgerechte Bedienung seiner "Kunden" in das Segment selbst gelegt. Vertrauend auf die Dynamik der Gruppe, die sich immer auf die schwankenden Bedarfe ihrer "Kunden" einstellt, wurde auf zentrale Materialsteuerung verzichtet, bei Kanban-Materialfluß sogar auf die Kanban (= Karte). Die Dynamik der Gruppe, mit der sie sich auf wechselnde Bedarfe einstellt, wurde nur in soweit eingeschränkt, als wir die Wahl der Größe der Gruppe nicht der Gruppe selbst überließen: Versetzungen, Einstellungen bzw. Entlassungen bleiben nach wie vor der Firmenleitung überlassen.

Über Segmentierung zum neuen Layout

Divide et Impera war schon im römischen Reich das Motto, das dazu führte, kleine und damit beherrschbare Einheiten zu bilden. Das Motto kann trotzdem nur als fossiler Vorläufer der Lehre von der Fraktalen Fabrik gelten, weil die Merkmale Selbstorganisation und Dynamik in aller Regel nicht vorlagen.

Wir haben zur Schaffung innovativer Produktionsstrukturen Einheiten und Werkstätten gebildet, in denen jeweils möglichst rein die Prinzipien "Menge" oder "Vielfalt" gestaltet sind. Durch die Konzentration auf bestimmtes Produkt- und/oder Prozeß-Know-How kommt es zur Minimierung des Logistikaufwandes. Der Prozeßaufwand konnte bereits durch die Bildung der autonomen Gruppen gering gehalten werden. Die Segmente selbst können aus einer oder aus mehreren der o. a. autonomen Gruppen bestehen.

Die Planung führt über die Segmentfindung, Segmentdimensionierung und die Segmentanordnung zum neuen Layout, das sich fast zwangsläufig ergibt, wenn zusätzliche Bedingungen definiert werden, die das Layout erfüllen muß.

Um homogene Segmente ohne widersprüchliche Charakteristika zu finden, wurden

- ♦ die Produktionsvolumina einzelner Produktgruppen
- ♦ die Variantenkomplexität innerhalb einer Produktgruppe
- ♦ der technologische Aufbau und die Komplexität einzelner Produktgruppen

♦ die ökonomischen Anforderungen

untersucht und gegliedert. Eine Segmentierung nach Organisationen, bei denen innerhalb eines Segmentes für alle Produkte die gleiche Technologie bzw. der gleiche Arbeitsgang zur Anwendung kommt, wurde wegen der Reaktionsträgheit bei Störungen, wegen der Unhandlichkeit für Produkte mit unterschiedlichen Produktionsprozessen sowie wegen des hohen Synchronisationsaufwandes mit anderen Segmenten verworfen.

Die Produktorientierung hingegen läßt sich ideal mit der Bildung autonomer Gruppen verbinden, weil Know-How gezielt genutzt werden kann und der Produktionsablauf bei geringem Steueraufwand infolge der selbststeuernden Regelkreise (Selbstorganisation) übersichtlich bleibt. Ein weiterer, in unserem Fall ausschlaggebender Faktor ist die große Flexibilität innerhalb einer Produktgruppe. Durch geschickte Wahl des Materialflußes und Standardisierung der Produkte konnte der bei dieser Segmentierung sonst übliche Nachteil eines hohen Betriebsmitteleinsatzes mit gleichen Betriebsmitteln in mehreren Segmenten für unterschiedliche Produkte vermieden werden.

Die gewählte Segmentierung ist in Bild 9 dargestellt. Im Bereich der Fertigung und der Wickelei wurden zwei betriebsmittelorientierte Segmente definiert, die jedoch zur Optimierung der Logistikkette benachbart zu den Most User-Produkten angeordnet werden sollen. Bei diesen beiden Segmenten konnte somit die reine Lehre der Produktorientierung nicht ohne Kompromisse realisiert werden. Die Montagesegmente hingegen sind streng produkt- und damit logistikorientiert. Die fünf Segmente setzen sich aus jeweils mehreren autonomen Gruppen zusammen.

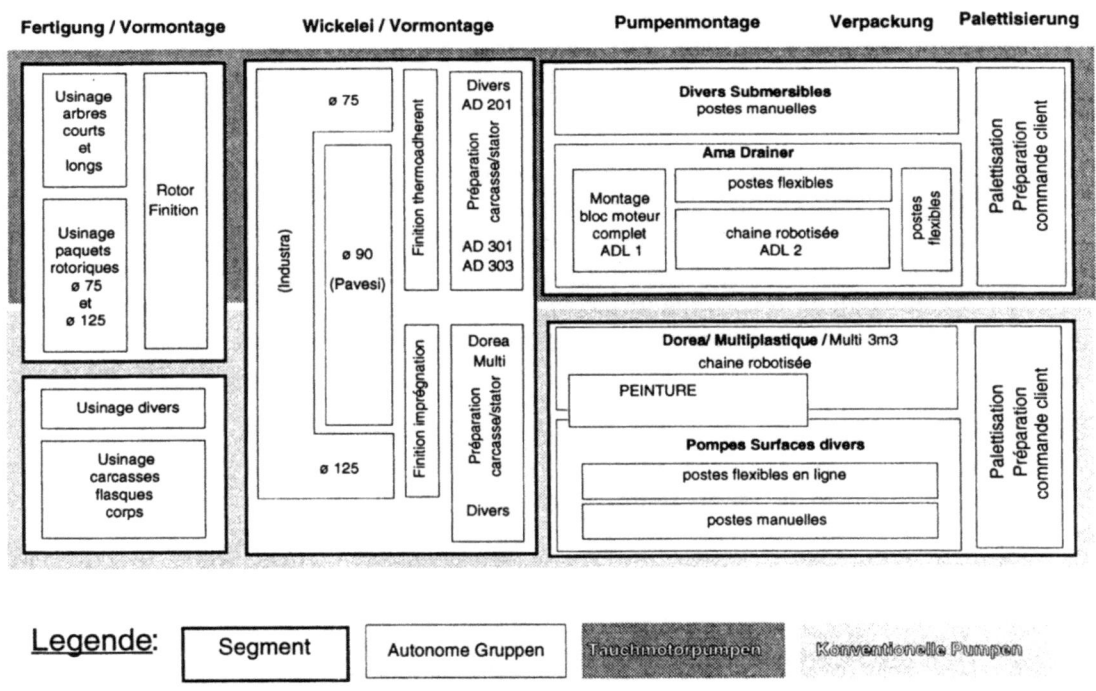

Bild 9: Gewählte Segmentierung

Synchroner Materialfluß oder Ordnung im Chaos

Mit den so definierten Segmenten und nach weiteren Untersuchungen über die getrennte oder gemeinsame Anordnung des Wareneingangs und Warenausgangs sowie nach Auswahl der Verkehrswegestruktur wurden insgesamt 15 verschiedene Layoutmöglichkeiten gefunden, die nach 11 verschiedenen Kriterien aus den Bereichen Wirtschaftlichkeit, Flexibilität und Logistik gewertet wurden. Es blieb dann das in Bild 10 gezeigte Layout übrig, das den besten Kompromiß aus allen Kriterien darstellt.

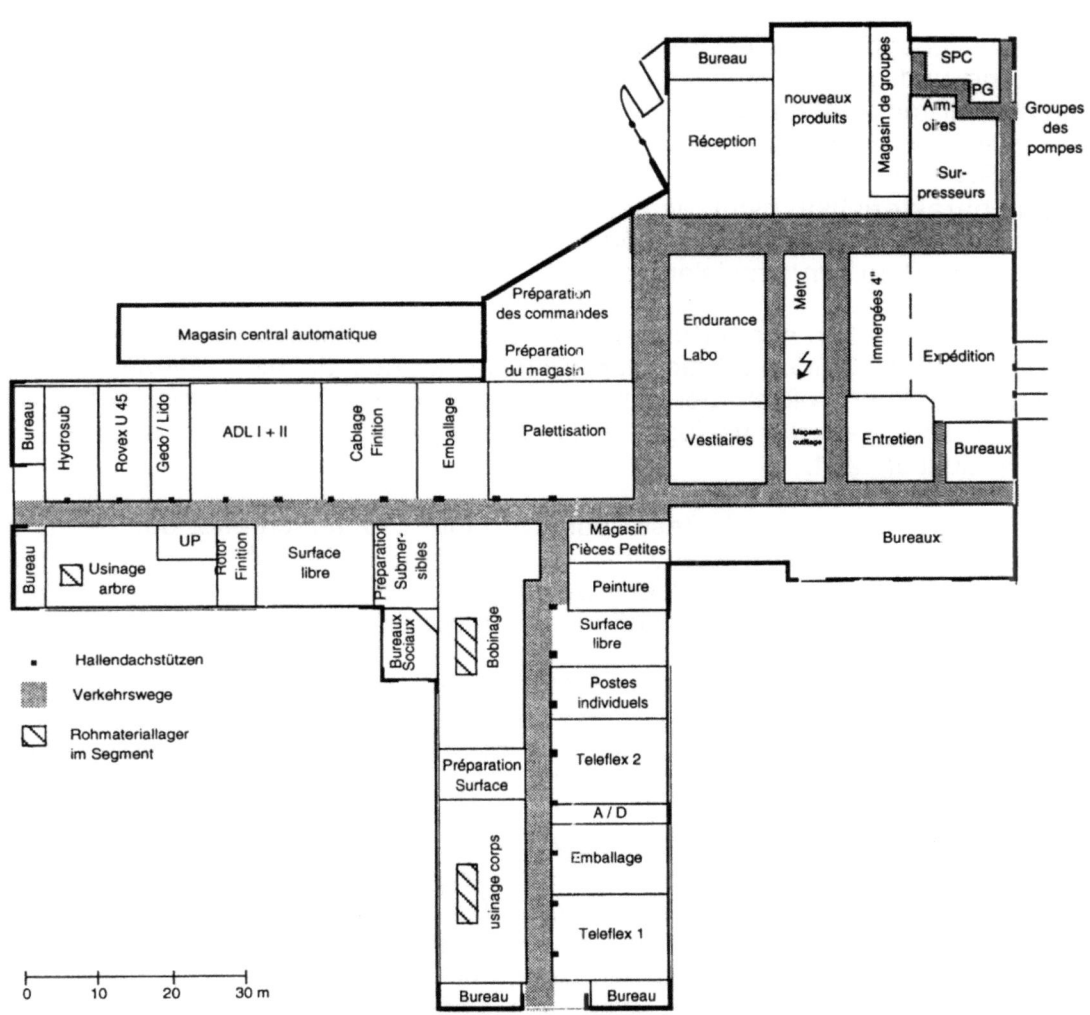

Bild 10: Neues Fabrik-Layout

Nur der Dumme hält Ordnung, das Genie überblickt das Chaos. Diese Erkenntnis ist heute Allgemeingut geworden und bedeutet in unserem Fall, daß ein wohlgeordneter und festgelegter Materialfluß mit einer Reihe von Nachteilen verbunden ist, wie wir oben gesehen haben. Der Dumme kann jedoch noch dazulernen und seinen Materialfluß so organisieren, daß er die Verantwortung in die einzelnen Segmente bzw. autonomen Gruppen gibt und lediglich für die Synchronisation sorgt. Im Überblick sieht dann ein solcher Materialfluß chaotisch aus, folgt jedoch bei genauerem Hinsehen in den einzelnen Segmenten einer gar nicht so geheimen Ordnung. Synchronisationsbedarf besteht grundsätzlich dort, wo der Materialoutput der liefernden Produktionseinheit aus technischen Gründen zeitlich und / oder mengenmäßig vom Materialbedarf der abnehmenden Produktionseinheit verschieden ist. Gründe für den Synchronisationsbedarf können in unterschiedlichen Losgrößen in Folge unterschiedlicher Rüstkosten bzw. in Folge Mehrfachverwendung des gleichen Teiles liegen. Weiterhin könnten die Losgrößen in Folge unterschiedlicher Planungsbasis in den verbundenen Segmenten produziert werden. In unserem Fall ergibt sich der Synchronisationsbedarf aus den unterschiedlichen Losgrößen, die ihrerseits bedingt sind durch hohe Rüstzeiten in der Vorfertigung und geringe Rüstzeiten in der Montage oder durch den Anstieg der Variantenzahl mit zunehmenden Fertigungsfortschritt. Für die Materialflußschnittstellen zwischen den Segmenten ist im Rahmen der Strukturplanung die jeweils optimale Synchronisationsform zu bestimmen, die wegen der unterschiedlichen Segmentcharakteristika nicht einheitlich gewählt werden kann. Dabei gibt es grundsätzlich die folgenden vier Möglichkeiten, den Materialfluß von Segment A nach Segment B zu synchronisieren:

1. Synchronisation durch Kundenaufträge: Der Materialfluß von A nach B wird durch den Kundenauftrag bezüglich der Menge definiert. Diese Synchronisation kann vollkommen auf Lagerbestände verzichten, Voraussetzung ist natürlich, daß die verfügbare Lieferzeit größer ist als die erforderliche Produktionszeit.

2. Synchronisation durch Bestellpunktverfahren: Unterschreitet der verwaltete Lagerbestand den Bestellpunkt, der von dem Verbrauch des Lagerbestandes und der Dauer der Wiederbeschaffung definiert wird, wird ein Produktionsauftrag oder ein Beschaffungsauftrag ausgelöst.

3. Synchronisation durch direkte Materialflußregelkreise (Kanban): Das Abholen einer Mengeneinheit des Segmentes B aus dem Segment A löst die Neuproduktion der abgeholten Teile im Segment A aus. Ausgelöst wird die Produktion durch eine Kanbankarte.

4. Synchronisation durch Materialbedarfsplanung: Die Produktionsplanung für die Segmente baut auf einer Absatzprognose auf, die hinreichend exakt sein muß. Über Stücklisten, Durchlaufzeiten und Bearbeitungszeiten wird der sich aus dem geplanten Absatz ergebende Materialbedarf und damit die Fertigungslosgröße für alle Segmente berechnet. Dieses System muß zur Anwendung kommen, wenn die Wiederbeschaffungszeiten für Rohmaterial und Kaufteile lang sind gemessen an den eigenen Lieferzeiten. Es kann unterschieden werden in Materialbedarfsplanung ohne (MRP) bzw. mit (MRP II) Berücksichtigung der Produktionskapazität.

Aufgrund der starken Diskrepanz zwischen Wiederbeschaffungszeiten von bis zu 18 Wochen für Rohmaterialien und Kaufteilen und der eigenen Lieferzeit von minimal 24 Stunden, wurde eine Materialbedarfsplanung auf Basis von Absatzprognosen für die Rohmaterialien und Kaufteile notwendig. Die Materialbedarfsplanung wird auch benötigt, um die für die Saisonalität notwendige Erhöhung des Personalbedarfs steuern zu können. Um dennoch die Bestände zu reduzieren, wird die eigentliche Produktion weitgehend von der Vorhersage abgekoppelt und vielmehr durch den Verbrauch synchronisiert. Aus diesem Grund sind in den einzelnen Fertigungssegmenten mit Ausnahme der mechanischen Bearbeitung die Synchronisationsformen von 1 bis 3 zugeordnet worden. Zu bevorzugen ist naturgemäß eine Fertigung auf Kundenauftrag, weil dann das Lager an Fertigprodukten komplett entfallen kann. Allerdings konnte dies in unserem Fall aufgrund der kurzen Lieferzeiten lediglich in der Montage realisiert werden. Um die Werkstattbestände niedrig zu halten und dennoch kurze Durchlaufzeiten zu realisieren, wurde soweit als möglich das Kanban-System realisiert, wobei jedoch das Pufferlager im Umfang von 2 bis 3 Arbeitstagen nur optisch kontrolliert wird. Es liegt also in der Verantwortung der zuständigen Gruppe, immer ein genügend großes Pufferlager bereitzuhalten. Auf den Kanban-Zettel konnte daher verzichtet werden. Ein Überblick über die gewählten Synchronisationsmethoden gibt Bild 11.

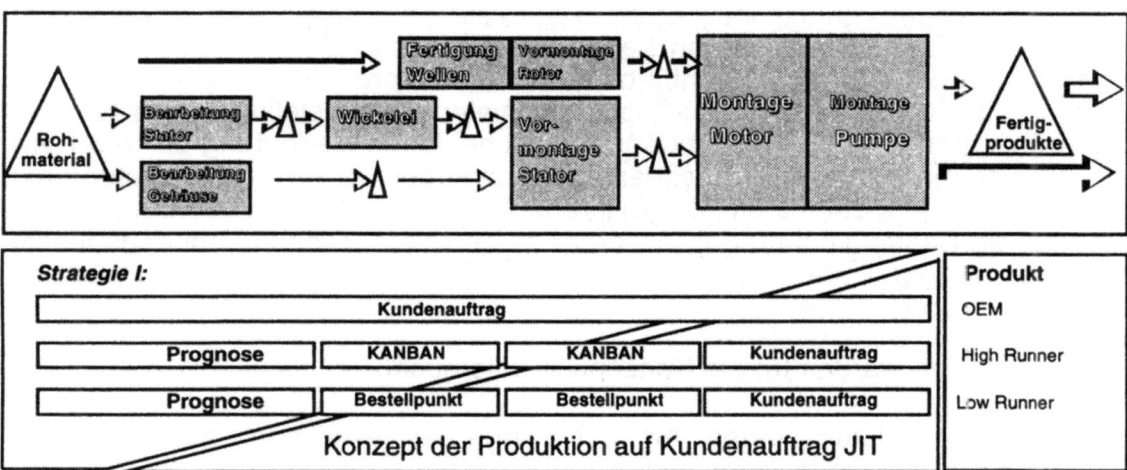

Bild 11: Überblick über die Synchronisationsmethoden für die drei Produktkategorien

Im oberen Teil des Bildes sind die einzelnen Segmente symbolisch dargestellt, im unteren Bereich sind die einzelnen Synchronisationsmethoden zugeordnet. Wir unterscheiden zwischen drei Produktkategorien:

1. Produkte mit sehr langer Lieferzeit für OEM, die in allen Segmenten auftragsbezogen produziert werden,

2. Produkte mit kurzen Lieferzeiten, hohen Stückzahlen und vielen Varianten, bei denen auf das Lager mit Fertigprodukten verzichtet wird, die Montage vom Kundenautrag angestoßen wird und die Baugruppen im Kanban-System behandelt werden. Lediglich bei der Beschaffung von Rohteilen und im Bereich der mechanischen Fertigung muß mit Materialbedarfsplanung gerechnet werden. Vorteilhafterweise kann hierbei auf ein Lager mit vielen Varianten und hohen Produktstückwert verzichtet werden. Es sei noch einmal darauf hingewiesen, daß die Produktstruktur gezeigt hat, daß

die Varianten erst in der Montage entstehen. Dieses teure Variantenlager wird also gerade vermieden.

3. Produkte mit niedrigen Stückzahlen, vielen Varianten und kurzen Lieferzeiten: Hier werden sowohl für Fertigprodukte als auch für Bauteile Lagerbestände vorgehalten und nach dem Bestellpunktverfahren synchronisiert, die jedoch wegen der geringen Stückzahl dieser Produktgruppe eher begrenzt gehalten werden können. Rohteile und mechanisch bearbeitete Teile werden wieder nach Materialbedarslanung gesteuert.

Fertigprodukte sowie Bauteile, die nach Bestellpunkt gefahren werden, werden im Zentrallager vorgehalten.

Lagersystem

Die bisherige Lagerorganisation mit ihren 15 Teillägern sowie dem darin und in den Segmentvorzonen enthaltenen hohen Materialbeständen war einer der entscheidenden Gründe für die Durchführung unseres Reorganisationsprojektes. Der Neuplanung des Lagersystems zur kostenminimalen Bereitstellung des Materials zum gewünschten Zeitpunkt kommt somit entscheidende Bedeutung zu. Als Kern des Lagersystems wurde eine durchgängige rechnergestützte Lagerverwaltung mit Ordnungszwang eingeführt, um die Diskrepanzen in der Bestandsführung abzubauen und die Bestandsführung transparent zu gestalten. Dieses Ordnungsprinzip dient jedoch nur der Transparenz und bedeutet keineswegs, daß wir der Fraktalen Lehre abgeschworen haben.

Als Einflußfaktoren wurden für die Konzeption untersucht:

- Statische Leistungsdaten: Art und Menge des jeweiligen Lagergutes und die erforderlichen Lagerplätze
- Dynamische Leistungsdaten: Zugriffshäufigkeit und Lagerumschlag
- Die Lagerverwaltung
- Das Behältersystem
- Vorhandene Lagerflächen.

Die Ermittlung der statischen Leistungsdaten erfolgt auf Basis der mittleren Monatsstückzahlen für die Hochrechnung 1995 und für die repräsentativen Produkte. Die Mindestbestände für die einzelnen Materialarten liegen je nach Dauer der Wiederbeschaffung zwischen 3 Tagen und 4 Wochen, wobei gut die Hälfte der eingelagerten Produkte mit dem Bestand einer durchschnittlichen Woche geführt werden.

Wenn die Reichweite des Lagerbestandes festgelegt ist, läßt sich auch der Lagerbestandswert und der Lagerumschlag berechnen. Der tabellarischen Aufstellung in Bild 12 ist zu entnehmen, daß aufgrund dieser Entscheidungen der Lagerbestand bis 1995 trotz nachhaltiger Ausweitung des Produktionsvolumens nicht zunimmt, sondern vielmehr wertmäßig bei Baugruppen um gut ein Drittel und bei Fertigprodukten um gut zwei Drittel zurückgeht. Gleichzeitig wird der Lagerumschlag vervielfacht. Die hohe Anzahl der Ein- und Auslagerungen je Zeiteinheit bei sehr unterschiedlichem Lagergut erfordern die Zuordnung des betreffenden Lagergutes zu dem geeigneten Lagertyp. Wesentlicher Einfluß hat die Wahl des Behältersystems, für das Euro-Norm-Paletten sowie Eurofix-Behälter Größe 4 und 6 gewählt wurden.

Einzelteile / Baugruppen (BG)

	Lager-umschlag '91	PG '91 Teile + BG Wert [FF]	PG '95 Teile + BG Wert [FF]	IPA '95 Teile + BG Wert [FF]	Lager-umschlag '95
Tauchmotorpumpen High-Runner	4,3	6.790.545	20.371.635	5.472.727	≥ 12
Tauchmotorpumpen Low-Runner	1,04	2.464.001	7.392.003	901.096	≥ 12
Konventionelle Pumpen High-Runner	3,7	8.363.842	25.091.526	5.825.141	≥ 12
Konventionelle Pumpen Low-Runner	3,4	6.436.691	19.310.073	3.094.943	≥ 12
Σ		24.055.079	72.165.237	15.293.907	

Fertigfabrikate (ohne Handelsware)

	Lager-umschlag '91	PG '91 Teile + BG Wert [FF]	PG '95 Teile + BG Wert [FF]	IPA '95 Teile + BG Wert [FF]	Lager-umschlag '95
Tauchmotorpumpen High-Runner	4,3	1.026.326	3.078.978	336.418	≥ 52
Tauchmotorpumpen Low-Runner	1,04	2.407.020	2.407.020	293.540	≥ 52
Konventionelle Pumpen High-Runner	3,7	8.237.115	8.237.115	603.817	≥ 52
Konventionelle Pumpen Low-Runner	3,4	5.374.470	5.374.470	634.003	≥ 52
Σ		6.365.861	19.097.583	1.867.778	

Bild 12: Lagerwerte 1991, 1995 ohne Reorganisation und 1995 mit Reorganisation

Für die Lagertechnik wurde aus verschiedenen untersuchten Varianten folgendes ausgewählt:

1. Zentrales automatisches Palettenregallager für Fertigfabrikate, Baugruppen und Rohmaterial. Nicht in diesem Palettenregallager geführt werden das Stangenrohmaterial für die Wellen, das aufgrund seiner Abmessungen nicht bei vernünftigen Aufwand in dem zentralen Palettenregallager geführt werden kann, sowie der Rohguß, der in stapelbaren Blechbehältern mit Euronorm-Grundmaß angeliefert wird. Bauteile, die nach dem Kanban-System abgewickelt werden und den volumenmäßig größten Anteil darstellen, haben keine Lagerberührung.

2. Kleinteilelager mit Paternosterregalen

3. Langgutlager für Stangenmaterial, in dem 12 Kästen a 4200 x 200 x 200 paarweise in einem Wandregal mit 6 Etagen untergebracht sind.

4. Rohgußlager mit 224 Palettenplätzen, 2 Gassen und 4 Ebenen auf einer Grundfläche von 19 m x 6,5 m.

Das Kleinteilelager befindet sich in Layout (Bild 10) an der Kreuzung der Verkehrswege neben dem Zentrallager, das Stangenmateriallager wird an einer Wand in der autonomen Gruppe "mechanische Wellenbearbeitung" angeordnet, zu der direkt Zugang von außen besteht. Das Rohgußlager wird analog in der autonomen Gruppe "mechanische Gehäusebearbeitung" mit direktem Zugang von außen untergebracht. Die Anbindung der einzelnen Lager an die zentralen Lagerverwaltungsrechner wird über Terminals in den entsprechenden Gruppen und Segmenten vorgenommen. Für das automatisch bediente Zentrallager ist wie üblich in die Lagervorzone ein I-Punkt integriert, an dem die Ein- und Auslagerungen erfaßt werden. Auf eine genauere Beschreibung wird in diesem Rahmen verzichtet.

Insgesamt besteht die Lagerorganisation somit aus einem zentralen Lager, aus automatischen Hochregallager und Kleinteilelager sowie 2 dezentralen Lagern mit separaten Wareneingang sowie den Durchlauflagern im Rahmen des Kanban-Systems. Zufällig weist somit dieses Lagersystem die uns schon bekannten Merkmale der Selbstähnlichkeit und der Selbstorganisation auf und gleicht (gar nicht mehr so zufällig) einem Apfelmännchen.

Fertigungs- und Ablauforganisation

Grundsätzlich sind in der Produktionsplanung zwei Planungsäste notwendig:

1. Einerseits die auf Absatzprognosen beruhende Produktionsprogrammplanung, aus der der Materialbedarf abgeleitet, und die Materialbeschaffung ausgelöst wird;

2. Die Kundenauftragsabwicklung, die die Kundenaufträge mit dem Lagerbestand abgleicht und gegebenenfalls die Montage der georderten Produkte anstößt.

Die parallel existierende Materialwirtschaft ist gleichermaßen für beide Planungsäste notwendig.

Auf die Einrichtung eines Fertigungsleitstandes wurde streng nach fraktalen Prinzipien verzichtet, da die Anzahl der laufenden Fertigungsaufträge innerhalb der autonomen Gruppe bzw. von dem verantwortlichen Meister ohne EDV-Hilfsmittel kontrolliert werden. Diese Entscheidung wurde unterstützt durch die Elimination von Lagerstufen und die Verringerung der Anzahl von Arbeitsplätzen, die einen Teil durchläuft.

Mit der Gliederung in selbständige Segmente erfolgt auch eine Verlagerung von indirekten Funktionen der Materialwirtschaft (Bestellabrufe auf Rahmenaufträge, Erzeugen von Fertigungsaufträgen) in die Segmente. Die Segmentverwaltung umfaßt also neben der Produktionssteuerung und der Produktionsüberwachung auch die operativen Funktionen der Beschaffung und der Fertigungsplanung.

In der Einkaufsabteilung verbleiben somit die Funktionen des strategischen Auftragsmarketings, das heißt die permanente Beurteilung vorhandener Lieferanten, Auswahl neuer Lieferant, Outsourcing von Produktionsteilen, Integration der Lieferanten in den betrieblichen Qualitätssicherungsprozeß. Daneben werden Rahmenverträge abgeschlossen und Bestellungen abgewickelt, die von den Segmenten jedoch ausgelöst werden.

Die planende Rolle einer Abteilung Produktionsplanung bleibt auch in unserem System erhalten. Ihr obliegt in Restfunktionen die Umsetzung der Absatzpläne und Produktionsmengen je Monat oder Woche unter Berücksichtigung der vorhandenen Kapazität. Sie plant das erforderliche Kapazitätsangebot und überwacht die Bestände sowie die Effizienz des Produktionsprozessen. Man kann grob sagen, daß die Produktionsplanung, wie in der Einleitung allgemein formuliert, die kurzen und ungenauen Befehle erteilt, es jedoch den Fraktalen überläßt, wie der Befehl ausgeführt wird.

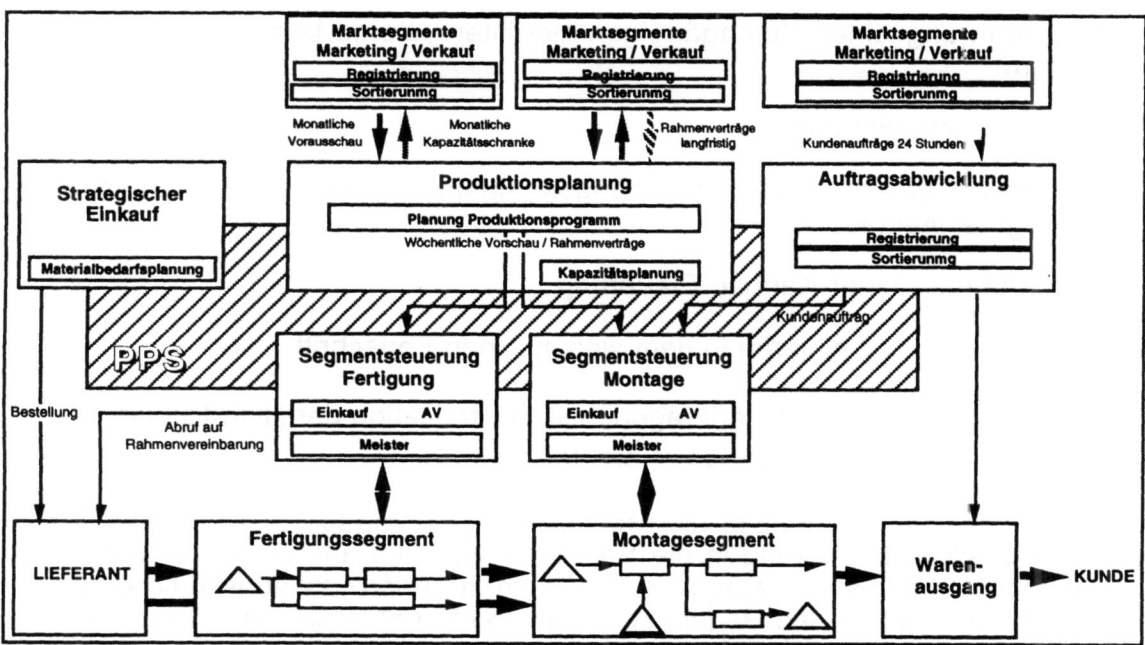

Bild 13: Ablauforganisation und Fertigungssteuerung

In Bild 13 ist dargestellt, wie Produktionssteuerung und die Auftragsabwicklung organisiert ist. Der Unterschied zur früheren Organisation (Bild 7) ist offensichtlich, der wichtigste Unterschied zeigt sich in der Auflösung der zentralen Produktionsplanung, deren Funktion weitgehend in die Segmente verlagert wurden. Bestellungen mit langen Lieferzeiten werden in der Arbeitsvorbereitung/Disposition geplant. Kurzfristige Lieferungen werden hingegen bei lagerhaltigen Produkten (vergleiche Bild 11) aus dem Fertigteillager abgerufen, für nicht lagerhaltige Produkte (also die High Runner) wird die Montage ausgelöst. Diese Auslösung der Montage bzw. des Versandes geschieht durch die Auftragsabwicklung, das heißt durch die werksinterne Verkaufsabteilung und nicht durch die Produktionsplanung. Es ist in Bild 13 noch einmal angedeutet, daß die gesamte Verwaltung innerhalb des Segmentes diesem selbst, bzw. seinem Leiter oder der autonomen Gruppe obliegt (Einkaufsauslösung, Bestandsführung, segmentinterne Arbeitsplanung). Die Arbeitsprozesse der die Montage beliefernden Segmente werden nicht durch eine Zentralstelle, sondern durch die Montage selbst ausgelöst unter Umgehung jeglicher planenden oder steuernden Zentralfunktion. Lediglich die langfristigen Aufträge werden wie o. a. planmäßig an die Segmente weitergegeben.

Resumé und Wirkung

Als Ergebnis der Struktur- und Systemplanung ergeben sich folgende Maßnahmen:

1. Einführung eines neuen Lagersystems
2. Einführung eines durchgängigen Behältersystems kompatibel zur Euronorm
3. Neusegmentierung
4. Einführung eines Lagerverwaltungsrechners zur Materialflußüberwachung im gesamtem Werk
5. Einführung einer Kanban-Steuerung

Diese Maßnahmen kulminieren in dem wesentlichen Fortschritt

- Umstellung auf kundenauftragorientierte Produktion der High Runner und
- Einstellung des zugehörigen Fertigteillagers.

Die Organisation der Segmente als Fraktale und die Verlagerung zentraler Funktionen der Werkstattsteuerung in die Segmente hat sich aus der Maßgabe, möglichst einfache und kostengünstige Maßnahmen zu treffen, zwangsläufig ergeben. Daß wir das Werk nach den Regeln der Fraktalen Fabrik organisiert haben, haben wir erst bei Abschluß der Arbeit festgestellt.

An meßbaren Größen wurde erreicht, daß bei einer Stückzahl-Verdreifachung die Lagerwerte auf rund die Hälfte ihrer heutigen Größe zurückgeführt werden und daß die Stückzahlverdreifachung nur den Bau eines Zentrallagers erfordert und ansonsten auf der heutigen Grundfläche realisiert werden kann.

Bei den Mitarbeitern muß die Einführung des fraktalen Systems mit Fingerspitzengefühl, Überzeugungs- und Motivationsarbeit betrieben werden. Üblicherweise verlangen die meisten Mitarbeiter, auch Leitende, von der Führung eine klare Linie und klare Aussage. Daß diese klare Aussage nun absichtlich unterbleibt, der Sachbearbeiter seine Arbeit selbst organisiert und die Verantwortung hierfür selbst übernimmt, bedeutet eine neue Atmosphäre der Zusammenarbeit und erfordert besondere Qualifikation. Der sich aus der Dynamik ergebende Wandel kann leicht als "Rinn in die Kartoffeln, raus aus die Kartoffeln" mißverstanden werden. Somit fordert die Einführung des Systems der Fraktalen Fabrik eine Einstellungsänderung unserer Mitarbeiter zu ihrer Arbeit, die durch die Führungsfähigkeit der Vorgesetzten und Ausbildung unterstützt werden muß.

In Vorwegnahme der Fraktale in der Politik gab Jefferson eine der frühesten und noch gültigen Anleitungen für eine funktionierende Demokratie, indem er den "elementaren Republiken" in den Gemeinden und Landkreisen die ständige Anpassung an sich wandelnde Verhältnisse zur Sicherung der demokratischen Struktur abverlangte. Toqueville beobachtete folgerichtig die Unrast und Unbeständigkeit der amerikanischen Demokratie. Übrigens brach der große Vorsitzende Mao die Kulturrevolution nur deswegen vom Zaun, weil die Bildung einer Kaderaristokratie verhindert und der revolutionäre Schwung erhalten werden sollte. Sein Fehlschlag zeigt nur, daß revolutionäre Dynamik (wie bei Jefferson) in einem deterministischen, weil planwirtschaftlichen Umfeld nichts fruchtet.

Die Fraktale Fabrik als Abbild der demokratischen Gesellschaft wird von den Mitarbeitern, so darf erwartet werden, bereitwillig aufgenommen.

MIX
Papier aus verantwortungsvollen Quellen
Paper from responsible sources
FSC® C105338

If you have any concerns about our products,
you can contact us on
ProductSafety@springernature.com

In case Publisher is established outside the EU,
the EU authorized representative is:
**Springer Nature Customer Service Center GmbH
Europaplatz 3, 69115 Heidelberg, Germany**

Printed by Libri Plureos GmbH
in Hamburg, Germany